ものと人間の文化史

162

柳

有岡利幸

法政大学出版局

まえがき

柳という樹木は、ほとんどの日本人がよく知っている。春の雪解け水が勢いよく流れ下る小川のほとりで、白銀色の軟毛が密生した花穂をつけた猫柳もその一種で、猫柳はその可愛らしい花穂の姿に目を引き付けられる。猫柳は春の訪れとともに真っ先に花をひらく樹木の一つで、春告花となっている。この花をみると雪がまだ消え残っていても、春がもうそこまで来ていることを実感させてくれる。

柳はヤナギ科に属する植物で、ヤナギ科は世界に五属、約四〇〇種あり、北半球の暖帯から温帯にかけて広く分布している。日本にはヤナギ属、ハコヤナギ属、オオバヤナギ属、ケショウヤナギ属という四属の柳が生育しており、種としては約四〇種あるといわれている。種間雑種が非常に多く、正確な種を見分けるのは専門家でも相当難しいとされる。

日本に生育している現在の柳は、古い時代に中国から入ってきたものと、わが国に自生しているものとに分けられる。中国産の柳は主として枝が枝垂《しだ》れる性質をもっていて、シダレヤナギ（枝垂れ柳）といわれる。このほか枝が枝垂れるものにロッカクドウヤナギ（六角堂柳）やウンリュウヤナギ（雲竜柳）などの変種がある。わが国に自生する柳は、枝がほとんど垂れず上を向いて伸びる性質をもっている。自生しているヤナギ属には、タチヤナギ（立柳）、ネコヤナギ（猫柳）、カワヤナギ（川柳）、コゴメヤナギ（小米柳)、シロヤナギ(白柳)、ヤマヤナギ(山柳)、オノエヤナギ(尾上柳)、エゾヤナギ(蝦夷柳)、ミヤマヤナギ(深山柳)、オオネコヤナギ(大猫柳)等があり、変種にクロヤナギ(黒柳)、フリソデヤナギ(振袖柳)等がある。

柳のことを熟語で楊柳《ようりゅう》と記されることがあるが、楊《よう》は枝が下に垂れないで上にのびる種であり、柳《りゅう》は枝が下に垂れる種のことを総称している。柳も楊の字も、どちらも「やなぎ」とよむ。本書では主としてヤナギ属の枝垂れ柳のことについて述べているが、枝垂れ柳と正確には記さず単に柳とのみ記している部分が多い。これは資料のなかでは、枝垂れ柳なのか、あるいは川柳《かわやなぎ》のように枝垂れない柳なのか判別がつかないものが多いためである。

枝垂れ柳がいつごろ中国から渡来してきたかの定説がなく、『万葉集』の編集がはじめる前ごろだろうとする説がかなり多い。本書では、わが国の弥生時代を開いた水田稲作農民が、わが国に渡来してくるとき、稲作文化というか水稲栽培技術のセットの一つとして携えてきたとの説を展開している。いまから約三〇〇〇年前の中国大陸の北部が乾燥化と寒冷化のため、草原地帯に居住している狩猟放牧民たちが食糧を確保するため南下大移動をはじめた。それによって、まず草原地帯南部と接触している麦作農民が南に押しやられ、その弾みで長江(揚子江)流域で稲作に携わっていた農民は玉突きで西へ東へと押し出された。そのとき大移動を余儀なくされた水田稲作農民たちが、稲作に必要な種籾だけでなく、稲作文化セットとして、梅、桃、柳等を携えてきたと考えたのである。

柳は生命力の強い木で、春のはじめに芽吹き、枝を地に挿しておけば根を出し樹木へと成長していく姿は神秘的なものと考えられた。枝を地に挿しておくだけで根を発生させる樹木はほとんどない。柳は水稲《すいとう》(生育中に多量の水を必要とする稲のことで、水田で栽培される。別に生育中にはあまり水を必要としない陸稲《りくとう》がある）が栽培できるような湿地や川岸に生育し大きく育つ性質があり、枝が枝垂れるのは神が降臨されたあととみられ、稲田を司る神の依代《よりしろ》とされている。そして苗代をつくるとき水口や田の畔に田の神を祀る水口《みなくち》祭りでは、柳やツツジの花を挿してきた。ツツジの花は稲穂と同じように梢の先端に集まっており、その蕾は稲籾に似た形をしていて、秋に実った稲穂の姿を表しているとも思われる。

こうしたことから、柳は神樹とされ、斎《ゆ》の木つまり神聖な木だとみられてきた。

本書では、柳が史料に現れる万葉時代から、平安時代、鎌倉・室町時代、近世、近現代という時代順に、日本文化と柳との関わりを探っている。その間に伝承される柳の話と歌の章、稲作と柳との関わりを探った章、柳から作られてきた器物や薬などについて触れた章の合わせて八つの章を設けている。

万葉時代の章では平城京大路の街路樹として、あるいは庭園遺跡から発掘されたこと、天皇家の継続に柳が関わっていたこと等に触れた。平安時代の章では京《みやこ》や京郊外の柳を詠った詩歌や、『源氏物語』や『枕草子』に現れる柳などについて触れた。鎌倉・室町時代の章では詩歌に詠われる柳や、柳が禅宗の公案に用いられることなどについて触れた。近世の章では江戸と京の柳に触れるとともに、謡曲や浄瑠璃という芸能と柳との関わりについて触れた。近現代の章では街路樹とされた銀座や京都の柳を、そして短歌や俳句に詠われる柳について触れた。柳から生まれるものの章ではかつての保存容器・運搬容器として重宝された柳行李や黒色火薬の原料とされたこと、あるいは柳が含有する苦い薬用成分の苦みをとるための研究からアスピリンが発明されたことなどについて触れている。日ごろは「なんだ柳か」と、軽く見過ごしがちな樹木ではあるが、丹念に調べていくとなかなか奥の深い樹木である。

目次

まえがき——iii

第一章　万葉時代の柳——1

柳と楊の区別のしかた／春の歓びを詠う『万葉集』の柳／交通要路の佐保川岸の柳／春の平城京大路を彩る柳／日本に四〇種自生する柳の種類／梅柳の盛り期は佐保で遊ぶ／強い生命力を頂く青柳蘰《かずら》／穀霊《こくれい》の加護を祈り水口に柳を挿す／大陸寒冷化下で押し出された稲作農民と柳／神の天下る柳と初期天皇家の系譜／宴に赴く正装飾りの柳蘰《かずら》／実物の蘰から造物《つくりもの》の挿頭《かざし》へ／平城京を舞い飛ぶ柳絮／奈良の都の庭園を彩る柳

第二章　平安時代の柳――39
鳥瞰した平安京の春景色／平安京朱雀大路の玉露輝く柳／里も国も富ます門前の柳／神泉苑を巡る柳／平安京郊外山崎の柳／『土佐日記』にある山崎の柳／『源氏物語』の柳／柳眉と蛾眉の美人／中国美人王昭君の柳眉／優雅な消息と柳の折枝／賭物の賞品は柳枝／弓矢の競技と柳葉／送別の餞《はなむけ》に柳枝を贈る
第三章　鎌倉・室町時代の柳――75
『梁塵秘抄』の庶民の柳／旅人を癒す遊行柳／平野を行く旅人の目印柳／『夫木和歌抄』の柳／蹴鞠の懸《かかり》にされる柳／家にありたき風情ある柳／然るべき人の門前の柳／日本庭園の伝統をつくる禅寺の柳／禅僧への公案と柳／禅僧悟達の表現「柳は緑花は紅」／乱れ揉まれる『閑吟集』の柳／正月七日は柳を立てる／柳と桃花をいけた春景色
第四章　伝承される柳の話と歌――113
『本朝文粋』柳が松に変わるという／人を蛇に変える柳／人間に変身する柳の精／人の身代わりとなる柳／柳の下の化け物と幽霊／柳の下に眠る財宝／三十三間堂柳の棟木話／柳に関する俗信／柳のことわざ／江戸期庶民が唄う柳の歌／京《みやこ》島原は出口の

柳／江戸吉原の見返り柳／江戸期流行歌謡集の柳／二つの衣《きぬ》掛け柳伝説

第五章　稲は柳に生ず――149

稲作可能な湿地は柳の生育地／古代政権は水稲のみ評価／種籾の蒔付けと青柳の呪力／田神の依代柳を立てた水口祭／中信地方の苗代に立てる柳／南信地方の苗代に立てる柳／『農業全書』の稲作と柳／「農事図」に描かれた柳／百姓著『農業図絵』と柳／田植えと柳／田植歌が唄う柳／稲生育期の水の必要性と雨乞／稲作に必須の河川と柳／河川の治水と柳／荒廃山地の修復と柳

第六章　柳から生まれるもの――191

柳箱（筥）は奈良時代から調度品に／箱の蓋も柳筥という／杞柳《こりやなぎ》細工物を生み出す豊岡／実用性高い保存容器の柳行李／柳行李製作の発展と衰退／柳枝を歯磨きに使う房楊枝／房楊枝の種類／楊枝売りの柳屋に美女あり／祝い膳に使う柳箸／酒と関わり深い柳樽／柳の食具・調理具や家具等／柳でつくる弓と矢／民間療法の柳の薬／柳の薬用部分および薬用効果／『中薬大辞典』の柳の薬／柳の成分からアスピリン／柳の木炭は黒色火薬原料

第七章　近世の江戸と京の柳――229
江戸名所柳の井／植えられた柳原堤の柳／墨田堤へ柳を植える／梅若丸と柳／広重描く錦絵の柳／京の高瀬川畔の柳／名水の柳水／石川雅望の柳賛歌／小野道風と柳／謡曲に謡われる柳／謡曲の遊行柳／美女の髪と枝垂れ柳の枝／漢詩に詠われる柳／春景色の漢詩の柳／柳は花より風情ありの俳論／蕪村の柳の句／『農業全書』の柳の効用

第八章　近現代の柳――271
銀座の柳のはじまり／復活した銀座の柳／荷風の見た東京の柳／昭和初期の新潟の柳／京都市内の柳並木／室戸台風被害と現在の京都の柳／わが国の街路樹と柳／日本街路樹一〇〇景と柳／倉敷と脇町の柳／北上川と千曲川の柳／与謝野晶子の各地の歌と柳／句歌の柳のありどころ／子供たちが唄った柳の歌

参考文献――307
あとがき――315

第一章　万葉時代の柳

柳と楊の区別のしかた

あたりの落葉樹の木々には葉っぱ一枚も見られない霜枯れの景色で、山あいにはまだ雪が残っている季節に、チロチロ、サラサラとさわやかな音を、上流域の小川は聞かせてくれる。その川端で見つけた柳のうす緑の芽吹きは、春が訪れたことを告げてくれる嬉しい便りであった。

『万葉集』巻十の春雑歌《はるのぞうか》には、「柳を詠める」と題して詠人知らずの歌が八首、柳の姿を中心におき、季節が進む様子を詠った歌が収録されている。春雑歌には、柳を詠ったもののほか、題として、鳥を詠める、雪を詠める、霞を詠める、花を詠める、月を詠める、雨を詠める、河を詠める、煙を詠める、野遊、舊《ふ》りにしを嘆く、逢へるを懽《よろこ》ぶる、旋頭歌、譬喩歌の一三種がある。春の植物を詠った歌の題としては花と柳の二つがあげられており、総称の花以外の単独の植物としては柳だけであり、これをみても柳はきわめて注目され、関心がもたれていたことがわかる。

「花を詠める」の歌は二〇首あり、ここに詠まれている植物は、柳（一首）、梅（七首）、桜（七首）、山吹（一首）、久木《ひさぎ》（一首）、馬酔木《あしび》（一首）、三笠の山（一首）、遠い木末《こぬれ》の六種である。

『万葉集』のヤナギの標記は、楊、柳と一文字のものと河楊、青柳、垂柳の二文字のものと、為垂柳、

「柳」とは、枝の垂れ下がるシダレヤナギのことをいう。

四垂柳の三文字のものがある。楊、柳のどちらもヤナギと訓《よ》む。河楊、青柳、垂柳は、カワヤナギ、アヲヤナギまたはアヲヤギ、シダレヤナギと訓み、為垂柳、四垂柳はどちらもシダレヤナギと訓むのである。このほか別の字の音を借りて安乎夜宜《あおやぎ》、楊疑《やぎ》、楊奈疑《やなぎ》、安乎楊疑《あおやぎ》、夜奈枳《やなぎ》などの標記のしかたもある。

　中国では、いわゆるヤナギ類を楊柳《ようりゅう》と総称するけれども、楊《よう》と柳《りゅう》は区別する。わが国では二葉の松を「松」と総称するけれども、アカマツ（赤松）とクロマツ（黒松）に区別することと同じ仕方である。

　楊と柳の区別について李時珍は『本草綱目』のなかで、「楊枝《ようし》は硬くして揚起《ようき》す、故に之を楊《よう》と謂《い》ふ。柳枝《りゅうし》は弱《じゃく》にして垂流《すいりゅう》する、故に之を柳《りゅう》と謂ふ。蓋《けだ》し、一類の二種なり」とあって、なぜ区別するのかが明解に説明されている。つまり楊の枝は起きて上に向いているが柳の枝は垂れ下がると、枝の付き方で明解に説明し、区別するのである。これにより、柳とは枝がたれ下がるシダレヤナギのことをいい、枝が垂れないヤナギはすべて楊と区別するのである。

　このことは平安時代に源順《したがう》が著した『和名抄《わみょうしょう》』（正しくは『倭名類聚鈔』という）に反映されている。

楊　和名夜奈木《やなぎ》。赤茎柳《せきけいりゅう》なり。『兼名苑《けんめいえん》』に青柳、一名蒲柳。

柳　『兼名苑』に柳と云う。一名小楊。之太利夜奈岐《しだりやなぎ》。崔豹の『古今注《こきんちゅう》』に云う一名獨搖《どくよう》。微風に大いに揺れるが故に以て之の名とす。

なお『兼名苑』は旧唐の時代に成立した古い字書で、『古今注』も四世紀に成立した中国の字書のことである。

「楊」とは、ヤナギ属のうち枝の垂れない種類のカワヤナギのことをいう。

春の歓びを詠う『万葉集』の柳

まず『万葉集』巻十の「柳を詠める」歌のはじめの部分を抜き出し、それから順に万葉時代の柳と人々との関わりをみていくことにしよう。

霜枯れし冬の柳は見る人のかづらにすべくもえにけるかも（一八四六）

浅緑染《し》めかけたりと見るまでに春の楊《やなぎ》はもえにけるかも（一八四七）

山の際《ま》に雪はふりつつしかすがにこの河楊《かわやぎ》はもえにけるかも（一八四八）

山の際の雪は消《け》ざるをみなぎらふ川の楊はもえにけるかも（一八四九）

一首めは、冬の間霜にあたって枯れたように葉をおとしていた柳も、縵《かずら》にかけるのによいほどに、新芽が萌《も》えだしてきたと、春の歓びを詠う。二首めは浅緑色の若葉で枝そのものが緑の糸を枝にかけたかとおもうように、春の楊《やなぎ》が芽吹いたことよというのである。三首めは、平地ではすでに春が到来して川の楊《やなぎ》が芽吹いているのだが、標高の高い山間《やまあい》では、なおも雪がふっていると、はるかかなたに見える冬景色と、身近なところの春景色を対比している。四首めも、三首めと同じ趣向で、遠く見える山の雪はまだ消え残って白く光っているが、水しぶきをあげて流れる川のほとりでは、楊が芽吹いているというのである。一首目は枝垂れ柳であり、二首目以降は楊なので、猫柳の類とみてよかろう。

なおこれらの歌は詠人知らずの歌群であるが、第一句で「山の際に雪は」と「山の際の雪は」と詠う作者は、名前は分からないが同じ作者による自問自答の連作、あるいは前歌に対する唱和の歌とされている。

　うちなびく春立ちぬらしわが門の柳の末《うれ》に鶯《うぐいす》なきつ（巻十・一八一九）

この歌は、草木が枝葉をのばしてなびく春になったらしい、わが家の門の柳の梢でウグイスが鳴いたよと、春立ちぬらしと端的に春になったことを述べ、その証拠に柳の梢でウグイスが鳴いたと具体的な春が到来した根拠を詠ったのである。

ウグイスは元来は野山の鳥で、日本全国に分布している小鳥である。夏は山地で繁殖し、秋・冬のころ低地に移動してくる。笹や薮のなかでチャッチャッと鳴きながら移動する。現在の二月ころの早春の初鳴きはまだ幼稚であるが、三月下旬ごろからホーホケキョと美しく鳴くようになり、春鳥、春告鳥ともよばれる。冬季は市街地の生け垣などに現れ、ホケキョと鳴くがその姿をみることはむつかしい。生け垣のような下層の植生を移動する習性があり、高い枝にとまることはほとんどない。柳の梢にとまったのは、ウグイスの鳴き声がきける時期にやってくる、背面が緑色のメジロを見誤ったものであろう。

　朝な朝なわが見る柳うぐひすの来《き》ゐて鳴くべき森に早なれ（巻十・一八五〇）

この歌は、毎朝私が見る柳よ、ウグイスが来て鳴く森のような繁みに早くなれという意である。森とはこんもりと茂った樹木の集団であり、元来は神霊の依りつく高い樹木のある所であるが、ここではわが家の柳はとうてい森になることは適わない。まだ芽吹いたばかりのうす緑の柳だが、本格的な春に早くなって森ともみえるほどの枝葉を茂らせよと、柳の成長を願う気持ちと、春の到来を待ち焦がれる気持ちが詠われている。

季節はやや進んで春がすみが流れるようにたなびくころには、「春がすみ流るるなへに青柳の枝くひ持ちて鶯《うぐいす》鳴くも（巻十・一八二一）」と、青柳の萌えでる様子、そして春告鳥のウグイスの鳴き声がひびきわたる、春の心地よい情景が詠われる。

交通要路の佐保川岸の柳

柳が緑の葉っぱをつけているので、もうすっかり春になったと宣言した歌に、巻八に収められた大伴坂上郎女《おおとものさかのうえのいらつめ》のものがある。

大伴坂上郎女が柳の歌二首

吾が背子《せこ》が見らむ佐保《さほ》道の青柳を手折りてだにも見しめてもがも（一四三二）

うち上《のぼ》る佐保の河原の青柳は今は春べとなりにけるかも（一四三三）

前の歌は、私の親しい人が見ているに違いない佐保道の青柳を、せめて一枝手で折りとり、この目で見るてだてはないのだろうか、という意である。坂上郎女が佐保以外の土地にあって、彼女の住居もある佐保の地の、春の風物である芽吹いた枝垂れ柳への愛着の思いと、それはそのまま現在も佐保道にあって青柳を折りとれる親愛な「我が背子」への思いとなっている。

次の歌の「うち上る」は、川をさかのぼっていく意味である。春べは、春方《はるべ》のことで、春の気配が濃厚になってきたことをさす。歌の意味は、佐保川の流れを溯ってきた、川原に生えている柳は芽吹きおわり、

佐保川岸に柳のあったことを示している江戸後期の『大和名所図会』巻之二（近畿大学中央図書館蔵）

今はすっかりと春になったことよ、というのである。

佐保は平城宮の東北にあたる地で、現在の奈良市法華寺町から法蓮町一帯のことをいい、京都府との府県境となっている奈良山（平城山）の裾野の地帯であり、ここを佐保川は流れている。佐保川は奈良市街の北東にあたる春日山（花山）と芳《ほ》山の間に発して北西に流れ、奈良坂の東から奈良盆地を西南に流れ、途中で左岸から水谷《みずや》川、率《いさ》川、岩井川などを合わせて南に向かって流れ、大和郡山市の市域をながれてその南端で初瀬川と合流し大和川となる。

『万葉集』巻一（七九）には、藤原京から平城京へと都が遷《うつ》るとき、

泊瀬《はつせ》の川に　船浮けて　わが行く川の　川隈《くま》の
八十《やそ》隈《くま》おちず　萬度《よろずたび》　かへりみしつつ　玉桙《たまほこ》
の　道行き暮らし　あをによし　奈良の京《みやこ》の
佐保川に　い行き至りて……

と、初瀬川から佐保川を舟で溯った長歌がある。佐保川が平城京の重要な河川交通の役割をはたしていたことがうかがえる。

平城京内に入った佐保川は、現在の流路よりもうすこし東南を流れていたという。そして佐保川は、部分的には平城京の条坊地割に乗っているところがあり、平城京の造営に伴って開削された東堀河である可能性が高いとされる。昭和五〇年(一九七五)に行われた東市《あずまいち》周辺地域の発掘調査で、市内を南北に流れる幅一〇メートルの堀河《ほりかわ》が検出された。そのほか、東市の西辺の坪に幅二丈(約六メートル)の堀河があった。これらが互いに連結しながら、左京地区の物資運搬を容易にする機能を果たしていた。したがって、佐保川は都の人たちによく知られた川であった。平城京の西側は、秋篠川が西堀河の役目を果たしていた。平城京北郊の佐保川周辺の佐保の地には、大伴安麻呂、旅人、家持と三代に受け継がれたとされる佐保大伴家と、長屋王が苑池をもつ邸宅を構えていた。

春の平城京大路を彩る柳

柳は、平城京の市内河川であると同時に、物資を運ぶ交通路としての佐保川の川岸で春の風物とされていたことについて触れてきたが、都大路も街路樹として柳が植えられていたことを示す大伴家持の歌が『万葉集』巻十九にある。

二日、柳黛《りゅうたい》を攀《よ》じて京師《みやこ》を思ふ歌一首

春の日に萌《は》れる柳を取り持ちて見れば都の大路《おおじ》し思ほゆ(四一四二)

春の日の温かな日差しにすっかり芽吹いている柳の枝を折りとって、しげしげと見つめていると、あの奈良の都(平城京)の柳の揺れる大路が偲ばれてならないと、家持は詠んだのである。国司の任期は五年であり、越中国司として足掛け五年となった家持にとっては、都への思いには募るものがあったであろう。しかも、春は叙任、交替の時期でもあった。柳黛とは、柳のまゆずみのことであり、ここでは柳の眉のこ

平城京の朱雀大路の柳の街路樹が復元されている（門は復元された朱雀門。奈良市・平城京跡）。

とである。

平城宮の内裏の朱雀《すざく》門から南の羅城《らじょう》門までの幅七〇メートルもある朱雀大路は、左右に柳が街路樹として植えられていたようで、柳の花粉も発掘されている。平成二〇年（二〇〇八）の平城遷都一三〇〇年祭にあわせて復元された朱雀門の南側の、かつての朱雀大路のかたわらには柳が街路樹として植えられている。

また貴族や宮中の庭園にも、柳は春の彩りとして植えられていた。奈良時代のいわゆる大宮人は、自然を尊び愛しており、樹木の形態美や色彩美などの点で、人々の嗜好に合致したものを庭園に植えていたことは、『万葉集』をはじめ『懐風藻』などの文学からうかがうことができる。その樹木は、松、梅、桃、李、桜、柳、椿、楝《おうち》、萩、馬酔木《あしび》などである。

これらの樹木が本当に植えられていたのかについての実証は、根株などの遺存体が出土しなければむつかしい。平城京内には南苑、西池宮、松林

復元された平城京東院庭園の一部。塀近くに柳が3本植えられている。発掘の際にも柳の遺物が出土している。

苑、楊梅宮、内嶋院などの宮苑があり、また貴族の長屋王、藤原宇合《うまかい》などの邸宅にも庭園があったことが文献からわかる。

近年、奈良時代の庭園遺跡が続いて発掘されてきたが、なかでも宮跡内にある東院庭園と平城京左京三条二坊六坪の北宮庭園は、遺存状態がよく、庭園の造営のしかたを知る上で重要な遺跡である。そのうえ東院庭園からは、池中の堆積土から多量の枝類と少量の種子や葉っぱの遺存体が出土している。その状況を光谷拓実の報告書「古代庭園の植生復元――出土大形植物遺存体から」（奈良国立文化財研究所創立30周年記念論文集『文化財論叢』同朋舎、一九八三年）から紹介する。

東院庭園遺跡は、平城宮の東南隅にあり、南面と東面にある築地大垣と、北面と西面の掘立柱塀とで四周を囲まれた空間で、この中にL字型の池と、これと一体となった建物群とが検出された。池は出土遺物から、下層池は遅くとも天平年間（七二九～七四八）には築造されており、上層池は天平勝宝年間（七四九〜七五六）に全面的に改修され、平安時代初期まで存続していたことが判明している。

上層池の規模は、東西最大幅四九メートル、南北最大幅六〇メートルあり、総面積一五〇〇平方メートルを占める。樹木が植えられていた空間は、園地の東岸部や西岸部、南岸部にある岬や入江、中島などと考えられている。

出土した植物遺存体の鑑定総数は三一一点あり、判明した樹種は、針葉樹はマツ属一八六点、ヒノキ四五点の二種で、出土植物遺存体の大半を占める。広葉樹は、ツツジ属一一点、シキミ一一点、ヤナギ属九点、アカガシ亜属八点、センダン六点、スモモ亜属五点、サカキ三点、モモ三点、ツバキ三点、グミ属？三点、リョウブ三点、サクラ亜属二点、シャシャンポ二点、スダジイ一点、カキノキ一点、ネムノキ一点、クマシデ属一点、イポタノキ？一点の一八種であった。

樹種鑑定は解剖学的性質で判定されている。ヤナギ属は、散孔材で年輪界は明瞭である。導管の配列は短斜性または長斜性の散点状である。導管側壁の壁孔の配列はおおむね錯列《さくれつ》状で放射組織は異性である。導管壁に條線が存在する。放射組織はすべて単列でその形はすべて針状である。このような特徴をもつ樹木にはヤナギ属とハコヤナギ属（ポプラが代表的樹木）があるが、放射組織が異性であることからヤナギ属と鑑定されたのである。

日本に四〇種自生する柳の種類

ヤナギ属にはシダレヤナギ、カワヤナギ、コリヤナギ、アカメヤナギ、オノエヤナギ等が含まれているから、すこしうっとうしいことながら、ヤナギについてやや詳しく説明しておく必要性がありそうである。

柳とは、一般にヤナギ科ヤナギ属の樹木の総称で、よく知られたシダレヤナギやネコヤナギが代表的な樹木である。すべて落葉性の樹木で、雌雄異株、葉は単葉で互生であるが、まれにはコリヤナギのようにほぼ対生するものもある。花はケショウヤナギ以外は虫媒花であるが、種類によってはすこし風媒にかたむいたものもあるといわれる。

ヤナギ属は主に花序の性質と花の構造でヤナギ類、オオバヤナギ類、ケショウヤナギ類の三つに分けられる。果実は蒴果《さっか》（乾果の一つで、複子房の発達した果実で熟すると縦に裂け種子を散布する）で、熟すると二つに裂け種子を出す。種子には胚乳《はいにゅう》がなく、つねに基部に白毛（いわゆる柳絮《りゅうじょ》）があって風に乗って散布される。種子はきわめて短命で、適当な場所に落ちないと一週間くらいで発芽力を失う。

ヤナギ属は世界には約四〇〇種以上あって、おもに北半球の亜熱帯、暖帯、温帯、亜寒帯にひろく分布し、少数は南アメリカ、アフリカにも見られる。

わが国には約四〇種が分布しているといわれ、狭いわが国ではあるが世界のヤナギ属の約一割が生育している。早春の芽吹きの美しさは日本的な情景をつくっている。ヤナギは水と縁が深く、川岸や池のほとり、湖畔などに茂るものが多い。日本で水辺を好むものには、ネコヤナギ、カワヤナギ、イヌコリヤナギ、オノエヤナギ、エゾノキヌヤナギ、エゾヤナギ、シロヤナギ、シダレヤナギ、マルバヤナギ、オオバヤナギ、ケショウヤナギなどがある。乾いたところに生えるものとしてはノヤナギ、ヤマネノヤナギが典型で、キツネヤナギ、オオキツネヤナギ、シバヤナギ、ミヤマヤナギなどがある。

ヤナギの仲間は極端な陽樹《ようじゅ》で、日が当たらなくなると弱って枯れてしまう。同一の種でも、時期がちがうとまるで別種のようにみえたりするので、一つの種で異名を非常に多くもつものがあることでも有名である。ヤナギ属の種の同定は専門家でも難しく、シダレヤナギのように独特の樹形をしたものを除いて、

枝垂れ柳は夏に葉を繁らせる落葉樹で、わが国に生育しているものは、ほとんどが雄木である。

識別は難しい。

本書での柳といえばシダレヤナギについての記述がほとんどとなるので、やや詳しくシダレヤナギについて紹介しよう。

シダレヤナギの学名はサリックス・バビロニカ（Salix babylonica）である。学名が示しているバビロニア（西アジアのチグリス・ユーフラテス川の下流域、イラクとイランの一部）には野生はない。

シダレヤナギの原産地は、中国の中南部とされる。上原敬二『樹木大図説』（有明書房、一九五九年）からの孫引きであるが、「中国のフロラ（植生のこと）に詳しいウィルスン氏の手記によれば多く沖積層の地に生じ殊に揚子江畔に多く見るという。しかし自生品と植栽品との区別はできない。北京以北には生育困難でその地方のものは移植品である。宮殿、寺院構内には植栽されたもの極めて多い」という。

シダレヤナギの名称として、ヤナギ、イトヤナギ、タレヤナギ、シダリヤナギ、オホシダレ、オホヤナギ、ロクカクヤナギ、ロクカクドウがある。古語ではハルススキ、ネズミグサ、カザナグサ、カゼナグサ、カゼミグサ、カハゾヒグサ、カハタカグサ、カハタグサ、カハゾヒヤナギがある。

漢字表記のしかたでは、柳、垂柳、垂楊、垂楊柳、楊柳、垂糸柳、水柳、水楊、吊柳、清明柳、蜀柳、緑柳、漏春和尚、独揺柳、独柳などがある。

シダレヤナギは落葉樹で高木となる。樹高は一〇〜一五メートルとなり、直径は六〇センチとなる。四月に開花し、果実は五月に成熟し、蒴果は二つに裂け、種子が出る。雌雄異株で、日本には雌木がないという。どういうわけか、中国から渡来するとき、雄木だけが渡ってきたようで、春に花が咲いても種子（柳絮《りゅうじょ》）が飛ぶことはない。

シダレヤナギの雌木について、『樹木大図説』は「日本には雌木なし」とし、高橋秀男監修『樹木大図鑑』（北隆館、一九九一年）は「ほとんど雄木」であるとするなど、文献は「なし」とか「極めて少ない」としている。筆者はその極めて珍しいシダレヤナギの雌木をみつけ、ＮＨＫニュースで全国放送で報道してもらったことがある。それは別のところで記したい。

梅柳の盛り期は佐保で遊ぶ

『万葉集』には柳を詠む歌は三六首あり、これとは別に河柳の歌が四首あり、合わせて四〇首となる。『万葉集』に詠まれた植物は、萩の一四一首が第一位であり、ついで梅の一一八首、以下松、藻《も》、橘《たちばな》、菅《すげ》、薄《すすき》、桜の四二首となり、桜についで柳は第九位となっている。ほかに詞書きにあるものが六首ある。

万葉時代には柳と楊とは、必ずしも厳格に区別されていなかった。その事例として木下武司は『万葉植物文化誌』（八坂書房、二〇一〇年）のなかで、前に触れた大伴坂上郎女の「佐保の河原の青柳は……」の歌の青柳はどう考えても「野生の自生種と考えるべきで楊に相当する」と主張している。筆者が考えるに、佐保川が自然河川であれば、自生のいわゆるカワヤナギ・楊としても差し支えない。しかし、佐保川は飛鳥の藤原京に都のあった時代から運河とも称すべき河川として、人びとも荷物も常に行き交う河川であった。そこの川岸には当然すぎるほど当然として、枝垂れ柳は植えられていたと考えるべきではなかろうか。

また平城京に都が遷都したのちは、都の中を流れる河川で、都の風致からも枝垂れ柳は植えられていたと見るべきである。

佐保の柳を呼んだ歌に、『万葉集』巻六に収められた作者不詳の次のものがある。

梅柳過ぐらく惜しみ佐保の内に遊びしことを宮もとどろに（作者不詳、九四九）

この歌は、梅の花や芽吹いた枝垂柳の見ごろが惜しまれて、平城宮の東にあたる佐保の地で遊んでいただけであるのに、宮中ではひどく大騒動のように取り沙汰されている、というのである。これだけでは、なぜそうなったのか原因不明であるが、歌の左注にそのいきさつが記されている。

それによれば、神亀四年（七二七）正月に、皇子たちや諸臣が都の東の郊外にあたる春日野にでかけて打毬《だきゅう》の遊びをした。打毬はポロ競技の一種で、二組の騎馬の一定人数が庭上にある紅白の毬を毬杖《ぎっちょう》ですくい取り、自分の組の毬門に早く投げ入れた方を勝ちとする競技である。唐から伝わり、平安時代には宮廷行事となった。打毬の遊びの途中、にわかに天が曇り、雨が降りだし、雷がとどろき、雷光が天地を引き裂くように、天から地へとたびたび走った。この天変に帝（聖武天皇）は大いに驚かれ、帝のお側に常にお仕えしている諸臣を召されようとしたが、侍従《じじゅう》も侍衛《じえい》も、春日野での打毬の催しに参加し、誰もいなかった。

帝は怒って、勅《ちょく》（天皇の命令のこと）をもって、春日野の遊びに参加した宮廷職員たち全員を、刑罰として授刀寮《じゅとうりょう》に散禁《さんきん》して、みだりに道路に出ることを許さなかったのである。授刀寮とは授刀舎人寮《じゅとうとねりりょう》をいい、天皇を親衛する舎人《とねり》を管掌《かんしょう》する役所のことである。散禁は奈良・平安時代の罰で、主として官人に対する一時的な拘禁（捕らえとどめおくこと）である。

前の歌の作者は、遊びに加わって佐保の内で（実際には佐保よりも南の山際となる春日野ではあるが……）、梅花や枝垂れ柳の芽吹きを鑑賞しただけであるのに、なぜ刑罰をうけなければならなかったのか、それが宮中をとどろかせるほどのことであったのかと、多少の憤慨をこめてこの歌を詠ったのである。それほど梅花と枝垂れ柳の芽吹きのころの外出は、宮中につとめる諸役人たちにとっては、一つのあこがれとなっていた。同時に佐保には、柳、つまり風流な枝垂れ柳が植えられていたことが示されているのである。

強い生命力を頂く青柳蘰《かずら》

奈良時代には花といえば梅花のことをいうとされていて、貴族の庭園には必ず植えられていた。柳つまり枝垂れ柳も、その風流な樹姿が愛でられ、梅とともに植えられていた。どちらも春の到来を告げるもので、一方は雪の降る厳寒期でも花をほころばせていい香りをあたりに漂わせ、一方は他の草木に先駆けて枝いっぱいにうす黄緑の芽吹きをつけて目出度（芽出た）さを感じさせ、春の陽気を寿《ことほ》いでくれるので、自然を愛してやまなかった大宮人たちの心をゆさぶったのである。

そして梅花と柳の芽吹きはほとんど同じ時期であることを示す歌として巻第十七の大伴家持の歌「春雨に萌《も》えし楊《やなぎ》か梅の花ともに後《おく》れぬ常の物かも」（三九〇三）がある。温かな春雨に促されて早く萌《も》え出た楊《やなぎ》なのだろうか、それとも梅の花と一緒に遅れず萌えでた普通の楊《やなぎ》なのだろうか、という意である。この歌は次に引用する少貮《しょうに》粟田大夫（巻五・八一七）の歌に和したものと、むかしから言われている。

少貮粟田大夫の歌は、苑に栽培されている梅の花が咲き青柳も蘰《かずら》にできるほどに芽吹いたことを歌っていることを家持はとらえ、あなたのいう柳は春雨に催促されて芽吹いた柳なのか、それとも梅の花と一緒に芽吹いたいつもの柳なのかと、問いかけるように唱したものだと解釈されている。家持の歌では楊と記されているが、実は柳（枝垂れ柳）のことをいっており、ここでも楊も柳のことをさすという混用がなされている。

梅の花咲きたる苑の青柳はかづらにすべく成りにけらずや　少貳粟田大夫（八一七）

梅の花咲きたる苑の青柳をかづらにしつつ遊び暮らさな　少監土氏百村（八二五）

これについて、梅も柳もともに中国から渡来してきた樹木であり、中国文化にあこがれていた貴族たちには格別にもてはやされた、舶来のものを喜ぶ心情は今も昔も変わりはない、との意見もある。しかし当時の梅や柳を栽培していた貴族たちが、梅も柳も中国から渡来してきた樹木であることを知っていて、彼の地の文化を憧れてこれらの樹木を愛好していたと、言い切ることはできない。現在でこそ梅も枝垂れ柳も中国原産と、興味のある人は知っているが、一般の人びとは原産地がどこどこの国であるかについては、ほとんど無関心であるといっていい。この樹木は、いつの時代に大陸から渡ってきたのであると説明されて、はじめてそんなことがあったのかと知るだけの人が多い。

中国原産の梅がわが国に渡来した時期については諸氏に意見がある。斎藤正二は『植物と日本文化』（八坂書房、一九七九年）のなかで、『万葉集』巻五の天平二年（七三〇）正月一三日に太宰府帥の宅でつくられた「梅花の歌三十二首」をもって、梅の苗木が七〜八世紀ごろ輸入されたと推定しても差支えないと述べる。澤瀉久孝は『萬葉集注釋』（中央公論社、一九六一年）巻第五のなかで、「この植物が舶来のものであって、まだ十分国民になじまなかったことを示すものである。その梅がまず漢土に近い太宰府に移植せられ、この一聯の作となったことは当然」であるとする。そのほかの諸氏もほぼ同じである。

筆者は『梅Ⅰ』（ものと人間の文化史92－Ⅰ）（法政大学出版局、一九九九年）のなかで、梅は弥生時代中期には大阪平野東部（現在の東大阪市の近畿自動車道となっている亀井遺跡）に栽培されていたことが遺跡からの自然木の遺物が出土しており、そのころには渡来してきていたことを明らかにした。

枝垂れ柳の渡来時期について上原敬二は『樹木大図説』で、「日本に渡来した年代は明らかでない。『万葉集』をはじめ古代の文献にも相当引用されているがそれはこのシダレヤナギか或は他の種類か明らかでない」と、渡来年代は不明だとしている。

穀霊《こくれい》の加護を祈り水口に柳を挿す

枝垂れ柳の明確な遺物は現在に至るまで発掘されていない。しかし、『万葉集』巻十五の「所に當《あた》りて誦詠《となえうた》へる古き歌十首」のうちの詠み人知らずの次の歌がおおよそ渡来時期を示唆しているのではなかろうかと、筆者は考えた。

青楊《あおやぎ》の枝伐《き》り下し齋種《ゆだね》蒔《ま》き忌忌《ゆゆ》しく君に恋ひわたるかも（三六〇三）

青柳の枝を切り、田に下ろし、齋種《ゆだね》（種籾《たねもみ》）をまき、そう思ってはならないあなたに、恋いつづけているとです、というのが歌の意味である。

齋種蒔きとは、苗代に蒔《ま》く種籾には穀霊《こくれい》が宿っているからこういうのである。歌のはじめにある青柳の枝を切り下ろすことは、柳の枝を伐り、苗代に水を引き入れる水口《みなくち》にさして、田の神を齋《いわ》い奉ることをいう。現在でも田植え儀礼の重要なものとして、田植え前に、田の水口や苗代田の真ん中に、来臨する田の神の依代《よりしろ》として自然木を立てることが広く行われている（伊藤幹治「稲作儀礼の構造」『稲作儀礼の研究』）。これに柳の枝を用いる長野県川中島地方の例も挙げられている。信州のタナンボウ、ナヘボウ、飛騨のマボシと呼ばれているのも柳である。挿した枝が根付くことを豊作の吉兆とするところがある点からいえば、根付きやすい柳の枝が用いられた地域は、古くはもっと広がっていたであろう。

稲作の始めの苗代の種蒔きにあたっては、柳や躑躅《つつじ》あるいは竹などを立てて、水口で田の神をまつる農耕儀礼は現在はほとんどみられなくなったが、全国各地で行われていた。日本固有の古い民間信仰の一つと考えられている。その民間信仰を物語る歌を、古くは仁徳天皇皇后の歌といわれるものから、新しくは淳仁天皇時代（七五九年）までの約三五〇年間の歌などを収録した『万葉集』は古歌だとしている。

『万葉集』が古歌だとしていることについて、前に触れた斎藤正二は、「ヤナギそれ自身は今来《いまき》の渡来植物であるから、いかに無用な牽強付《けんきょうふ》会《かい》を試みても、絶対に『古歌』にはなり得ない」と、『万葉集』の編集された直前あたりに柳が渡来しているところから、この習俗は日本古来のものではないと否定する。そして斎藤は、つぎのようにいう。

> わたくしは、ヤナギの枝を穀霊の憑《よ》り代《しろ》とする祭祀方法そのものが中国の農業祭祀の導入だったとの見方をとる。というのは、ホロートの大著『中国の宗教習俗』が繰り返し明かにしているごとく、穀霊イクォール死霊（祖霊）と信じられ、死霊はまたヤナギを媒体とすると久しく信じられてきたからである。日本律令知識人が〝知恵の宝庫〟として仰いだ『芸文類聚』にも、げんに「古詩曰。白楊初生時。乃在予章山。上葉払青雲。下根通黄泉」という記事がでている。なぜヤナギが苗代の種まきに必要な祭祀用具となったかということは、これではっきりしたと思う。

引用文の「古詩曰」以下について意訳すると、「古詩がいうところによると、白楊が初めて生まれたときは、すなわち予章山に在《あ》る。上の葉は青雲を払い、下の根は黄泉《よみ》に通ずる」となる。つまり白楊の梢は天高く青空を突き抜け、地下にある根は黄泉にまで通じるほど深いというのである。天にも地にも及ぶほどの勢力をもつ木だとの評価である。

斎藤のいう『芸文類聚』とは、紀元六〇〇年ごろの初唐の文人で書家の欧陽詢《おうようじゅん》（五三七〜六四一）の編によるものである。さて斎藤はここで重要な見落としをしている。柳の枝を稲の穀霊の依代《よりしろ》とする祭祀方法そのものが中国の農業祭祀の導入であったとの見方を斎藤はとった。斎藤はどうも水田稲作という農業技術がまず渡来し、水田稲作が日本に広まってから、水田稲作を開始するに当たっての穀霊祭祀が渡来したと考えたのではなかろうか。

そんなことはあり得ないと、筆者は考える。なぜなら、水田稲作は一つの文化であると考えるからである。文化とは人間が自然に手を加えて形成してきた物心両面の成果とされ、衣食住をはじめ、技術、学問、芸術、道徳、宗教、政治などの生活形成の様式と内容を含むといわれる。文明とほぼ同じ意味に用いられる。

大陸寒冷化下で押し出された稲作農民と柳

わが国に水田稲作が渡来したのは、中国の春秋戦国時代（紀元前七七〇～同二二一）で、中国大陸の気候が寒冷化し、漢民族が北方から怒涛のように南下してきたので、水田で稲作農耕をいとなんでいた長江（揚子江）流域の人々が追い出され、一方は日本列島に、もう一方は雲南省へと逃げたのである（安田喜憲『古代日本のルーツ　長江文明の謎』青春出版社、二〇〇三年）。長江（揚子江）の中下流域こそは、水田稲作文化（文明）の発祥地であり、それは梅の原産地とぴったり重なっている。枝垂れ柳も長江流域が原産地のようである。平成二四年（二〇一二）三月五日付けの朝日新聞（夕刊）の文化欄の記事「人類の謎　移動の歴史から」は、日本の弥生人は中国の海岸部の集団と遺伝的に近いと次のように記している。

一方、斎藤成也・国立遺伝学研究所教授は「ＤＮＡ研究から、日本人は中国海岸部の集団と遺伝的に近い」と指摘。印東教授は「狩猟採取民とであった農耕民は概して争いを避けて移動する」として、南太平洋のラピタ文化などの研究を踏まえ、日本列島の弥生人を性格づけた。（筆者注・印東教授とは

国立民族学博物館の印東道子教授のことである）
北方から南下してくる漢民族に追われた水田稲作文化を保持する人たちの一方は、大陸内を西部の雲南省などの山岳地帯に、もう一方は日本へと海を渡ったのである。中国大陸から逃げてきた水田稲作文化をもった人びとが、水田で稲を栽培するに必要な種子はもちろんのこと、栽培技術、信仰、習慣、生活方法などをセットとして保有していたことは当然のことであろう。

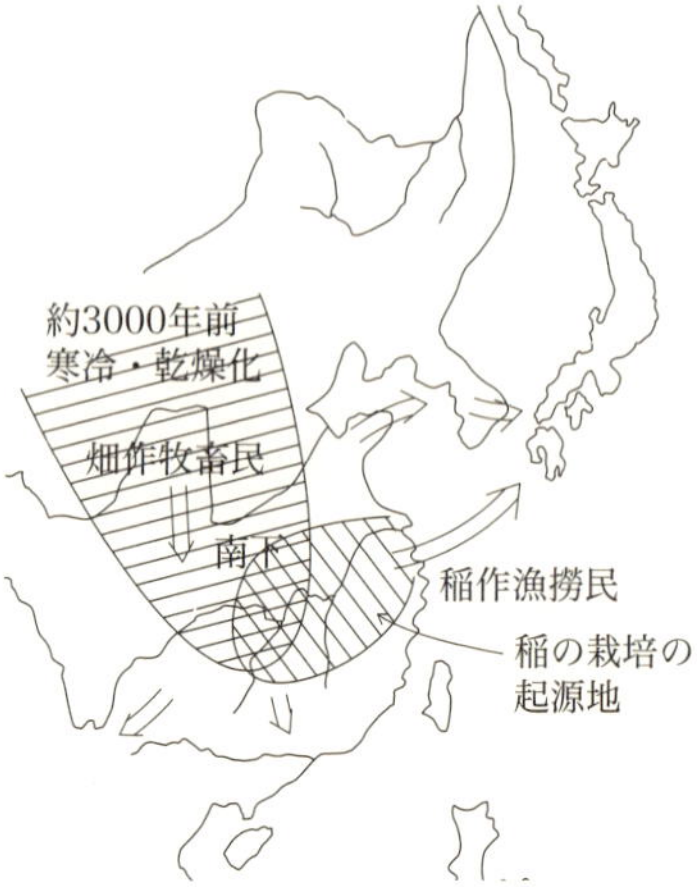

約3000年前の大陸北部の寒冷・乾燥化は激しく、北方の住民は南下し、南部の稲作農耕民は東方、南方、西方へと押し出された。

　したがって、長江流域で栽培されていた梅、桃、柳などの生活に必要な植物はセットの一つとされていたことは当然考えられる。いみじくも斎藤がいう柳をもちいた稲作の農業祭祀は、このときに導入されたのであろう。わが国の弥生時代に、新しく大陸からもたらされたものとして、水田稲作の技術があげられている。縄文文化から弥生文化への転換期の遺跡に、福岡市の板付遺跡があり、ここからは最古の弥生土器が出土している。この遺跡の年代は、紀元前三〇〇年とされている。ここまでは枝垂れ柳が日本に導入されたと考えられる状況証拠であるが、遺跡からの遺物の出土が確認されるまでは確定したものとは言えない弱みがある。しかし、枝垂れ柳は弥生時代の早い時期に、水田稲作のセットの一つとして渡来してきたと考えるべきであろうと、有岡説を提唱しておく。

　梅や枝垂れ柳を万葉時代の文化人が持てはやした理由は、万葉時代直前に中国大陸から渡来したので、先進文化にあこがれていたとする主張に反論するため、長々と梅と柳の渡来時期を調べてきた。梅も枝垂れ柳も、水田稲作文化のセットとして、弥生時代の早い時期には渡来していたと私は考えた。

弥生時代の始まりは紀元前三〇〇年ごろとされているが、『万葉集』編集直前あたりに渡来したという説に反論するため、渡来時期をぐっと割引いて弥生時代後期の卑弥呼がいた時代の西暦二四〇年ごろとしても、平城京遷都（七一〇年）までの年数は四七〇年を経ていることになる。この年数を現代に引き直して、平成二三年（二〇一一）から四七〇年前というと、室町時代の天文一〇年（一五四一）となる。こんな長年月わが国の人びとに愛でられてきた樹木なので、中国渡来の樹木だから愛好しているという感覚はおかしい。

それでは、江戸時代後期のアサガオ（朝顔）（熱帯アジア原産で、中国から渡来した）や、キンモクセイ（金木犀）（中国原産）あるいはジンチョウゲ（沈丁花）（中国原産）を、中国渡来の草花だから中国文化に憧れをもった人々が愛好してきたとでもいいたいのだろうか。極め付けは稲であるが、これは中国は長江（揚子江）の中・下流域が原産地とされているが、さすがに誰も中国渡来植物だから日本人は稲を愛好して栽培するのだとはいわない。梅・桃・柳を愛好するのは中国趣味だと主張する人たちは、これらの渡来時期を『万葉集』が編纂される直前あたりだと理解しているのだから、感覚にずれがあるのも止むを得ないことであろう。

さて当時の人たちにとっては、四〇〇年以上もわが国で栽培され続けてきた梅や柳なので、渡来した樹木だとは考えず、むかしからわが国に生えている樹木として花の美しさ、春を告げてくれる花や芽吹きを愛し、各地に植えられていたに違いない。そして文化の先進地である中国にも、同じような樹があって、それを詩文ではどんな表現で詠われているかを勉強し、その感じ方を模倣し、さらに日ごろの観察成果も一部含めて詩文や歌を作ったに過ぎないと私は考えている。

学問でもなんでも、はじめは真似をするものである。「学び」とは「真似び」だとよくいわれている。真似をすることでそれを自分のものとし、そこから新しいものが生まれてくる。独創性が大切だといっても、引用文献が一つもない独創論文は、誰も理解し支持してくれないのである。

『万葉集』では、柳と梅の花とはよく組み合わされており、その歌数は一一首にのぼる。柳と梅の組み合わせについて斎藤正二は『植物の日本文化』(八坂書房、一九七九年)の「柳」の項で、次のようにいう。

中国では、雪が消えて一陽来復、さあ春がやってきたよという合図を示す歳時的シグナルとして、まずウメがさき、ヤナギが萌え、ウグイスが鳴く、というふうに考えられ、それが宗教儀礼用歌謡にうたわれ、やがて詩文化されたのだった。そして初めて実物のウメの花を見、初めて実物のヤナギの若枝をみる機会に恵まれたとき、わが律令官僚知識人たちは、中国詩文をテキストにして、ウメの鑑賞法を学び、ヤナギの風趣の味わい方を学んだのである。この天平二年以降、『万葉集』には「梅柳」というワン・セットの美的配合がしばしば詠材に仰がれるようになるが、もちろん、それは中国詩文を手本にした学習成果でなければならない。

私も表現法や組み合わせは斎藤正二のいうように、中国詩文を勉強し、咀嚼したものであるとすることには賛成である。しかし斎藤が同書のなかで「ウメそのものが当時やっと九州に渡来してきたばかりの花木であった」ということと、「奈良時代の中ごろ、当時さかんに輸入されていたヤナギ」という渡来時期の認識は誤りと言わねばならない。

神の天下る柳と初期天皇家の系譜

柳の現れる文献資料の一つに、平城京遷都(七一〇年)の一〇年後の養老四年(七二〇年)に成立した

『日本書紀』（舎人親王撰）があり、同書巻第十五の顕宗《けんぞう》天皇の条《くだり》に、「川傍柳《かわそいやなぎ》」を詠った歌としてでてくる。

稲筵《いなむしろ》
川傍柳《かわそいやなぎ》
水行《みずゆけば》
靡起立《なびきおきたち》
其根《そのね》不失《はうせず》

歌は、川沿いに立っている柳は、川の水の流れにつれて、靡《なび》いたり立ったりしているが、その根は決して失せることはない、という意である。稲むしろとは、川の枕詞とされており、これには意味はない。わが国の古文献に現れた柳は、川水の流れに近い場所に立っているため、水流の動きにしたがって、なびいたり、また立ったりしているけれども、根っこの部分は川水に犯されることで失われることはないとしている。川傍柳と記されており、カワゾイヤナギは前にふれたように、枝垂れ柳の古い異名の一つである。とすれば、枝垂れ柳の文献上の初出例となり、後に述べるように年代では西暦四八〇年代となり、平城遷都の七一〇年から、さらに二三〇年を溯ることになる。

ついでにこの歌が詠われた経緯をみると、顕宗《けんぞう》天皇（記紀では第二三代の天皇）との関わりがあった。清寧《せいねい》天皇二年（推定四八一年）、播磨国明石の豪族伊予来目部小楯《いよのくめべおだて》の家に、国司が招かれ新嘗《にいなめ》の供物を供えた。たまたま履中《りちゅう》天皇の孫の弘計王《おけのみこ》（のちの顕宗天皇）と兄の億計王《おけのみこ》（のちに仁賢天皇）が仕えていた縮見屯倉首《ちぢみのみやけのおびと》が新築祝いにきて、夜通しの酒宴となった。弘計王は兄とともに、父が雄略天皇に殺されたので自分たちも殺されるのを恐れ、身分を隠して明石の豪族縮見屯倉首に仕えていたのであった。

夜がふけ宴がたけなわとなり、宴席に連なっているみなはそれぞれ舞を終えた。縮見屯倉首が弘計王兄

大水のときに流下物を幹で受けとめている川柳。大水のとき枝が水でなびいたりするが、根元から流失することはない。

弟に、立って舞えと、言った。そのときの歌が、この歌であった。家主の小楯が面白いのでもっと歌うようにと催促した。そしてついに弘計王兄弟は、歌をうたいながら履中天皇の孫であることを明かす。国司は驚き、清寧天皇に報告した。子供のいなかった清寧天皇は喜び、二人を都に迎えたのである。そして清寧天皇が亡くなられたあと、弘計王が顕宗天皇となり、その後兄の億計王が継ぎ仁賢《にんけん》天皇となられた。

この歌の、柳は上部はふらふらとゆれ動いているが、その根っこの部分は強く動かないという意味ととられ、平安朝でも祝歌として歌われ、家を新築したときなどの寿歌《ことほぎうた》ともされたようである。『栄華物語』の玉の村菊の、長和四年（一〇一五）五月二日、後一条天皇即位の条に、道長の栄華を讃えた歌をうたう一節がある。

大殿は世は変らせ給へとも、我が身はいとど
栄えまさらせ給ふやうにて、
川副柳《かわぞえやなぎ》

風吹けば　動くと見れど根は強し、

といふ歌のやう動きなくおはしますとも、えも言はずめでたき御有様なるに

『栄華物語』の歌が、『日本書紀』からの直接の引用であれば、もっと『日本書紀』の歌詞のままの形である筈だが、原型の「川傍柳水ゆけば」から「風吹けば」と、川水で揺れ動くのではなく、風に吹かれた枝の動揺と変わっている。このように歌詞も詞の形もかなり変化しているところから、『日本書紀』にとられた元の歌が、平安朝まで少しずつ変化しながら歌い継がれてきたことを物語っている。

柳は枝が枝垂《しだ》れる樹形から、いかにも神が天下るにふさわしい木とみられ、どの時代にも変わらず篤い信仰をうけてきた。本来神は祭りをすることによって、樹木や岩石に天下ると考えられていた。それを依《より》代《しろ》といい、依代とされる樹木は常盤《ときわ》の緑の葉っぱをつける常緑樹の榊や松が多かった。

宴に赴く正装飾りの柳蘰《かずら》

落葉樹の柳がなぜ信仰されてきたのかといえば、まず前に触れたように、その樹形が挙げられる。ついで柳は枝を折って土に挿しておけば、そこから根が出て、一つの個体となるほど生命力の強い樹木であることがあげられる。

『万葉集』では、「楊こそ伐《き》れば生えすれ」（巻十四・三四九二）のように柳の木なら伐採されてもまた生えるといい、また「小山田の池の堤に挿す楊」のように、山田の灌漑用のため池の堤に柳の枝を挿しておくと芽が出て、枝や茎、葉が伸び広がるようにといい、柳の生命力の旺盛さを表現している。

強い生命力をもつ柳の枝を巻いて環《かん》にして頭にのせる蘰《かずら》にしたり、枝を髪にさして挿頭《かざし》とされた。挿頭や蘰の本来の意味は、神事に奉仕する者のしるしであった。宴《うたげ》は神事のあとのウチアゲからきたもので、

神事の内だったのである。宮中で雅宴が催されるようになって、挿頭や蘰は雅宴の風流となり、髪飾りになってきたのである。

『万葉集』には柳を蘰《かずら》にする歌が、巻十の「蘰《かずら》を贈る」と詞書きされた「ますらをが伏ゐ嘆きて造りたるしだり柳のかづらせ吾妹《わぎも》」（一九二四）など八首ある。この歌は恋人に枝垂れ柳で造ったかずらを贈るのに添えた実用的な歌で、立派な男子の私が伏しているときも起きているときも、恋の思いを嘆きながら造った枝垂れ柳のかずらを被《かぶ》ってください、私のいとしい人よ、という意である。枝垂れ柳の枝は、細く長くしなやかなので、輪にして頭にかぶるような細工もしやすい。

　ももしきの大宮人のかづらけるしだり柳は見れど飽かぬかも（巻十・一八五二）

平城京の大宮人がかずらにしている枝垂れ柳の美しさは、いくら見ても見飽きないというのが歌の意である。枝垂れ柳の美しさはこの歌の前に収められている歌で、「青柳の糸の細《くわ》しさ」と歌われており、春先の枝垂れ柳の細くしなやかな枝を糸にたとえたもので、春風に吹かれて流れるような緑の糸の美しいイメージとなっている。

柳をなぜ蘰《かずら》にするのかというと、柳の生命力を移しとるということともに、宴に赴くための正装という意味もあった。巻十九に収められた天平勝宝五年（七五四）二月一九日（現在の四月一日）に大伴家持が左大臣橘諸兄《たちばなのもろえ》の宴に招かれたとき、枝垂れ柳の枝を攀《よじ》とり、蘰《かずら》にしたときの歌で示されている。

　青柳の上《ほ》つ枝よじ執《と》りかづらくは君が屋戸《やど》にし千年寿《ちとせほ》くとぞ（四二八九）

歌の意味は、青々とした柳の枝先を攀《よ》じ、つまり引き寄せてとり、蘰《かずら》にしたのは、あなた様のこのお屋敷での千年《ちとせ》のお栄えをことほぐ心からです、というのである。越中国司から平城京に返り咲いた家持が、左大臣からの招きの宴に出向く正装として枝垂れ柳の蘰《かずら》をつけ、生命力旺盛な枝垂れ柳の蘰で主人の諸兄の長寿を予祝したのである。

大宮人たちが頭にした柳の蘰《かずら》は、中国文化の影響のもとにある。清《しん》の敦崇《とんしゅう》の著した『燕京《えんけい》歳時記』は、おおむね北京を中心とする華北一帯で行われていた年中行事の記録である。枝垂れ柳を環《わ》にしたものをかぶることが、二月の「清明」の条《くだり》につぎのように記されている。

『歳時百問』に、「万物は此の時に生長し、皆清浄明潔であるから、これを清明という」といっている。清明のとき柳を戴くのは、唐の高宗が三月三日に渭水の北岸で祓禊《みそぎ》をし、群臣に柳の環《わ》をおのおの一個を賜わり、これを戴《いただ》いたならば蠍《さそり》の毒を免《まぬが》ることができるといったことにはじまる。

この記述は、中国の北部では清明節のとき、柳を環《わ》にしたものを頭にいただく風習があることを示したものである。

『燕京《えんけい》歳時記』の訳者の小野勝年は、頭に柳を戴くことについて「柳は桃と同様に中国では古くから辟《へき》邪《じゃ》（魔よけ）の力があるものと考えられている。索漠たる黄土地帯では冬枯れの季節になると、ほとんど緑というものがない。陽春、ちょうど清明節のころになると、他の植物に先んじて若々しい緑芽をだすのが柳である。しなやかでしかも強い性質、河辺などで最も繁茂するこの樹は、古代の人びとにとって辟邪の力を信ぜしめるに十分であったであろう」と、注をつけている。

さらに小野は「清明に柳を帯びざれば黄狗《こうく》に変ず」などということわざもあることを記している。これは、清明の日に柳を身につけなければ、次の世には黄色の犬に生まれ変わるということである。犬は人に殺され食われるのである。

実物の蘰から造物《つくりもの》の挿頭《かざし》へ

唐の高宗《こうそう》は、唐の第三代皇帝の廟号《びょう》である。日本からは国際情勢や大陸文化を学ぶために、飛鳥時代の舒明《じょめい》天皇の御代の六三〇年に遣わされたのを始まりとし、十数回にわたって公式使節が派遣され、これを遣唐使といった。遣唐使がこれらの風習を学んで帰国したであろうが、柳に関する中国の風習は三月三日の上巳《じょうし》の日と、清明節にどうやら限定されているようであり、日本では日にちは限定されていなくて、枝垂れ柳の芽吹きのいい時期に蘰《かずら》にされているようなので、日本独自にアレンジされたものなのであろう。

蘰《かずら》はやがて男子が冠《かんむり》を付けるようになると付ける機会が少なくなり、やがて冠の飾りとして造花などを挿す髻華《うず》と習合し、遊宴や神事などの年中行事に花などを挿すようになった。挿頭《かざし》である。万葉時代には柳などのように植物自体を折り曲げて蘰としてかぶることと、その蘰に挿頭をつけることが、平行して行われていた。柳の挿頭には次の歌がある。

わがさしし柳の絲《いと》を吹き乱る風にか妹が梅の花の散るらむ（巻十・一八五六）

私が髪に挿している糸のような細い枝垂れ柳の小枝を、吹き乱しているこの風に、いとしいあの子のかざす梅の花が散っているのだろうか、というのが歌の意である。この歌は大宮人の春の園遊のときにつくられたものであろうと考えられている。妹の梅とは、歌の作者が細い枝垂れ柳を挿頭《かざし》としているように、彼女の方は梅花を挿頭としていたのである。

枝垂れ柳の芽吹きとともに花を開く春告花の梅花は挿頭《かざし》として、柳とともに髪に挿されたのである。春の園遊のときの遊びで、柳も梅も二つとも、しかもいっしょに挿頭とされた歌がある。巻十七に「大宰の時の梅花に追いて和《こた》ふる新たしき歌六首」という詞書きをもつ大伴書持《ふみもち》の歌で天平一二年（七四〇）一二月九日に作られた。「大宰の時の梅花」というのは、巻五に収められている太宰帥《だざいのそち》大伴旅人が天平二年

（七三〇）正月一三日に開いた宴会の際の「梅花の歌三十二首」のことである。
笠《かさのさ》沙弥《み》は、次のように柳と梅のかざしを詠んでいる。

青柳梅との花を折りかざし飲みての後は散りぬともよし（巻五・八二一）

この歌に和《こた》えて、書持は次の歌を詠んだのである。

遊ぶ内の楽しき庭に梅柳折りかざしてば思ひなみかも（巻十七・三九〇五）

笠沙弥は園遊の遊びの正装として梅花と柳の挿頭《かざし》をしているが、宴の歓楽を尽くしてしまった後は、もはや散ってしまってもかまわないと、思い切った大胆な言い方となっている。これに応《こた》えて書持は、笠沙弥さんよ、遊びのうちの楽しい園遊で、梅や柳を折りとって飲んでしまったら、もう何も心残りはないからでしょうか、と応じたものと解釈されている。

園遊の席で、はじめのうちはかしこまって、やや堅苦しく飲んでいたが、気の合った友達同士ではあるし、酒を飲むうちに酔っ払ってきた。酒を飲んでいたのが、しだいにいい気分をとおりすぎ、やがて酒に飲まれて、堅苦しい挿頭の梅花も柳も散ってしまってもかまうもんか、と笠沙弥は酔っ払いの常で大胆な放言をはなった。それを書持は、そうでしょうとも、それだけ飲めば何も心残りはないでしょうから……と、少し皮肉な歌を作ったと私は解釈した。

ここで『万葉集』の歌から、当時の柳の生育地はどんなところなのかをみてみよう。生育地が判明する歌は、柳の歌四〇首のうち次の一七首（四二・五％）となった。同一の歌に二度詠まれたものは、一首と数えた。

梅の花の咲く園（八一七・八二五）　　園遊のときの庭（三九〇五）
わが宿（個人の邸宅）（八二六、一八五三）　　わが家の門（一八一九）

わが家の垣根（三四五五）　わが家の入り口（四三八六）
佐保の野（九四九）　佐保の川原（一四三三）
遠江の阿渡川（一二九三、二回）　六田の川（一七二三）
みなぎらふ川のそひ（一八四八）　小山田の池の堤（三四九二）
川の渡し場（三五四六）　水田の畔（三六〇三）
都（平城京）の大路（四一四二）

このような結果になったが、目につくのはわが家の柳である。そのわが家には、入り口、門、垣根という外部と内部とを隔てる目的の植生として三首の歌でうたわれている。さらに邸内の庭にも植えられていたことが二首の歌でわかる。樹高一〇メートル以上に成長する柳を植えても、格別の支障なく、その樹形や風になびいて揺れ動く細い枝を鑑賞できるくらいに、屋敷は広かったのであろう。

佐保の野は佐保川の流域であり佐保の川原と一帯と考えてもよいだろう。とすると川に関わる歌は六首、池が一首、水田の畔が一首で、水辺の樹木とされる枝垂れ柳の生態の適合した生育地のものは八首となり、半数以上となる。なかなか良好な成績といえよう。そして平城京のメインストリートは、柳並木であった。大宮人たちは日ごろの宮仕えのなかで、自然を、ことに各種の植物を愛し、その生態を確実に把握し、同時に柳の利用法も心得ていたことがよみとれるのである。

平城京を舞い飛ぶ柳絮《りゅうじょ》

奈良時代には漢詩がたくさん詠まれ、『懐風藻』と名付けられて収録されている。天平勝宝三年（七五一）の序をもつ『懐風藻』にも柳が詠われた作品が数多くある。文武天皇の詠まれた漢詩が三首収録されており、そのなかの「五言。雪を詠む。一首」は雪を柳絮《りゅうじょ》にたとえた詩である。

雲羅《うんら》珠《たま》を嚢《つつみ》て起り、
雪花《せっか》彩《いろ》を含みて新し。
林中柳絮《りんちゅうりゅうじょ》の若《ごと》し
梁上歌塵《りょうじょうかじん》に似る
火《ともしび》に代《かは》りて霄篆《しょうてん》に輝き、
風を逐《お》ひて洛濱《らくひん》を廻《めぐ》る。
園裏花李《えんりかり》を看《み》れば、
冬條《とうじょう》尚《なお》し春を帯《お》ぶ。

雲羅《うんら》とはうすものの衣のことであり、薄絹《うすぎぬ》のような雲は、珠のような美しい雪を包んでわきおこり、花のような雪は美しい輝きをふくみながら降ってきて、新鮮な感じを与える。林の中の雪はあたかも柳の絮《わた》のようであり、屋内にふりこんできた梁の上の雪は、よい歌声をきいて飛び動きまわる塵のようだというのがこの詩の前半の意味である。そして終わりに、苑のなかの李《すもも》の花をみると、冬枯れの枝だというのに積もった雪が、あたかも花が咲いたようで、やはり春の気配を帯びている、と詠う。

いくぶんの漢語をもちいながらも、そのほとんどを大和言葉で詠った『万葉集』の歌に比べると、『懐風藻』は漢詩という彼の国の言葉を用いてのものなので、『万葉集』とはまた違った風景が見えてくる。

雪が降るさまを詠った漢詩で、『万葉集』には詠われたことのない柳絮《りゅうじょ》を用いて、林の中を舞う雪花を表現している。柳絮とは、枝垂れ柳の蒴果《さくか》が、あたたかな日差しで二つにわれ、とびだしてくる白い綿毛をもつ種子のことである。中国大陸では、柳絮の季節ともなれば枝垂れ柳の真っ白な絮《わた》（種子）が飛び、吹きだまりには真綿のように集まって巨大な塊をつくるといわれる。

ある程度の気温が必要なので、温かな日差しのある時でなければ柳絮はとばない。柳絮が前日に飛び始めたからといっても、翌日曇天で気温があがらなければ、果実は硬くとざされたままで、柳絮は飛び出さないのである。天気のよい温かな日差しを浴びると、雌木の果実から真っ白な絮が、まるで魔法のようにニューッと現れ、そこら一面に雪花のようにただよい散っていく。

筆者は大阪府東大阪市にある近畿大学に勤めていたとき、キャンパス内に生育していた枝垂れ柳の雌木から、柳絮が飛びだし、ほとんど風のない時にはふうわりふうわりと飛び、いったん風が吹くと吹雪のように横なぐりになって散っていく様子を見たことがある。

平成一〇年（一九九八）四月、近畿大学のキャンバスを巡回していて、柳絮が飛んでいるのを見つけ、その発生源を探し、大学のキャンバス内であるのを突き止めた。もっともそれまでも、ほぼ毎年柳絮が飛ぶのを見ていたが、どこから飛ぶのか、確定できていなかった。

柳絮の飛ぶシダレヤナギ（枝垂れ柳）の実物が確定できたので、珍しい事象をみつけることができたよろこびが沸いてきた。そこで簡単ながら、枝垂れ柳の雌木がわが国には渡来していないかあるいは極めて希少であり、雌木が見つかれば学問的にも珍しい発見となることなどとともに、いま柳絮が飛び初めていることを記したペーパーを作り、大学の広報課に持って行った。広報課の職員はすぐに記者クラブに投げ込みしたようである。

ただちに反応があり、投げ込み当日の四月一六日、NHK大阪放送局から取材の申し込みがあった。当日は晴天の温かな日であったので、枝垂れ柳の垂れ下がった枝の葉腋ごとにある果実が開き、よく絮《わた》が吹き出した。風もあったので、まるで吹雪のようになって飛び、取材は大成功であった。同日の夕方と、翌日の早朝、NHK大阪放送局をキイ局として、全国放送のニュースとして流された。ところがNHKから二日遅れて取材を申し込まれた関西テレビのときは、午後の時間なのに雨こそ落ちなかったが、曇天で気温はほとんど上がっていなかった。対応した広報課の職員と枝垂れ柳の枝を引っ張っても、揺さぶっても、絮はまったく現れず、この取材は失敗におわった。生き物のテレビ取材、ことに花の開花などは、その時点の気象に左右されることが多く、このときは貴重な経験をしたものである。

「柳絮《りゅうじょ》飛ぶ」とは、枝垂れ柳の成熟した果実が二つに割れ、種子が、種子を包む絨毛《じゅうもう》とともに空中に飛びだし、風にのってただよう現象をいう。枝垂れ柳の多い中国では、柳絮が飛ぶさまには特有の風情があるとされている。

枝垂れ柳がたくさん生育している中国では、柳絮の飛ぶのは春の風物詩というよりは、少々やっかいもの扱いされるほどである。日本では、前に触れたように、枝垂れ柳の雌木は皆無ではないが極めて少ないので、柳絮の飛ぶ様子を見て、これこそが漢詩にいう柳絮の飛ぶ現象だと理解しながら見た人は極めて少ないと考える。文武天皇も実際に飛ぶ現象を見られた経験をもたれたとは考えられない。ところが、漢詩では「柳絮飛ぶ」という表現は、きわめてふつうの表現であり、このあたりを勉強され、雪花を柳絮にたとえられたのであろうと推測した。

柳絮を詠んだ漢詩は紀朝臣古麻呂のものも『懐風藻』にあり、文武天皇とおなじく「雪を望む」との題のものである。関連する連を掲げる。

柳絮未だ飛ばねば蝶先《ま》ず舞い
梅芳《ばいほうなお》猶し遅く花早く臨む。

柳の絮《わた》はまだ風によって飛ばないのに、蝶のように雪がまず乱れ舞い、香しい芳香をはなつ梅の花の時

庭園の一角の池傍に植えられている柳。

期はまだ遅くて、咲いていないのであるが、雪が梅の樹にくっついてあたかも花を開いたようだ、という意味である。文武天皇の漢詩と同じ趣旨の雪の賛歌で、柳絮をうまくつかって表現されているといえよう。

奈良の都の庭園を彩る柳

柳は早春のものが当時も賞されたようで、箭集《やつめの》蟲麻呂《むしまろ》は左大臣長屋王が自宅で宴したときの漢詩において早春の春景色をつぎのように描写する。

柳條《りゅうじょう》未だ緑を吐かね、
梅蕊《ばいずい》已《すで》に裾に芳《かぐは》し。

柳の枝にはまだ薄い緑の目立ちは見えないが、梅の花の蕊はすでに開いて、着物の裾に芳しい香をただよわせるという意味である。柳も梅のどちらも早春の生態をめでる植物であるが、馥郁《ふくいく》とした香をただよわせる梅花の方が、やや早いというちがいである。

蟲麻呂と同じく長屋王の宴に加わっていた大津連首《おおつのむらじおびと》も、梅花と柳を対照とした詩句をつくっている。

庭梅《ていばい》已《すで》に笑《えみ》を含《ふふ》めども、
門柳《もんりゅう》未だ眉《まゆ》を成さず。

庭に植えられている梅の木の花は笑みを浮かべたようにほころび開いたが、門前の柳は未だ新芽を出していないという意味である。柳の眉ということばはまた柳眉《りゅうび》ともいわれ、柳の新芽をさしている。柳の眉または柳眉は、柳の葉っぱのようにほそく長いものをいい、美人のことをさしている。同じように眉自体は柳の葉っぱのように細く長い眉をもっているけれど、美人以外の女性はこのことばで形容することはない。柳眉とは、美しい眉を柳の葉っぱにたとえたという説と、柳の芽出ちの様《さま》をたとえたという説がある。大津連首は後者の説で詩を作ったのである。

前の二人と同様に長屋王の宴に参列していた塩屋連古麻呂《しほやのむらじこまろ》も、柳と梅とを詠いながら、春景色を詠んでいる。

柳條《りゅうじょう》の風未だ煖《あたた》かならず、
梅花《ばいか》の雪猶《なお》し寒《さむ》し。

枝垂れた柳の枝に吹きわたる風は、未だ早春なので暖かくない。一方の梅の花にかかる雪も、なお寒いというのが意味である。梅の花は早春もはやい時期に咲くので、花に雪が舞い落ちることがある。花を開いた梅で春の到来を知ってはいるが、柳は霜枯れのまま細く長い枝を風にそよがせており、本物の温かな春にはいま一歩手前だという情景が、みごとに描写されているといえよう。

『懐風藻』には庭園を詠った詩が多い。詩の配列は作詩者の没年順に配列されているようなので、そこから藤原京と平城京の時代の庭園を詠んだと思われる詩から、柳および一緒に詠われた植物を抜き出してみた。庭園にある植物が詠われた漢詩は三一首あり、そのなかで柳が詠まれている詩は一三首である。

［藤原京時代］

(番号)	(作者)	(場所)	(庭園の形)	(樹種と場所)
11	紀麻呂	御苑	池	梅（階前）・柳（堤）

24	美努浄麻呂	御苑	池	桃（階前）・柳（堤）・松
35	刀利康嗣	御苑	池	柳（堤）・松・花
42	采女比良夫	御苑	池	柳・紅色山桜
［平城京時代］				
52	山田三方	長屋王邸	流れ	柳・丹桂（築山）・紫蘭（坂）
67	長屋王	御苑	？	梅・桃・柳・蘭
68	長屋王	長屋王邸（佐保）	池・流れ	松・桜・柳
70	安倍広庭	御苑	池	桃・蘭・柳（堤）
75	百済和麻呂	長屋王邸	？	梅・柳
82	箭集虫麻呂	長屋王邸	？	梅・柳
84	大津首	長屋王邸	池	梅・柳（門）
88	藤原宇合	南池（宇合邸）	池	桃（池）・柳（岸）

『懐風藻』の漢詩に詠われる庭園の植物とその頻度は、柳がもっとも多く一三首、ついで梅の一一首、三番目は松の九首で、以下は桃七首、竹五首、花四首、蘭三首、李二首、菊二首、一首は山桜、丹桂、紫蘭、桂、桜となり、全部で一四種であった。気をつけてみると、日本自生植物は松と桜（山桜を含む）と竹の三種だけであり、他はみな中国からの渡来植物である。なお、ここで詠まれている桂《かつら》は、わが国特産のカツラ科の高木ではなく、中国原産の金木犀《きんもくせい》のことである。丹桂も同じ。

これについて飛田範夫は『日本庭園の植栽史』（京都大学学術出版会、二〇〇二年）のなかで、つぎのようにいう。

『懐風藻』の御苑の植栽植物をまとめてみると、「竹・桃・梅・柳・蘭」が挙げられているにすぎない。中国の詩文集『文選《もんぜん》（詩編）』（六世紀前半）には植物として、蘭（フジバカマ?）・榴（ザクロ）・烏椑《うひ》（シブガキ）・梨・松・椅桐《いどう》（イイギリ）・松柏（コノテガシワ）・菊・竹・桃・柳（シダレヤナギ）・楓（カエデ）・芙蓉（ハス）・槿（ムクゲ）・李（スモモ）などが見られる。

『懐風藻』の植栽植物はほとんどが『文選』に出ている植物なので、中国趣味が植栽に大きな影響を与えていたと言えるだろう。

『懐風藻』の植物と『文選』の植物と比べ合わせると一致するものが多数あり、飛田がいうように「中国趣味が植栽に大きな影響を与えていた」ことは否定できない。しかしながら、わが国自生の植物だけで庭園ができるかというと、それだけでは立派な庭園に仕上げることは難しい。

漢詩の場合は、お手本とする『文選』に似てくるのは、まだ発展途上の平城京時代の技法ではやむを得ない面もあったのであろうと推察した。

第二章　平安時代の柳

鳥瞰した平安京の春景色

桓武天皇（在位七八一〜八〇六）は、都を水陸の交通に便利な山城国に遷《うつ》すことを決め、まず長岡京へ移り、それから延暦一三年（七九四）に現在の京都市中心部の平安京へと遷都された。平安遷都から鎌倉幕府の成立（建久三年＝一一九二年）までの間は国政の中心が平安京にあったので、この時期を平安時代とよぶ。

平安京大路にはたくさんの柳が植えられていた。紀貫之、紀友則、凡河内躬恒《おおしこうちのみつね》、壬生忠岑《みぶのただみね》が撰した『古今和歌集』（延喜五年＝九〇五）または延喜一四年＝九一四成る）巻第一・春歌上に、春の平安京の風景を詠った歌が収録されている。

　　花ざかりの京を見やりてよめる　　　素性法師

　見わたせば柳桜をこきまぜて宮こぞ春の錦《にしき》なりける（五六）

素性《そせい》法師は平安前期の歌僧で、六歌仙の一人である遍照《へんじょう》僧正（八一六〜八九〇）の子で出家して雲林院《うりんいん》に住したが、生没年は未詳である。この歌に詠まれた景観の規模は雄大である。東山の大文字山のような高みから、京の街を一望すると、緑色の柳と、爛漫と咲く桜花が入り交じって、まるで平安京全体があたかも錦のように見える、というのである。

柳も桜花も、それぞれが春を象徴する樹木の花である。平安京のここかしこに植えられたこの二つの樹木の葉っぱと花が混じり合って、高みから鳥瞰《ちょうかん》したとき、都といわれるだけあって、きらびやかで、華やかな錦の織物のようだというのだ。都全体を一望するというスケールの大きな歌は、『古今和歌集』ではこの一首だけである。

素性法師は歌のなかで、柳、桜という樹種名を二つあげているが、春の柳の目も覚めるような黄緑色の美しさを詠ったものでもなく、桜花の華やかさを詠ったものでもない。歌の主題は平安京であり、高みからいま花ざかりの季節を迎えている都を眺めると、柳の緑と桜花のうすい紅色と、皇居や貴族たちの華やかな寝殿造りの邸宅が交じり合って混沌とした絵模様となっている。秋の紅葉時期の山は錦だと言われてきたが、素性法師は、ああこれこそが地上の錦なのだと、春の錦を発見したのである。

素性法師の詠った柳は枝垂れ柳であり、柳は平城京からひきつづいて平安京でも街路樹や川端、邸宅の門前などに好んで植えられていた。素性法師はこの歌で春の景物を「柳桜」と詠んだ。『万葉集』では、前の章で触れたように「梅柳」の季節が過ぎるのを惜しんで、左保で遊んだと詠われている。都が平安京へと遷《うつ》ったことにより、世も変わり、春を代表する花も梅から桜に変わった。このことを多くの人たちは、平城京時代の中国趣味の「梅」から、国産の「桜」に変わったといい、国風化の風潮だとしているが、そうではあるまい。時代が変われば、花を愛でる風潮も変わってくるのである。当時の文化の本家である中国も国花とされるものが牡丹《ぼたん》から菊へと変わっている。

さて、それはそれとして、梅花から桜花へと主流の花は変化したが、それらに寄り添っていた柳の地位は変わることはなかった。

素性法師の父の遍照僧正は、平安京を左右にわける中心的な街路の朱雀《すざく》大路南端の羅城門《らじょうもん》西側にある西寺（西大寺）のほとりの柳を詠み、『古今和歌集』巻第一・春歌上に収められている。なお東側におかれた寺は東寺とよばれ、現在も東寺（教王護国寺の別称）として残っている。遍照僧正の詞書きには西大寺となっているが、西寺のことである。

西大寺の辺の柳をよめる　　遍照僧正

浅緑いとよりかけて白露を珠《たま》にもぬける春の柳か（二七）

柳の、浅緑色の芽が出た細い枝は糸を何本もよったようで、白露が葉腋《ようえき》ごとに付着しており、あたかも珠《たま》を連ねているように見えるというのである。春の訪れを、浅緑の柳の枝と白露でもって示した柳の讃歌である。

平安京朱雀大路の玉露輝く柳

素性法師と遍照僧正は都の春景色の中の柳と桜を詠ったが、霜枯れてすっかり勢いの衰えた都大路の両側にある柳を詠った漢詩がある。多治比清貞《たぢひのきよさだ》の「菅祭酒《かんさいしゅ》が『朱雀《すざく》の衰柳《すいりゅう》を賦《ふ》する作』に和す」と題された作品である。菅《かん》とは菅原清公《すがわらのきよただ》のことで、祭酒とは大学頭《だいがくのかみ》の唐名である。菅原清公（七七〇～八四二）は平安前期の学者で、『凌雲集』や『文華秀麗集』の撰に参与しており、菅原道真の祖父にあたる。つまりこの題は、大学頭菅原清公の「朱雀大路の衰えた柳を題としてつくった詩」に唱和して作られたものである。菅原清公の原詩は残っていない。朱雀は朱雀大路のことで、御所の中央南門にあたる朱雀門から、平安京南端の九条の羅城門《らじょうもん》にいたる大路をいう。

皇城《こうじょう》の陌上《はくじょう》　楊《よう》と柳《りゅう》と、

道傍にある新緑の柳。催馬楽はうす緑色と濃い藍色を染めかけたようだと唄う。

両両《りょうりょう》 三三《さんさん》 道を夾《さしはさ》みて斜《なな》めなり。
疇昔《ろうぜき》の栄華《えいが》 都《かつ》て見えず、
今時《こんじ》の顦顇《しょうすい》 一《ひとえ》に嗟《なげ》きぬべし。
寒霜樹《かんそうき》に着く 真葉《しんよう》に非ず、
霏雪《ひせっ》枝を封《ふさ》ぐ 是《こ》れ偽花《ぎか》なり。
既《すで》に堯衢《ぎょうく》に就《つ》きて 恩煦《おんく》を待つ、
阿誰《あだれ》か更《さら》に陶潜《とうせん》が家を憶《おも》はん。

王城（平安京）に設けられた都大路の道端の楊《よう》柳《りゅう》は、あるいは二本、あるいは三本と道をはさんでその枝が斜めに揺れる。かつてわが世を誇って、青々と葉っぱを茂らせていた様はまったくみられず、いまどきのやつれ衰えた様をみると、ひたすら嘆かれるばかりである。さむざむとした霜が柳の木枝に見えるが、真の芽出しの葉っぱではない。霏霏《ひひ》（雪がしきりに降るさま）と降りかかる雪がその枝を封じ込め、花が咲いたように見えるものの、それは雪の花で偽物の花だ。衰えた柳ながら、すでに聖天子の皇帝堯《ぎょう》のちまたにも似た、わが天子の朱雀大路に身を寄せて、帝からのお恵みを待っているありさまだ。いまさら誰が、陶淵明《とうえんめい》（陶潜《とうせん》ともいう）の家の五本の柳など思おうか、というのが詩の内容である。

皇帝の堯《ぎょう》は中国の古い伝説上の聖王で、舜《しゅん》と並んで中国の理想的帝王とされている。ふたりには堯風《ぎょうふう》舜雨《しゅんう》という熟語がうまれており、堯と舜の徳があまねく行きわたったことを風雨の恵みにたとえていい、転じて天下が太平であるさまのことである。陶潜の家とは、陶淵明の家のことをいう。彼は中国の六朝時代の東晋《とうしん》の詩人で、「帰去来辞」を賦して郷里の田園に帰り、家のあたりに五本の柳を植えて五柳先生と号した。

古代歌謡の催馬楽《さいばら》の律《りつ》に大路《おおじ》という曲がある。

催馬楽は歌曲の一種で、馬子歌の意とか、あるいは前張《さいばり》の転ともいうが定説はない。奈良時代の民謡を、平安時代に至って雅楽《ががく》の管弦の影響によって歌曲としたものである。

大路に　沿《そ》ひてのぼれる
青柳《あをやぎ》が花や　青柳が花や
青柳が　撓《しな》ひを見れば
今さかりなりや　今さかりなりや

大路は朱雀大路のことである。朱雀大路に沿って南の下京《しもぎょう》の方から北の上京《かみぎょう》へとずっと立ち並ぶ青柳の、芽出ちしたばかりの葉は美しい花ともみえる。青柳が風に揺られて軟らかくしなり、靡《なび》いているのをみれば、今がさかりである。歌はこういう意である。

「沿《そ》ひてのぼれる」の「のぼれる」とは、京では南から北へと行くことをいい、いまの京都人は「あがる」ともいう。平安京は北の標高が高く、南の低い方から北へいけばゆるやかな斜面をのぼることになる。また、平安京の北には天皇の大内裏《だいだいり》があり、貴人の御座近くに参上することになるので「のぼる」とする意もある。

余談だが、京都の古い街に当たる上京区《かみぎょう》・中京区《なかぎょう》・下京区《しもぎょう》の住居を表示する場合に「上る」「下る」がつかわれる。郵便番号簿の京都市上京区大国町は「猪熊通椹《さわらぎ》木町上る、猪熊通下立売下る、椹木町通猪熊西入」と説明されている。つまり、南の猪熊通椹木町から北へのぼり、猪熊通下立売から下がったところが町の南北の境となる。東西へは基準となる通りから、東へ入る、西へ入るとする。

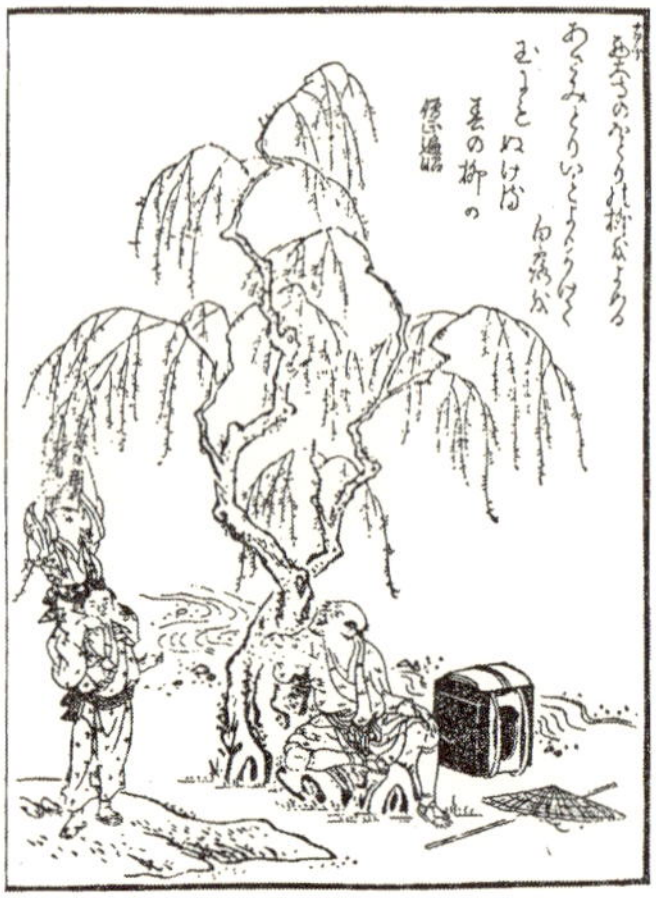

僧正遍昭の「あさみどりいとよりかけて……」の歌は、江戸時代の庶民にも愛されたことを示す『大和名所図絵』巻之二の場面（近畿大学図書館蔵）

この歌は、催馬楽略譜に「此哥《このうた》春に之《これ》を用うる」とあって、春専用の歌である。

もうひとつ催馬楽の曲「浅緑《あさみどり》」には、平安京遷都まもない時期の枝垂れ柳が詠われている。

浅緑《あさみどり》　濃い縹《はなだ》　染めかけたりとも　見るまでに
玉光《たまひか》る　下光《したひか》る　新京《しんきょう》　朱雀《すざく》の　しだり柳　また田居《たい》となる　前栽《せんざい》　秋萩《あきはぎ》　撫子《なでしこ》　蜀葵《からあほひ》　しだり柳

意訳すると、うすい緑色と濃い藍色とを染めかけたようだとみていると、玉のような露が光り、ながれて下も光っている。新しい京の枝垂れ柳、また田の隣りあわせとなる庭には秋に咲く萩や唐葵《からあおい》と枝垂れ柳がみえる、となる。

新京とは平安京のことで、長岡京から遷《うつ》ってまもないころに作られた歌のようで、宮中の朱雀《すざく》門から羅城門までの大通りの両側は、まだ貴族の家も少なく、田圃などと混在していた。現在の新開地にみられる風景で、ひろびろと作られたばかりの新しい朱雀大路と田圃、田圃のとなりには前栽として萩、撫子が植え込まれた庭があり、どちらにも色あざやかな柳がたなびいている新京の風景が詠われている。

里も国も富ます門前の柳

五柳先生（陶淵明のこと）をまねて門の前に柳を植えていたことがわかる漢詩に、桑原宮作《くわはらのみやつくり》の「伏枕《ふくちん》吟《ぎん》」がある。彼の生没年その他は未詳、弘仁（八一〇～八二四）ごろの官人である。この詩は、人けのない病床で父母を思い、秋の夜のわびしい風物を対比的に述べており、その中に門柳を詠った句がある。

客《かく》は柳《りゅう》門《もん》に絶えて　群雀《ぐんじゃくさわ》噪ぎ、
書《ふみ》は蓬室《ほうしつ》に晶《ひか》りて　晩蛍《ばんけい》輝く。

意訳すると、柳のさしかかるわが家の門を訪れる客も途絶え、群雀《むれすずめ》がこれに代わって騒ぎ立てる。蓬《よもぎ》の生えたむさくるしい書斎には、夕べの蛍が輝いて書物の上を照らしている、となる。書斎の蛍は、油の代わりに蛍の光をもって勉強した晋《しん》の車胤《しゃいん》の故事を踏まえたものである。

淡海福良満《あふみのふくらまろ》の「早春の田園」と題する漢詩にも門外の柳が詠われる。この詩は、春浅い田園生活について、作者自身を陶淵明の隠居的な境地において詠んだものである。彼は福良麻呂ともいわれるが、生没年未詳で、天智天皇の子大友皇子の末より出るとされている。

口分《くぶん》　一頃《いっけい》の田、
門外《もんがい》　五株《ごしゅ》の柳。
差貧興《ややひんきょう》を助くるに堪へぬ、
何ぞ富有《ふうゆう》を貪《むさぼ》るを事とせん。

口分は、律令によって各人に分配された口分田《くぶんでん》のことである。一頃は、田地の面積の単位で、百畝《せ》（約九九〇〇m²）に当たる。

意訳すると、食いぶちは一頃ほどのわずかな田んぼ、門の外には五本の柳、これらは何とか清貧の興《きょう》趣《しゅ》（たのしみ）を助けてくれるもの、裕福を貪ることなんかとてもできない、というのである。門の外の五本の柳が、陶淵明の穏逸生活を示している。

家の庭に柳を植えることは東国でも行われていたようで、『古代歌謡集』の「風俗歌」に「我門《わがかど》」と題した歌が収録されている。

我《わ》が門《かど》のや　垂《しだ》ら小柳《こやなぎ》　さはれ　とうとう
我門《わがかど》
垂《しだ》る小柳　垂《しだ》るかいては　なよや　垂《しだ》る小柳
垂《しだ》るかいてはや　國《くに》ぞ富《と》みせむ　郡《こほり》ぞ栄《さか》えむ
里《さと》ぞ富《と》みせむ　我家《わいえ》ぞ富みせむや　垂《しだ》る小柳

門《かど》は家の外構えの出入り口つまり門のことであるが、門の前または前庭も門《かど》という。この歌では前庭のことをいう。垂《しだ》ら小柳とは枝垂れ柳の小さいものであり、しだる小柳の「しだる」は動詞らしくて枝が垂れ下がることをいう。「垂るかいてはや」は東国の方言で、盛んにしだれるという意味である。「さはれ」「なよや」は、はやしことばである。

意訳すると、私の家の前庭の小さな枝垂れ柳は、とうとうと枝垂れる小柳で、いまもさかんに枝垂れている。さかんに枝垂れるので、国は富むであろうし、郡《こおり》も栄え、里も富み、わが家も富むであろうよ、枝垂れる小柳よ、となる。

枝垂れ柳が見事に枝を垂れさせると縁起がよく、わが家も、わが家が属する里も、その上の郡も国も、みんな栄え、富むという枝垂れ柳に対する信仰を詠ったものと解釈できる。枝垂れ柳の枝が長く枝垂れる姿は、いかにも神がここに降臨《こうりん》してきた勢いを示すものと考えられ、枝垂れ柳は水辺に多く生育し水に垂れた枝葉を浸すので、水によって清められ、水霊を宿し魔を払ってくれるものとして崇められていた。

また柳は「稲は柳に生ず」と俗にいわれ、柳の生育がよいと稲がよくでき、作柄がよいといわれる。このことは別のところで述べるが、稲の出来が良いことは米の収納が多くあり、家が富むことになる。そして、里も、郡も、国もと順に上へとのぼって、全体が富むのである。

それとともに柳は春も早い時期に芽吹き、花に劣らぬ美しい姿を見せ、寒い冬の終わりを告げることで邪気払いの霊力をもつとも考えられていた。また、柳は枝を地面に挿しておくと、根を生やし、たちまち生長するたくましい生命力をもっている。その逞しい生命力はわが家の富となり、ひいては里、郡、国を富ます元となる資本の稲にうつすため、苗代田の水口には柳の枝などをさして豊作を祈る習俗が、あちこちで伝えられている。稲は水と関わりの深い作物であり、これも水と深い関係にある枝垂れ柳のもつ霊力を発揮させようとするのである。

枝垂れ柳は豊作や繁栄、健康や長寿、恋愛と、さまざまな願いをかなえてくれる神聖な縁起のいい樹木として信仰をあつめ、ひろく植えられることとなっていった。そこから、それぞれの地で、習俗や呪術が生まれてくるのである。

神泉苑を巡る柳

ここまで詩文や歌からみた平安京大路に植えられた柳についてみてきたが、平安初期の延長五年（九二七年）に撰《えら》ばれた律令の施行細則である『延喜式』の左京職色には、神泉苑に柳を植えた記録がある。

凡《およそ》神泉苑《しんせんえん》の池の廻《めぐり》十町内。
京職に柳を栽令《うえしむ》。
町別に七株。

柳は陽樹（中略）神泉苑の池は龍神の勧請《かんじょう》する所なり。故に其の便りあるものか。

神泉苑は平安京造営のとき、大内裏《だいだいり》の南の本来は森林地帯であったところに、自然の森や池沼を利用して、天皇の遊覧場として創設されたものである。苑の正殿として乾臨閣という左右に閣を配した三棟からなる建物を設け、東西の釣殿、滝殿、橋などを配し、苑内の中央にある池を放生池《ほうじょういけ》とよんだ。池は、のちに法成就池とよばれた。

『日本後紀』巻第九の桓武天皇の条《くだり》には、延暦一九年（八〇〇）秋七月一九日に桓武天皇が神泉苑に行幸したことが記されている。それ以来、歴代天皇の御遊び場となった。中国の苑池を模した東西二町（約二一八メートル）、南北四町（約四三六メートル）という広さである。樹木で囲まれた池の中には島もあり、王朝人の華やかな園遊が行われた。現在も京都市中京区御池通神泉苑町にその跡が残っているが、広大で美しかったこの苑も徳川家康が苑地の大部分を埋め立て、天守五層の二条城を築いたので、いまは城の南側にわずか一二〇〇平方メートルがあるにすぎない。

平安時代初期にはその神泉苑の周囲の土地の一〇町（六〇〇間＝約一〇九〇メートル）の長さのところに、一町（一〇九メートル）当たり七株の柳を植えたのである。柳と柳との間隔は約八間半（約一五・六メートル）となり、総本数は七〇本と計算される。

柳並木は、はじめは造官職が植え、その後は左右京職およびその道に当たった諸官衛《かんえい》や諸家が植えた。また四人の番人がおかれ、兵士も街路樹をまもる義務が課されていた。

天長元年（八二四）に弘法大師が守敏僧都《しゅびんそうず》と争って、善女竜王《ぜんじょりゅうおう》をこの苑の池に勧請《かんじょう》し、雨を降らせたことが『太平記』巻十二の「神泉苑ノ事」に記されている。弘法大師空海（七七四～八三五年）は平安初期の僧で、わが国真言宗の開祖である。京都の東寺や高野山金剛峰寺の経営に努めた。斉衡三年（八五六）三月には僧常暁がこの地で、大元帥法で雨を祈った。

貞観八年（八六六）五月、天台座主安恵による七日間の請雨経法での祈雨があってからは、神泉苑はも

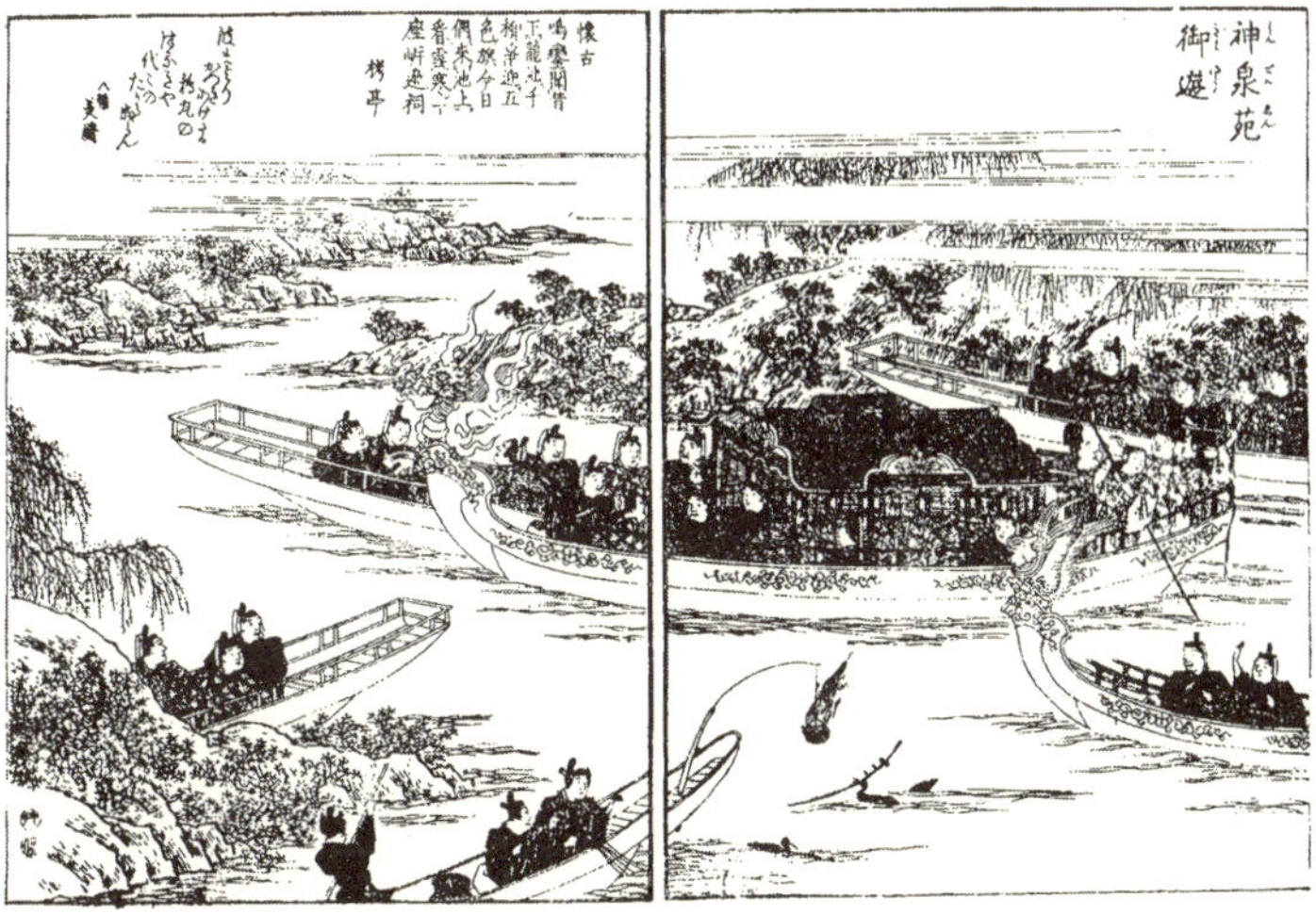

神泉苑は天子の遊覧の場であり、平安時代にはこの池の周りに柳が植えられた。左端と右上に柳が描かれている（『林泉名勝図会』近畿大学中央図書館蔵）

っぱら祈雨修法の場となった。これより先、貞観四年には旱魃《かんばつ》のときには、灌漑用として池水の開放がされた。以後は、日照り続きで井戸が涸れると、紀伊郡や葛野《かどの》郡の百姓たちの申請に応じて池水を給与する例となった。

『徒然草』第百八十段は、「『法成就《ほうじょうじゅ》の池にこそ』と囃《はや》すは、神泉苑の池をいふなり」と記し、弘法大師空海が修法《しゅうほう》という密教の祈りによって雨を降らせることに成功したことを讃えたことばを記している。そのこと等から神泉苑は雨乞の場の代表的なところとして、ひろく知られることとなった。

池畔に柳を植えること、雨乞の地と認められたことは、柳の霊力への信仰による呪術の普及に加えて、中国伝来の道教の「池は竜王の棲む所、よって相克《そうこく》相生《そうしょう》の義から池畔に柳を植える」と説くところや、陰陽説の「水は陰、柳は陽、竜は水や雨の支配者」とする考え方や、習俗が広まっていたと考えられる。

雨乞をする際に頭に柳の枝をつけて龍神を礼拝する風習も中国から伝わったもので、小野勝年は『燕《えん》京《けい》歳時記（北京年中行事記）』（東洋文庫、平凡社）のなかで、「或る地方では雨乞に柳を戴く風習がある」と述べている。

平安京郊外山崎の柳

平安京ばかりでなく、その郊外にも柳が植えられていたことを示す漢詩に、仲雄《なかを》王《おう》の、嵯峨天皇御製の漢詩「春の日に淀川べりの離宮のはなれより見たのどかな眺望」に唱和したものがある。嵯峨天皇のもとの詩は残っていない。二〇句にわたる長い詩なので、まず柳が描写される部分より前のところを意訳する。

天子（嵯峨天皇）は居ながらにして淀川の流れのあたりを思っておられ、御車を降り紅の春の花を前にして賞されている。田や野原は、御《み》心《こころ》の中にはるばると遠く開け、川や沢は御《み》国見《くにみ》につれて遥かに見渡される。

古《こ》椽松《てんしょう》 羅《ら》の院、
春窓楊《しゅんそうよう》 柳《りゅう》の家。
水郷《すいきょう》 漁浦《ぎょほ》近く、
山館鳳庭遐《さんかんほうていとう》し。

古びた屋根の垂木《たるき》、かずらのからまった松の木がある離宮の中庭、春の窓をひらいた柳の垂れる民家。淀川の水辺の里の漁《すなどり》をする入江は間近く、山側にある旅館離宮のあたりははるか遠くに見渡せるというのが、詩句の意味である。この場所は、交通の要地である山崎のことである。

山崎の地は、現在の京都府大山崎町と大阪府島本町にまたがる地区の古い名称で、南は木津川、宇治川、桂川の三つの川が合流して淀川となり、京都盆地から大阪平野へと流れ出る狭隘《きょうあい》地の淀川右（北）岸側で、北は天王山を背負った地域である。淀川北岸を嵯峨天皇は河陽《かよう》と詠んで愛していた。ここに柳をもつ民家とともに嵯峨天皇（在位八〇九～八二三）の離宮があったと、仲雄王は詠うのである。嵯峨天皇の「山崎離宮」は河陽離宮ともいわれ、南に交野《かたの》（現在の大阪府枚方市および交野市の地域）、西の水生野《みなせの》（大山崎町と島本町が接するあたりの地域）の遊猟地をひかえ、天皇の狩がしばしばおこなわれた。

菅原清公《すがわらのきよとも》も嵯峨天皇の御製「淀川の上に散りかかる花の詞《うた》」に和し奉ったとの題の漢詩で、この地の柳を詠っている。煙のような霞《かすみ》が四方を照らして春の装いをし、野の木々も山に咲く花もみなすべて匂う。淀川の川風がひとたび花を吹いて過ぎ去ると、花はひらひらと軽く風にひるがえり、どこまで散っていくのか、とまず詠う。

津家《しんか》の妖艶《ようえん》　蚕《こ》未《いま》だ出でず、
徒《いたず》らに対《むか》う　落花と飛《ひ》絮《じょ》とに。

淀川にある渡し場付近の家の、美しい女の飼う春の蚕《かいこ》はまだ生まれない、なすこともなくただ散る花と、とんでいく柳の絮《わた》を見るばかりであると詩は詠う。淀川の渡し場付近には、目印として枝垂れ柳が植えられていたのであろうか。菅原清公はここで柳絮《りゅうじょ》の飛ぶことを詠っており、わが国では極めて稀にしか生育していない枝垂れ柳の雌木が、この渡し場に植えられていたのか疑問がある。菅原清公は若くして入唐し新知識を得て朝儀の改善にあたり、文章博士《もんじょうはかせ》に進んでいる。それだから、彼の地の柳絮の飛ぶありさまをみており、詩句も知っていたのでここにそれを応用したのであろうか。

風に飛んでいく柳絮《りゅうじょ》を詠った漢詩に朝野鹿取《あさのかとり》の、「『春閨《しゅんけい》の怨《うらみ》』に和し奉る」との題の漢詩がある。長安生まれの女人の生い立ちからはじまり、新婚の夢を、夫が遠くへ出征し、帰らぬ夫を待ち侘びる姿を描写した長い詩である。中ほどに、

水上の浮萍《ふへい》　豈根《あにね》有らんや、
風前の飛絮《ひじょ》　本より蔕《へた》無し。
萍《うきくさ》の如く絮《わた》の如く　往来《ゆきき》返り、
秋去り春還《かえ》りて　年歳《ねんさい》積みぬ。

水の上にうかぶ浮草にはどうして根があろうか、風の前を飛んでいく柳の絮《わた》にはもともとへたがないというのが前の二句で、浮草や柳の絮のように寄る辺のない新婚の女人を現している。浮草のように、また柳絮のように、定まることのない新婚の女人の心の揺れ、秋が去って、また春がかえってきて、年々歳を重ねるというのである。

柳絮はごく軽い。ほんのわずかな風に浮かび、すこし強くなると吹雪のように飛んで行く。そんな柳絮の性情がよく、女人の心情として表現されている。

『土佐日記』にある山崎の柳

山崎に柳が植えられていたことは、紀貫之『土佐日記』の二月一一日の条《くだり》にも記されている。『土佐日記』は紀貫之が土佐国守の任期が満了し、承平四年（九三四）一二月二一日に土佐を出発、翌年二月一六日に京の旧宅に入るまでの旅を記したものである。

十一日。雨いさゝか降りて、止みぬ。かくてさしのぼるに、ひむがしの方《かた》に、山の横ほれるをみて、人に問へば「八幡宮《やはたのみや》」といふ。これを聞きて喜びて、人々をがみたてまつる。山崎の橋みゆ。嬉しきことかぎりなし。こゝに、相応寺《そうおうじ》のほとりに、しばし船をとゞめて、とかく定むることあり。この寺のほとりに、柳おほくあり。ある人、この柳のかげの、河の底に映れるをみてよめるうた、

さゞれなみ　よするあやをば　あをやぎの　かげのいとして　おるかどぞみる

紀貫之は任国の土佐から京へと帰る途中、二月六日には「難波《なには》につきて、河尻にいる」と淀川の河口に到着していた。それから淀川を船で溯っていくのであるが、冬季の河水のすくない時期に当たっており、「河の水なければ、ゐざりにのみゐざる」と、ただもういざるように、ほんのわずかしか京へむけて進むことができなかった。河口から淀川を溯りはじめて六日目に雨がすこし降ってきたが、ようやく石清水八幡宮の所まで到着することができた。淀川の河口から石清水八幡宮のところまでは約三〇キロなので、一日五キロしか進まなかったことになる。これでは早く京の町に到着したい紀貫之でなくても、じれったくてたまらなかったであろう。

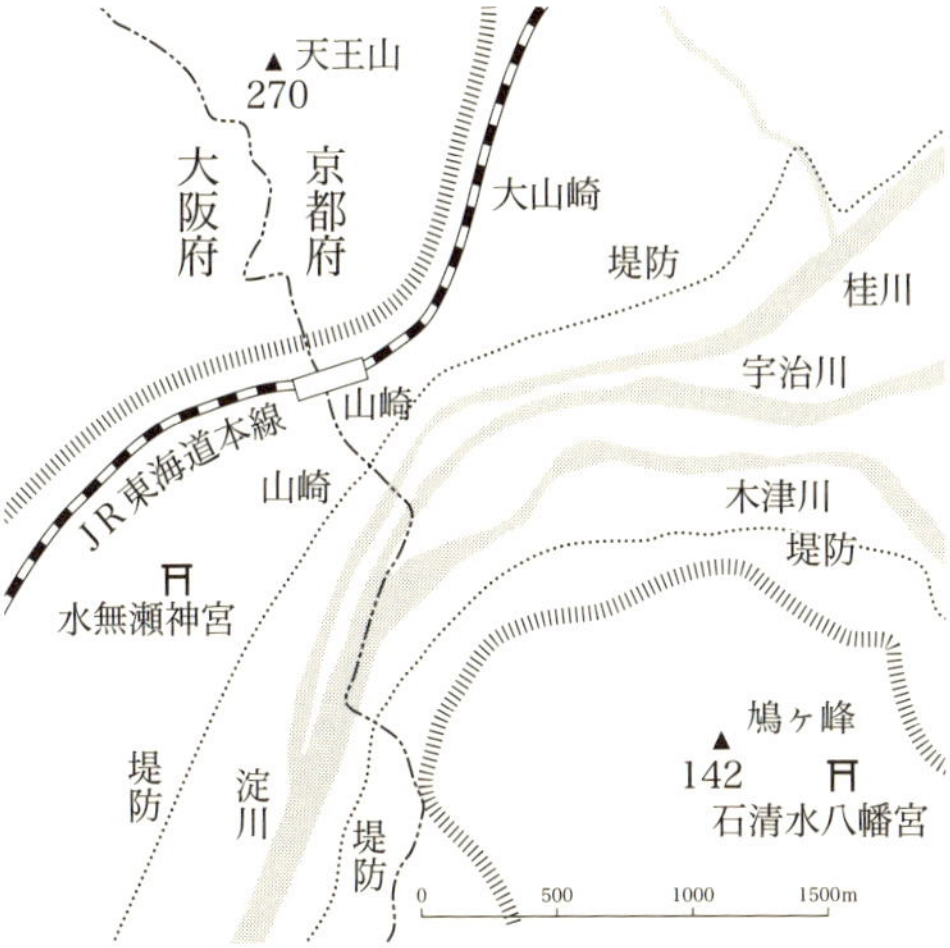

嵯峨天皇が河陽とよんだ山崎付近の略図

　石清水八幡宮は三つの支流が合流して淀川となる地形的に狭隘地の左岸側の男山に鎮座しており、ふるくから紀氏が神主・別当として世襲していた。その紀氏ゆかりの石清水八幡宮がみえ、淀川にかかる山崎の橋（河陽橋といわれた）が見えたので、紀貫之一行はもうすぐ都だと嬉しく感激したにちがいない。

　そして淀川の右岸側の、山崎の橋の西側にある相応寺のほとりに船を泊めて、京に入るいろんな準備の相談をした。この寺の岸には、数多くの柳があった。この柳が川面に映《うつ》る様子をみて「淀川のさざなみが寄せてはつくる水面の模様は、青柳が水に映っている枝影の糸でもって、織り出しているのではないかと見える」との歌を詠んだ。

嵯峨天皇の「淀川の上に散りかかる花の詞《うた》」に和し奉った菅原清公（七七〇～八四二）の漢詩から、およそ一〇〇年近い年数を経ているが、山崎の地にはまだ連綿として柳が生育していたことを知るのである。柳は寿命が短い樹木なので、何代目の柳であったのか、そのあたりは不詳である。

山崎にはまた古い関があり、そこには柳が植えられていたことを、藤原冬嗣《ふゆつぐ》は『文華秀麗集』に収められた「故関《こかん》の柳」と題した詩で詠っている。

故関《こかん》の柳　　藤原冬嗣

故関拆罷《たくや》みて人煙稀《じんえんまれ》なり、
古《こ》堞荒涼《ちょうこうりょう》楊柳を餘《のこ》す。
春到《さ》れば尚《なお》し開く舊　時《きゅうじ》の色、
行客《こうきゃく》を看過《かんか》すること幾回《いくたび》か久しき。

冬嗣のこの漢詩は嵯峨天皇の河陽十詠に唱和してつくった二首の漢詩の一つであるところから、ここの故関とは山崎にあった古い関所のことである。この古い関所では、夜回りの拆《き》（拍子木）の音はもう聞かれない。人家の煙もまばらになっている。古い関所跡の堞《ちょう》は荒れ果ててもの寂しくなっているが、柳はまだ残っている。堞は城壁のうえにめぐらせた小さな垣のことであり、ひめ垣とよばれる。春になれば、やはり柳はむかしと同じ色の芽吹きをする。柳がそこを通り過ぎる旅人を見ることは、いくたびかは知らないがもう久しくなる。最後の句で、それまでとは一転し、もの言わぬ柳を主語においての表現となっている。実は旅人が柳を見て通りすぎるという意である。

『源氏物語』の柳

さて、詩歌から平安時代初期の柳をみたが、平安時代中期に生まれた大長編物語『源氏物語』は、柳をどう描写しているのかをみることにする。紫式部の作で、宮廷生活を中心として平安前期から同中期の世相を描いている。

『源氏物語』における植物としての柳の用例は、「賢木《さかき》」、「蓬生《よもぎふ》」、「薄雲《うすぐも》」、「胡蝶《こちょう》」、「柏木」（二例）、「横笛」の巻にあり七例となる。「青柳」の用例は「若菜下」の一例、川添柳《かわぞえやなぎ》は「椎本《しいがもと》」に一例、柳糸《やなぎのいと》は「若菜下」に一例、柳葉《やなぎのは》は「若菜下」に一例あり、柳に関する用例は合わせて一一例となる。柳はまた襲名《かさねのな》ともされており、こちらは六例がみつかる。

「賢木」では、藤壺が出家した翌春、中宮御所に源氏が訪れる場面である。

> さま変《かわ》れる御住《す》まひに、御簾《みす》の端、御几帳《ごきちょう》も青鈍《あおにび》にて、ひまひまより、ほの見えたる薄鈍《うすにび》、くちなしの袖口など、なかなか、なまめかしう、奥ゆかしう、思ひやられ給ふ。
> 「解け渡る池の薄氷、岸の柳の気色《けしき》ばかりは、時を忘れぬ」
> など、さまざまながめられ給ひて、「むべも心ある」と、しのびやかなうち誦《ず》し給へる、又なう、なまめかし。

むかしとは様変わりしたお住まいで、御簾《みす》のへりや、御几帳《ごきちょう》も縹《はなだ》色の青みがかかった色（凶事や仏事などに用いられる）で、その透き間透き間から、ちらちら見えている薄いねずみ色やくちなし色（くちなしの果実で染めた濃い黄色に赤みのかかった色）の袖口などが、かえって優美で奥ゆかしくお見受けされるのである。一面に解けてきた薄氷や、岸の柳が芽吹く気配だけは季節を忘れぬものだなどと、しぜんあれこれと目をとどめられ、「むべも心ある」と小声で口ずさんでおられる源氏のお姿は、なんとなくしめやかな優艶さである。源氏が池の周囲を見渡していて、似た状況を詠った『後撰和歌集』（雑一）に収録された素性法師の「音にきく松が浦島今日ぞ見るむべも心あるあまは住みけり」を思い出し、なるほどこころにくいばかりの尼のお住まいだと、つい口ずさんだのである。季節がくれば黄緑の芽吹きをはじめる柳が、場面をもりあげる一役をはたしている。

「蓬生」では、源氏が帰京した二八歳の翌春のことで、源氏が末摘花《すえつむはな》の邸の前を通りかかり、荒廃した様子を樹木の繁茂状況を示すことで表現している。

昔の御ありき、おぼし出でられて、艶《えん》なるほどの夕月夜《ゆうづくよ》に、道の程、よろづのこと思《おぼ》し出でてやはするに、形《かた》もなく荒れたる家の、木立繁《しげ》く、森のやうなるを過ぎ給ふ。大いなる松に、藤の咲きかかりて、月影に靡《なび》きたる、風につきて、さと匂ふがなつかしく、そこはかとなき薫《かを》りなり。橘には変りて、をかしければ、さしいて給へるに、柳もいたうしだりて、築地《ついじ》にもさわらねば、乱れふしたり。

むかしここを歩いたことを源氏は思い出しておられた。つややかな夕月夜なので、いろいろなことを思い出しておられる。形もないほど荒れた家の、木々が森のように繁ったところを行き過ぎた。大きな松の木に這い上った藤が花を咲かせ、月影につるをなびかせながら、風がふくたびにさっと薫をただよわせる。橘の木も剪定されないのでそれと判らないほど姿がかわり、源氏は頭をかしげていた。柳も剪定して樹姿を整える人がいないとみえて、たくさんの枝がしだれ、築地には触らないけれども入り乱れてのたくっている。ここに描写されている松、藤、橘、柳は、屋敷内に植えられたものはみな人手による手入れが必要である。主人を失った末摘花の家は、手入れをする余力もなく、自然のままにゆだねていたので、このように繁り放題となっていた。

寝殿造りの館に主人がいて十分の手入れが行き届いた柳は、「胡蝶」の巻に「こなたかなた、霞あひたる梢《こずえ》ども、錦をひきわたせるに、お前の方《かた》は、はるばると見よられて、色をましたる柳、枝を垂れたる、花も、えも言わぬ匂ひを散らしたり」とあるように、春の芽出ちが一段と青みを増し、生き生きとした春景色をつくっているのである。「薄雲」には、二条の院を退出した秋好中宮を訪れた源氏の移り香を侍女たちが賞《め》であうことばとして、柳が登場してくる。

うちしめりたる御匂《にほ》ひ、とまりたるさへ、うとましく思《おぼ》さる。人々（女房たち）、御格子《こうし》など参りて、「この御茵《しとね》の移り香《が》、いひ知らぬ物かな」「いかで、かくとり集め、柳の枝に咲かせたる御有様ならむ」「ゆゝしう」と、聞こえあへり。

「柳の枝に咲かせたる」とは、『後拾遺和歌集』（勅撰和歌集。応徳三年＝一〇八六年、藤原通俊の奉勅撰）第一・春上に収められた中原致時の次の歌を援用したものである。

むめのかを桜の花ににほはせて柳がえだにさかせてしがな（八二）

「蓬生」の巻で源氏が末摘花の邸で見た柳はこんな荒れ放題の姿だったのか。

歌は梅花の香を桜の花に匂わせ、桜花を柳の枝に咲かせたいというのである。ここの三種の特徴は、花の香は梅がまさり、花は桜がまさり、枝振りのよさは枝垂れ柳だとする評価である。この歌の願望は、枝垂れ柳の枝に、梅の香がただよう桜の花を咲かせたいという、成就《じょうじゅ》することができ難いものである。

しかしながら、『源氏物語』では、源氏が用いた茵《しとね》の移り香は、まさに柳の枝に桜の花が咲き、そこから梅花の香がただよっているというのである。

茵《しとね》とは、畳《たたみ》または筵《むしろ》の上に敷いた綿入れの敷物のことである。三尺（約九〇センチ）四方で、表は唐綾もしくは固い織物などに広さ四〜五寸（一・二センチ〜一・五センチ）の赤地錦のへりをさしまわし、裏は濃打絹などを用いていた。この挿話では、光源氏は、体臭までも、女人からもてはやされるほど、いい香を具備していたことを表現したものである。

「若菜下」では六条の院の女楽《おんながく》（女の奏する音楽）のときに源氏がみた女三宮の美しい姿が、萌えでたばかりの青柳にたとえられている。

> （女三）宮の御方を、（源氏が）のぞき給へれば、人よりけに小さく、美しげにて、たゞ、御衣《おんぞ》のみある心地す。（女三宮は）にほやかなる方はおくれて、たゞ、いとあてやかに、をかしく、二月《きさらぎ》の中の十日ばかりの青柳《あおやぎ》の、わづかにしだり始めたらん心地して、鶯の羽風《はかぜ》にも乱れぬべく、あえかに見え給ふ。桜の細長に、御髪《みぐし》は左右《ひだりみぎ》よりこぼれかかりて、柳の糸のさましたり。

源氏が女三宮を覗いてみると、だれよりも格別に小柄な可愛らしい姿で、ただお召し物ばかりという感じがする。つやつやした美しさという点では劣るが、まことに気品があって美しく、二月の二十日ごろの青柳の、わずかにしだれ始めたような風情で、ウグイスが飛ぶ羽風にも乱れてしまいそうなほどか弱くみられる。桜襲《さくらがさね》の細長に、御髪《みぐし》が左右からこぼれかかって、柳の糸をよりかけたような趣である、というのが文の意である。

ここでは女三宮をたとえるのに、仲春のなかばごろを象徴する数多くの風物から青柳が選ばれている。その後に春の景物としてウグイスと桜が出て、春の情景が現されるのである。そして柳は芽吹きはじめだとしており、女三宮の少し幼いことが物語られる。

『紫式部日記』の「このついでに、人のかたちを」の段では小少将の君を、「そこはかとなくあてになまめかしう、二月《きさらぎ》ばかりのしだり柳のさましたり」とあって、『源氏物語』と酷似の表現であることが知られている。小少将の君も、芽吹きはじめた柳のように初々しくしなやかに美しいが、どこか弱々しいような感じであった。

柳眉と蛾眉の美人

『源氏物語』とともに平安文学の双璧をなしているものに清少納言の『枕草子』がある。『枕草子』は著者の清少納言が中宮定子に仕えていたころを中心に、外なる事物、情意（こころもち）、生活、四季の情趣（おもむき）、人生などに関する随想、見聞を記したもので、最終的な成立は長保二年（一〇〇〇）以後とみられている。『枕草子』に登場する柳は三例、柳のかずらが一例、柳の眉が一例、合わせて五例となる。

美女の眉を柳葉にたとえて柳眉という。

「三月三日は」の段には、桃の花の咲く時期の柳の生態を述べている。

三月三日は、うらうらとのどかに照りたる。桃の花のいまさきはじむる。柳などをかしきこそさらなれ、それもまだまゆにこもりたるはをかし。ひろごりたるはうたてぞみゆる。

三月三日つまり現在の桃の節句、当時では上巳《じょうし》の節供にあたっており、お日さまはうららとのどかに、平安京を照らしていくれている。桃の花がようやく咲きはじめた。この桃花をつかって邪気払いの桃花をひたした酒を飲んだり、曲水宴が行われた。枝垂れ柳の芽吹きどきの葉っぱは情趣に富んで、まことに素晴らしい。それもまだ眉《まゆ》の中に籠《こも》っているものは風情があるけれども、葉っぱが広がりすぎたものは、心にも染めないように見える、というのである。眉にこもるというのは、眉の太さの中に納まる程度の細さということで、より細い葉っぱのことを表現している。

『和漢朗詠集』巻上・春は、清少納言がこの段で述べた柳のことを、中納言兼輔《かねすけ》の「あをやぎのまゆにこもれる糸なれば春のくるにぞいろまさりける」と歌で表している。歌は、青柳が新芽のうちは、蚕《かいこ》が繭《まゆ》の中にこもっている糸のようなものであり、春がたけてくると繭の糸が繰り出され、それにつれて葉の緑がしだいに色濃くなる、という意である。

『和漢朗詠集』はこのように比較的単純に、柳の葉っぱの生態を詠んでいるが、『枕草子』はすこしひねって、その底に「まゆ」を蚕の繭と、女の人の眉をかけている。柳の葉っぱの芽出ちの、まだ新月のように細いものは女人の美しさをさらに一層引き立てているが、春たけてすっかり開葉してひろがってしまった広い眉の女人は、見るのもうっとおしいと清少納言はいうのであろう。

そのことは『枕草子』の終りに近い「三月ばかり、物忌《ものいみ》しにとて」の段で次のようにいう。

三月ばかり、物忌しにとて、かりそめなる所に、人の家に行きたれば、木どもなどのはかばかしからぬ中に、柳といひて、例のやうになまめかしうはあらず、ひろく見えてにくげなるを、「あらぬものなめり」といへど、「かかるもあり」などいふに、

さかしらに柳の眉のひろごりて春のおもてを伏する宿かな

とこそ見ゆれ。

三月の物忌みとは、たとえば屋敷の土木工事をするときなどの方忌《かたいみ》のことである。その時かぎりに人の家に行ってすごした。行った家の庭にあるたくさんの樹木が未だ冬の姿のままで緑の葉っぱも際《きわ》だたない中に、柳が例の春の芽出ち時のように初々しい様子ではなく、若葉が普通のものよりは広く見えて憎たらしく、「とんでもないものだ」と言うと、「こんなものもありますよ」などと会話する。そこで歌となり、利口ぶって柳の眉が広がり、春の面を醜くしている宿だ、と詠んだのである。

柳の眉とは、柳の新芽の出初めの細く長い葉っぱを女人の眉にたとえたものである。漢語の「柳眉《りゅうび》」からきている。柳眉の訓《よみ》はヤナギノマユまたはマヨである。柳葉眉《りゅうようび》ともいう。美人の眉をあらわすことばで、美人以外にはつかわない。

嵯峨天皇の勅による勅撰漢詩集『文華秀麗集』(弘仁九年=八一八年成立)に収められた巨勢識人《こせのしきひと》の、「春閨の怨に和し奉る」との題の詩につぎのような句がある。嵯峨天皇御製「春閨怨」に唱和し奉った漢詩で、御製は残っていない。「春閨怨」は帰ってこない夫のことを思いつつ、春の臥床《ふしど》の中の女人(妻)のいだく怨情をいう。怨は、現在かなわぬうらみのことである。

雙蛾《そうが》の眉上《びじょう》 柳葉《りゅうよう》ひそみ
千金の咲 中《しょうちゅう》 桃花《とうか》歇《や》む

この詩句で詠われた女性は、結婚した時はあでやかなこと花も恥じらう一六歳で、あかるく輝く顔かたちの美しさは桃や李の花のようであった。そして遠く国境地帯に出征したままの夫のことを想っているのである。

詩はいう。蛾の双つの触角のようなわたしの美しい両眉も、柳の葉のような美しい眉も、悲しみのためにゆがんでくる。また千金に価いする桃花のような美しい笑みも止んでしまった。眉をひそめるとは、眉のあたりにしわのよる憂愁の表情のことをいう。
雙蛾《そうが》の眉とは二つの蛾眉《がび》のことで、蛾眉は蛾《が》の触角のような三角形の細い眉のことをいって美人の眉を形容したもので、転じて美人の称となっている。ここの詩句は、二匹の蛾から蛾眉(美しい眉、美人の眉)へ、眉から柳の眉、柳の葉っぱへと連想が続いたものである。蛾眉と柳眉と、どちらが美人なのかは不明。

中国美人王昭君の柳眉

中国の代表的な美人とされる王昭 君《おうしょうくん》の眉も、柳と縁《ゆかり》のあることを、『和漢朗詠集』巻上・春の柳の項は『白氏文集』の「峡中の石上に題す」から抜き出している。

巫女廟《ふじょびょう》の花は紅《くれない》にして粉《ほほに》に似たり
昭 君村《しょうくんそん》の柳は眉より翠《みどり》なり　白居易

詩句の意は、巫山《ふざん》の神女廟に咲く花はあざやかな紅色で、美人が愛用するほお紅の色に似ている。「粉」は「ほほに」とよみ、ほおべにのことである。王昭君が生まれた村にある青柳は、美女の眉よりも美しい緑である、巫女廟は、楚《そ》の襄 王《じょうおう》が巫山《ふざん》の神女と雲雨《うんう》の契りをむすんだあとに廟をたてたのでこういう。巫山《ふざん》は中国の四川省と湖北省の境にある名山で、長江(揚子江)が山の中を貫流して巫峡《ふきょう》をなしている。巫山の雲雨は、楚の襄王が昼寝をしていて、巫山の神女に遇った夢をみた故事から、男女の情のこまやかなことをたとえていい、また情事をいう。

王昭君は前漢の元帝の後宮の宮女である。宮女が多かったので元帝は画工に彼女らの似姿を描かせ、その図によって帝が召した。王昭君の顔は美しかった。他の女たちは画工に賄賂《わいろ》を贈って美しく描いてもらったが、王昭君だけは贈らなかったので、画工は彼女を醜く描いた。匈 奴《きょうど》が朝廷に参内《さんだい》して宮女を求めたので、帝は図によって王昭君を選びだし紀元前三三年に匈奴《きょうど》の呼韓邪単于《こかんやぜんう》に送った。夫の死後はその子の妻となったという。

匈奴は前三世紀から後五世紀にわたって中国を脅かした北方の遊牧民族で、モンゴル系に属するといわれる。首長を単于《ぜんう》と称していた。王昭君はのち元の「漢宮秋」などにより、絶世の美女で、胡地《こち》（未開の土地）にあって怨思の歌をつくり、服毒自殺をしたと潤色されて伝説化した。王昭君の悲劇は、詩に劇に、物語や歌の材料となり、中国でも日本でもきわめてポピュラーである。

王昭君の眉について大江朝綱は『和漢朗詠集』巻下・王昭君の項で「翠黛紅顔錦繍《すいたいこうがんきんしゅう》の粧《よそほ》い」と詠う。みどりのまゆずみ、くれないの顔《かんばせ》、あのたおやかなあで姿、錦、刺繍《ししゅう》の立派な衣装と詠いあげる。黛《まゆずみ》は黒ではなく緑色であった。そこから柳の葉の緑となるのである。そして白居易の詩にあるように、昭君村の柳の葉っぱの色は、美人のまゆずみよりも濃い緑だと詠うのである。柳の眉は、柳のように細く長いものであると同時に、柳の葉のように濃い緑色でもあった。

王朝人の女性たちは、長い黒髪をもつほど美しいと見られていた。そして黒髪がしなやかで美しいことを、風になびく柳の細い枝にたとえて柳髪《りゅうはつ》という。すこし時代は下るが、『平家物語』巻七の維盛《これもり》都落ちの条《くだり》に、維盛の北の方の髪の美しさを柳髪で表現している。

この北の方と申すは、故中御門の新中納言成親卿の娘、父にも母にも後れ給ひて、孤《みなしご》にておはせしかども、桃顔《とうがん》露にほころび、紅粉眼《こうふんまなこ》に媚《こび》をなし、柳髪《りゅうはつ》風に乱るる粧《よそほひ》、また人あるべしとも見え給はず。

北の方は、桃の花のように美しい顔で、目のあたりの紅の化粧はなまめかしく、頭髪は風になびく柳の枝のように美しくしなやかだというのである。

優雅な消息と柳の折枝

また『枕草子』にたちもどり、「なまめかしきもの」の段での柳のことである。

薄様《うすよう》の草子《そうし》。柳の萌《も》え出でたるに、あをき薄様に書きたる文《ふみ》つけたる。

なまめかしいとはちょっと難しいことばであるが、しっとりと上品である、あるいは何げないようで優雅であることといえよう。清少納言がそう感じたものに、ごく薄く漉《す》いた鳥の子紙（雁皮《がんぴ》を主な原料として漉いた和紙）の草子をあげている。草子は、巻子《かんす》（巻物）に対する語で、綴じた書冊のことである。それとともに枝垂れ柳の新芽が萌えでたものに、青色のうすい鳥の子紙の文をつけたものもそうだとする。

平安時代の貴族の間には文《ふみ》を贈るときには、折枝《おりえだ》といって、季節、季節によって、それぞれ特徴ある瑞祥の美しい花の木の枝などに結び付けられた。文《ふみ》とは手紙のことである。別に「せうそこ」ともいい、漢字では消息と記す。文と消息とのちがいについて、小松茂美は『手紙の歴史』（岩波新書、一九七六）のなかで、『文』という語は、私的性格の強い手紙。そして『消息』は『文』よりも少し改まった、ちょっと肩を張った手紙」と位置付けている。したがって、『枕草子』のいう文は、私的なことの書かれた手紙ということができる。

文や消息に用いる紙のことを料紙といい、当時の貴族にとってはひじょうに関心の深いものであった。繊細で優雅な美意識をもっていた王朝人たちは、手紙の筆跡や書写のかたちまで、美を追い求めていた。当然、消息や文を書いたり、それを包んだりする料紙にも美を求めていた。料紙に美を求めた王朝人たちは、それを結び付ける折枝との調和にも高い関心を払ったのである。

もともとは平安時代の宮廷生活では、行事のたびに贈り物をする風習があった。それも楽器（和琴、琵琶、笛など）、手本（筆跡の巻物）、本文《ほんふみ》（書籍）、帯、剣などで、これらを美しい錦の裂《きれ》で包んで渡していた。そのときに打枝を結んでいたのである。打枝は折枝と同じものである。何事も華麗に、華麗にとするのが当時の風流《ふりゅう》で、消息や文につける折枝も同じ発想からうまれた。

消息や文をおくる場合には、優雅に美意識をこめて料紙の色を先ず考え、その料紙の色に折枝の色をあわせた。原則としては、同系色に統一された。なかには色の対比の美しさにも心が配られた。『枕草子』に「むらさきの紙に楝《あふち》（梅檀《せんだん》のこと）、あをき紙に菖蒲《そうぶ》の葉っぱ」などとあるのがその例である。

小松茂美は前にふれた『手紙の歴史』のなかで、「平安時代における消息と折枝一覧表」を掲げている。そこには七〇例におよぶ消息といろいろな折枝がまとめられ、出典もつけられている。その中から柳の例を引用させていただく。

（料紙）	（色彩）	（用途）	（折枝）	（出典）
青き紙	青	消息	柳の枝	かげろふ日記（中巻）
青き薄様	青	消息	柳	堤中納言物語（花桜）
あをき薄様	青	消息	柳の萌え出でたる	枕草子
くれないのうすよう	紅	消息	柳の枝	問はず語り（巻二）
葵がさねの紙	表—蘇芳 裏—白	消息	柳	栄花物語（巻二八）

七〇例もの折枝に使われた植物は、梅、紅梅、松、五葉松、菖蒲、藤、楝《おうち》、紫苑《しおん》、呉竹《くれたけ》、桔梗《ききょう》、すすき、撫子《なでしこ》（常夏《とこなつ》）、柳、卯の花、紅葉、桜、山吹（八重山吹）、橘、菊、樒《しきみ》、むろ（猟子《ねず》のこと、ネズミサシともいう）、榊、花、枝という二四種となる。これ以外に、物の蓋、杖の先、硯《すずり》の蓋が用いられていた。

植物名を掲げるとこのように単純となるが、手紙や文学的表現となると一つの植物でありながら、さまざまな形容のものがつかわれていた。たとえば松を例にあげると、単に松とだけあるものもあるが、「みどりの色あらわれたる松の枝」、「様よき松」、「雪のふりかかりたる松の枝」、「いろかはりたる松」、「松の枝」といった形容のしかたで、手紙の紙の色との調和や、相手方の気持ちをはかったものである。

賭物の賞品は柳枝

実際の文学作品のなかではどのように柳の折枝がつかわれたのか、平安時代の女流日記の最初である『蜻蛉日記《かげろう》』（今西祐一郎校注、岩波文庫、一九九六年）の例を紹介する。『蜻蛉日記』は藤原道綱の母が、村上天皇の治世の天暦八年（九五四）に藤原兼家との結婚からはじまり、以後円融天皇の天延二年（九七四）までの二〇年間の身辺のできごとを歌とともに書き留めた仮名日記である。柳の折枝が記されているのは、『蜻蛉日記　中』の安和二年（九六九）三月の条《くだり》である。

中の十日《とおか》のほどに、この人この人、方《かた》わきて、小弓《こゆみ》のことせんとす。かたみに出居《いでい》なぞしさわぐ。しりへの方《かた》のかぎり、こゝにあつまりて馴《な》らす日、女方《にょぼう》に賭物乞《かけものこ》ひたれば、さるべき物やたちまちにおぼえざりけむ、わびざれに、あをき紙を柳の枝にむすびつけたり。

山風のまへより吹けばこの春の柳の糸はしりへにぞ寄る

かへし、口《くち》ぐちしたれど、忘るゝほどおしはからなむ。一つはかくぞある。

かずかずに君がたよりてひくなれば柳の眉も今ぞひらくる

意訳すると、三月の中旬のこと、夫の兼家方の侍たちが、前方と後方に分かれて、小弓での技くらべをすることになり、弓の練習などする騒ぎとなった。後方《しりえ》だけがここに集まって練習する日に、見物の女《おんな》方《かた》に賭物を頼んできた。すぐにはどのような物にすべきか、わからなかった。困ったあげくの趣向で、青い紙を柳の枝に結び付けた。

道綱母は、

山の風が前から吹けばこの春の柳の細い枝は後方になびく

と、風で柳の細枝が後ろになびくように、私たちは後方組の味方だとの意の歌を詠んだ。

この歌の返しに、侍たちはいろいろと歌を詠んだけれども、たいしたことがなったので忘れた。その一つに、

心をこめて味方してくださるので、やっと柳の眉を開く（安心する）ことができた、

との歌があった。弓の競技は、どちらが勝ったのか、不詳のままである。

小松茂美の調べたものを引用しながら『蜻蛉日記』の折枝《おりえだ》が、消息として用いられたものでなかったことを述べるのはいささか気がひける。実際は道綱母の夫の兼家の家来たちが、小弓の競技をするときの賭物《かけもの》となったのである。賭物とは勝負事に賭ける品物のことで、勝ちを収めた者がそれを得ることができた。いわば弓の競技の賞品である。賭物とはいっても、優美さの中でくらしている王朝人は、困ったあげくとはいいながら手紙と同じような装いをこらしたのである。

そして中国の文芸百科事典ともいうべき『藝文類聚《げいぶんるいじゅう》』に収められた「柳葉を去る（離れた）百歩でこれを射る、百発のうち百中《あたる》」との、春秋戦国時代の楚の養由基の故事に因んで、柳葉を賭物としたのであった。

弓矢の競技と柳葉

楚の養由基の故事は当時の人はよく知っていたとみえ、小野岑守《おののみねもり》は、「右近衛大将《うこんえだいしょうぐん》軍坂上宿禰《さかのうえのすくね》を傷《いた》む」

川面に垂れる柳の枝。古代の中国ではこの細枝を的にして弓を射たという。

御製に和し奉る、との題の漢詩で坂上田村麻呂が弓の名手であったと、この故事をひいている。

柳条《りゅうじょう》還生《またお》ふ　百中《ひゃくちゅう》の砕《くだけ》

将軍が弓で射た矢は、細い枝垂れ柳の枝に百発百中して柳の枝をこなごなにしたが、その古戦場のあとには柳の枝が再び生えているという意である。枝垂れ柳の細く、すこしの風でも揺れ動く枝は、的としてもむずかしい的である。それを百発射て、一つも外さないのであるから、名手にちがいない。弓の名手と直接的表現をしなくても、具体例を出すだけで、類い稀な使い手であることを、当時の人たちは中国の故事から判ったのである。

中国では、馬に乗り柳の枝を的にして弓を射る騎射の行事が、華南（中国の南部のこと）の旧暦五月五日のいわゆる端午《たんご》節《せつ》におこなわれていた。憂国の士といわれる屈原《くつげん》と関わりがある。

中国の戦国時代、南方の楚《そ》王の一族の屈原（前三四三年頃～前二七七年頃）は王の側近として、また憂国の情をもってうたう自伝的叙事詩「離騒」をはじめ、楚の歌謡を本とした楚辞文学を集大成するなど活躍したが、妬《ねた》まれて失脚、湘《しょう》江《こう》のほとりをさまよった。前二七七年、秦《しん》の兵が南下し、楚は滅亡したのであるが、このとき屈原は汨羅《べきら》江《こう》（湖南省の北東部の川で、湘江に注ぐ）に身を投じて国に殉《じゅん》じた。

もともと端午節という行事は、後の人が屈原の死を心からかなしみ、彼の遺体が川底に住む咬竜《こうりゅう》（水中にひそみ雲雨に会して天に昇るまえの竜のこと。天に昇ると竜となる）に食われないようにと考え、咬竜を追い払うために始まったとか、あるいは屈原の霊を祀ったことが始まりとされている。こんなことから、この地方では五月五日には竜船の競漕という年中行事が行われるようになった。また、ある地方では体育行事とした騎射《きしゃ》も行われるようになった。この場合、競技で射る的は、枝垂れ柳の枝であった。射手《いて》は疾走する馬にまたがって、弓に矢をつがえ、柳の枝を目がけて射るのであるが、ただの一矢で柳の枝を射落とし、しかもその柳の枝が地面に落ちる前に、そこに馬を走らせてその枝を受け止めたものが、もっとも優れた射手とされている。

これは中国の南部でのことであるが、北宋《ほくそう》（中国の国名、一一二七年金の侵入により九代で江南に逃れた）の東京《とうけい》（現在の開封）では、天子が西の郊外にある金明池の庭園で、百戯《ひゃくぎ》（百を数えるほど多くの技芸のこと）を観覧するが、その中には柳の枝を地面に挿し、これを五〜六騎の武者が弓あるいは弩《いしゆみ》（古代中国で用いられた、ばねじかけで射るという大きな弓）で、平らな鏃《やじり》をした矢をつがえて射る行事もあった。

このように、中国では柳の枝を弓の競技の的につかっており、そのことを『蜻蛉日記』の著者の道綱母は知っていたので、夫の家来たちが弓の競技をするとき、柳の枝を賞品として持ち出したのであろうか。あるいは和名「やなぎ」の語源の代表的なものに「矢の木」説がある。これは枝垂れ柳の長い枝で、矢の篦《の》（矢柄《やがら》のこと）をつくるところから来ているとするものである。弓矢の競技の賞品に、矢と関わりのある柳を出したとみることもできる。

送別の餞《はなむけ》に柳枝を贈る

『文華秀麗集』には嵯峨天皇の「折楊柳《せつようりゅう》」と題された漢詩と、巨勢識人《こせのしきひと》の御製の「折楊柳」に和し奉る漢詩が収められている。折楊柳とは、柳の枝を折ることであるが、古代の中国では柳の枝を折りとって、その本《もと》と末とを一つの輪にしたものを、知人の送別にあたって餞《はなむけ》として贈るという風習があった。それはこの輪のように一回りして、無事にもう一度帰ってくるようにと、旅の道中の平安を祈る心を表したものである。日本にはその風習は伝わっていない。なぜかと言えば、中国と日本での楊柳の存在感の違いがある。

中国における楊柳の存在感について水上静夫は『花は紅・柳は緑　植物と中国文化一』（八坂書房、一九八三年）の中で次のように、村落や河畔など至るところに楊柳が存在していることを述べる。

われわれが中国の歴史や文学書を繙くときには、そこには比較的古い時代から、各地・各国の城郭内や街路・田裏・村里の中、あるいは池塘堤陂、また、庭園内などに、ことごとくこの楊柳は植栽されていた。現在でもそうであり、また、決して大袈裟な表現ではなく、永い中国の歴史の中の風景は、家のあるところには必ず楊柳があり、楊柳のあるところには必ず家屋があるといっても過言ではない。

水上はこのように述べており、中国での楊柳の存在は、かつて日本では村落の周辺にかぎらず、至るところに存在した松に匹敵するものであったと考えてよいだろう。

「折楊柳《せつようりゅう》」　嵯峨天皇御製

楊柳《ようりゅう》 正《まさ》に絲《いと》を乱《みだ》す、
春深く攀折《はんせつ》に宜《よろ》し。
花は寒し邊地《へんち》の雪、
葉は暖《あたた》けし妓樓の吹《かぜ》。
久《きゅう》 戍《じゅ》帰《き》期《き》遠く、
空閨別怨《くうけいべつえん》悲し。

短簫《たんしょう》 異《い》曲《きょく》無く、
總《すべ》て是長《これちょう》 相思《そうし》。

意訳すると、枝垂れ柳の枝が風に吹かれ糸を乱したようで、時は春も深く枝も長く伸びていて折り取るのに都合がよろしい。辺境の雪の中で花は咲き、女人のいる高殿に吹く風は柳の葉に暖かい。久しく国境の守りについた夫の帰りは遠く、ひとり留守居の寝所は寂しく別れ寝が悲しい。短い簫《しょう》の笛の奏する曲には他の違った曲はなく、みなすべて長《ちょう》 相思《そうし》である。長相思は、恋しい人を永遠《とわ》に思うという意であり、楽府雑曲歌辞の一つである。

嵯峨天皇のこの「折楊柳」は、梁《りょう》（中国の国名、南朝の一つで六代で滅ぼされた。五〇二〜五五七年）の簡《かん》文帝《ぶんてい》の同名の題を参考にした作品である。簡文帝は冒頭のところで、「楊柳乱れて糸を成し、攀折す上春の時」と詠っている。

簡文帝の「折楊柳」は、楊柳の枝を折って別れるという意味の古楽府の曲名である。見送る者の別離の情を、曲中に詠いこめるようになり、後にはただ曲名として「折楊柳」、「折柳」などが用いられるようになった。

唐の時代、折楊柳の漢詩がたくさん作られ、優れた作品が多い。折楊柳の題はつけられているが、送別の意はまったく無いもの、寵愛《ちょうあい》を失った宮女がその怨《うら》みを述べる内容のもの、離別の意を詠い女の悲しみを述べたものなどが作られるように変わっていった。

菅原道真の「菅家文草　巻第一」（川口久雄校注『菅家文草　菅家後集』日本古典文学大系72、岩波書店、一九六六年）に収められている「折楊柳を賦することを得たり」の題の漢詩も、柳の枝を折って別れる人に贈るという別離のものではない。

折楊柳を賦することを得たり　　　菅原道真

佳人《かじん》芳意《ほうい》苦《ねむごろ》 なり、
楊柳《ようりゅう》 先《ま》ず攀《ひ》き折る。
手に応じては麹塵《きくじん》軽《かろ》し、
顔《おもて》を候《うかが》ひては青眼《せいがん》潔《いさぎよ》 し。
涙《なみだ》は迷《まど》ふ枝の上の露《つゆ》、
粧《よそほ》ひは誤《あやま》る絮《はな》の中の雪。
繊指《ほそきゆび》は柔《やわらか》 なる英《はなぶさ》 を断《た》つ、
低《た》れる眉《まゆ》濃《こ》き黛《まゆずみ》 を刷《かいつくろ》 ふ。
葉《は》遮《さいぎ》りて鬟《わげ》更に乱《みだ》る、
絲《いと》剪《き》れて腸《はらわたとも》 倶に絶《た》つ。
若《も》し羌《きょう》に入《い》る音《おとづ》れあらば、
誰《だれ》か行子《たびびと》の別《わか》れに堪《た》へむ。

意訳してみる。美人が春の訪れとともに恋人を思慕し、気持ちがいっそう切なくなる。芽吹いた柳の枝を贈るために折る。手の動きに応じて柳の黄色い花粉が軽く舞い、折られた柳の枝は彼女の顔を青眼《せいがん》（親愛を示す表情）でうかがう様子。美しい女人に涙が一粒、柳の露かと疑われる。あでやかな化粧は白く、白い柳絮《りゅうじょ》の中の雪かと見誤るようだ。細い指で柳の英《はなぶさ》（花房）を断ち切る。春愁のために垂れた眉を濃い黛《まゆずみ》でつくろう。柳の葉が女人の顔をさえぎり、鬟《わげ》（髪をわがねて結んだもの）がさらに乱れる。細い柳の糸が剪《き》れ、女人も断腸の思い。もし西方の羌《きょう》に入るとの便りがあるならば、旅にある人との別離の思いに堪えることができるであろうか。

羌《きょう》はチベット系の遊牧民族のことをいう。羌は戦国時代から中国の西北辺にあたる、今の甘粛《かんしゅく》・西蔵（チベット）・青海方面に拠り、漢のはじめのころ、匈奴《きょうど》（モンゴル系の遊牧民族）と連合して西境を侵した。

道真は「折楊柳」の漢詩のなかで、全文にわたって美女と彼女の想う人を柳の枝葉でもって表現している。眼、鼻、髪、眉、細い指、であり涙までも柳にとまった露としている。そして白い化粧は、白い柳《りゅう》絮《じょ》よりもなおも白い雪にたとえている。彼女の断腸の想いは、柳のいまにも折れそうな細い糸にもたとえられる枝と比べたのである。数多い樹木のなかで、ここまで美女にくらべられる木は、ほかにはないであろう。道真が「折楊柳を賦すことを得たり」と題につけたのは、もっともなことである。

第三章　鎌倉・室町時代の柳

『梁塵秘抄』の庶民の柳

平安時代の終わりごろ貴族の力はおとろえ、かわって武家が勢力をもつようになった。武家の棟梁として源氏と平氏があった。平安王朝の貴族文化は、あらたに台頭してきた武士や庶民、その背後にある地方文化への関心を高め、新鮮で豊かなものをうみだした。聖《ひじり》などとよばれた民間の布教者によって浄土教の思想は全国にひろがった。奥州藤原氏の建てた平泉の中尊寺金色堂や、九州豊後の富貴寺大堂《ふきじだいどう》など、地方豪族のつくった阿弥陀堂や浄土教美術の秀作が各地にのこっている。

平安時代の中期から後期に流行した歌謡に、今様《いまよう》があった。今様とはもともと当世風という意味で、宮廷の遊宴《ゆうえん》の席で貴族たちに愛唱されるとともに、遊女たちにおおいに歌われ広められた。

後白河法王は一〇歳あまりの時から、今様が好きで昼夜詠いつづけ、三度も声帯をつぶしたほどである。今様の名人といえば、貴族だけでなく地方の遊女でも、くぐつ（歌に合わせて舞わせるあやつり人形をあやつる芸人のこと）でも誰でも教えを乞い、ひじょうに上達した。やがて上皇は自ら習い覚えた今様の歌の集大成をこころざし、全二〇巻におよぶ『梁塵秘抄《りょうじんひしょう》』を編んだ。現在残っているのは、そのうちの一部分であるが、当時の社会と、人々の想いが伝わってくる。

『梁塵秘抄　巻第一』（佐々木信綱校訂『新訂　梁塵秘抄』岩波文庫、一九三三年）の目次には、長哥十首、古柳卅四首、今様二百六十五首とある。当初の後白河法皇が編まれたときには、このように三種の全三〇九首の歌が収録されていたが、現在残されている図書には数少ない歌数となっている。

まず岩波文庫版『梁塵秘抄』の冒頭「古柳卅四首」のところから、みていく。

古柳卅四首

春五首

そよや、こ柳によな、下《さが》り藤の花やな、さき匂《にを》ふゑけれ、ゑりな、むつれたはぶれや、うち靡《なび》きよな、青柳《あをやなぎ》のや、や、いとぞめでたきや、なにな、そよな。

是以下略之

このようにあり、あとは「今様二百六十五首」の項である。

これをみたとき、えっ『梁塵秘抄』が集大成された時代には、柳の歌が三四首もあり、柳は民衆のあいだでも大変な持て囃され方をしていたのであろうと考えた。春の花といえばまずあげられる早春の梅と、晩春の桜花は同書にはどちらも一首であり、それとくらべても柳の三四首は歌数の違いには格段のものがある。それほど柳はもてたのであろうと、柳の文化史を執筆している時の身贔屓《みびいき》もあって、ちょっとうれしくなっていた。

ところがである、やはり柳も梅や桜花と同じ程度の重きだったという、どんでん返しがあった。「梁塵秘抄口伝集」巻第十には、九月に法住寺にて花を奉ったときの、今様の談義がされた場面がある。「或人《あるひと》、澤につる高くと云ふ古柳、いと人しらぬときく、いかゞ、うたへなどいふを、大進、延壽ともにしり候はずと申。さはのあこ丸是を歌へり。或人、此古柳常のには変りたる所ありときくに、これはさもなきはいかに、四三が説に、此古柳、この説に違ひて歌はむは用ゐるべからずとこそ申伝へたるにと云へば、（以下略）」とあった。

ある人が、「澤に鶴高く」という古柳はまったく人が知らないというが、どうであろうか。歌えと言うが、大進、延壽も知らない。さはのあこ丸はこれを歌える。前半を意訳するとこのようである。「澤に鶴高く」という言葉と、柳とはほとんど関係がないようだ。そこで私ははたと、なんだ「古柳」とは古い柳、あるいは柳の古木のことを歌った歌、あるいは柳にかかわる古い歌ではなくて、古い流儀のことをいう「古流」の当て字だと気づいたのだ。訓《よみ》はどちらも「りゅう」であるが、「流」よりも、「柳」のほうが縁起がいい字だと編集のとき判断したのであろう。

古流だとすれば『梁塵秘抄』の目次は、古流（古い流儀の歌）四三首、今様（当世風の歌）二六五首となり、古い歌と新しい歌の両方を並べそろえた収録集としてすっきりとする。

『梁塵秘抄』ではこのような青柳の細枝をめでたいものだと唄っている。

前に触れた「春五首」（実態は一首のみであるが）の柳の歌を意訳してみる。

そよや、小柳《こやなぎ》の木に、
巻きついてのぼった下がり藤の花が、
咲き匂っているよ、
えりな、睦まじくたわむれなさいや、
ひどく靡《なび》きなさいや、
青柳《あおやぎ》の細枝や、や、
大変めでたいな、なにな、そよな。

ここにある「そよや」、「えりな」、「や」、「なにな」、「そよな」は、はやし言葉である。

春の終わりごろ柳の木を伝い上った藤の花が咲き、いい匂いを漂わせている。おりからの春風に下がり藤の枝が揺れ、垂れ下がった柳の枝も大きく靡く。あたかも仲睦まじく遊び戯れているようで、めでたい、「なにな」、「そよな」と想わず囃したてる声が出てくる。こんな情景がこの歌から浮かんでくる。

「梁塵秘抄口伝集」巻第十一には、郢曲《えいきょく》を歌うときの姿勢に、柳のことがでている。郢曲とは、楚《そ》（中国の春秋戦国時代に揚子江中流域にあった国の名）の都の郢《えい》の人は歌がうまかったので、その歌う俗曲の意からこういう。平安時代初期には、神楽・催馬楽《さいばら》・風俗歌《ふうぞくうた》・朗詠（のち雑芸《ぞうげい》。今様を含む）などを総称した。『広辞苑（第四版）』（岩波書店、一九九一年）によれば、「梁塵秘抄口伝集」巻第十一は「郢曲抄《えいきょくしょう》」が本当の名で、後白河法皇の撰ではないという。

切々いきをのこして、声をみなし出すべからず。ひく息を腰のもとまでかよひ、腰は岩の如くに、こしより上は只青柳の如く、面は常より柔和に、かんせいちらずして、襟首をはなれずして、数々唱とも、そんぜんやうに謡ふなり。

郢曲《えいきょく》を唄うときには、腰を岩のように固定して動かさず、腰より上はただ青柳が揺れるように、曲の調子に合せゆらゆらと揺らしながら歌うというのだ。ここに青柳といえば、風に靡《なび》いてゆらめく様が、本性のように記されるのである。

なお、吉田兼好は『徒然草』（西尾実・安良岡康作校注『新訂　徒然草』岩波文庫、一九二八年）の第十四段で「梁塵秘抄《りょうじんひしょう》の郢曲《えいきょく》の言葉こそ、また、あはれなる事は多かめれ。昔の人は、たゞ、いかに言ひ捨てたることぐさも、みな、いみじく聞ゆるにや」と、むかしの人は日常の言い草や話しぶりもみなまことに適切に聞こえるものだと評している。

旅人を癒す遊行柳

鎌倉時代初期の勅撰和歌集に『新古今和歌集』がある。後鳥羽上皇の院宣をうけた源通具《みちとも》・藤原有家・藤原定家・藤原家隆・藤原雅経らが建仁元年（一二〇一）に和歌所を設け、元久二年（一二〇五）に撰進した和歌集である。『新古今和歌集』（佐々木信綱校訂『新訂　新古今和歌集』岩波文庫、一九八七年）の柳の歌は一〇首収録されている。

凡河内躬恒《おおしこうちみつね》の「春雨の降りそめしよりあをやぎの絲《いと》のみどりぞ色まさりける　六八」（巻第一・春歌上）の歌は、春の到来とともに柳が芽吹き、しだいにその色が濃くなっていくようすが詠われる。そして「六田の淀のやなぎ原みどりもふかくかすむ春かな（巻第一・春歌上・七二）」のように色濃くなった柳原もかすんだような春景色を詠い、かすみを吹き飛ばす春風のなかの枝垂れ柳の姿を「春風のかすみ吹きとくたえまよりみだれてなびく青柳のいと（巻第一・春歌上・七三）」と詠うのである。柳は川端ばかりでなく行路樹として道路のかたわらに植えられていて、「青柳のかげふむ道に人の

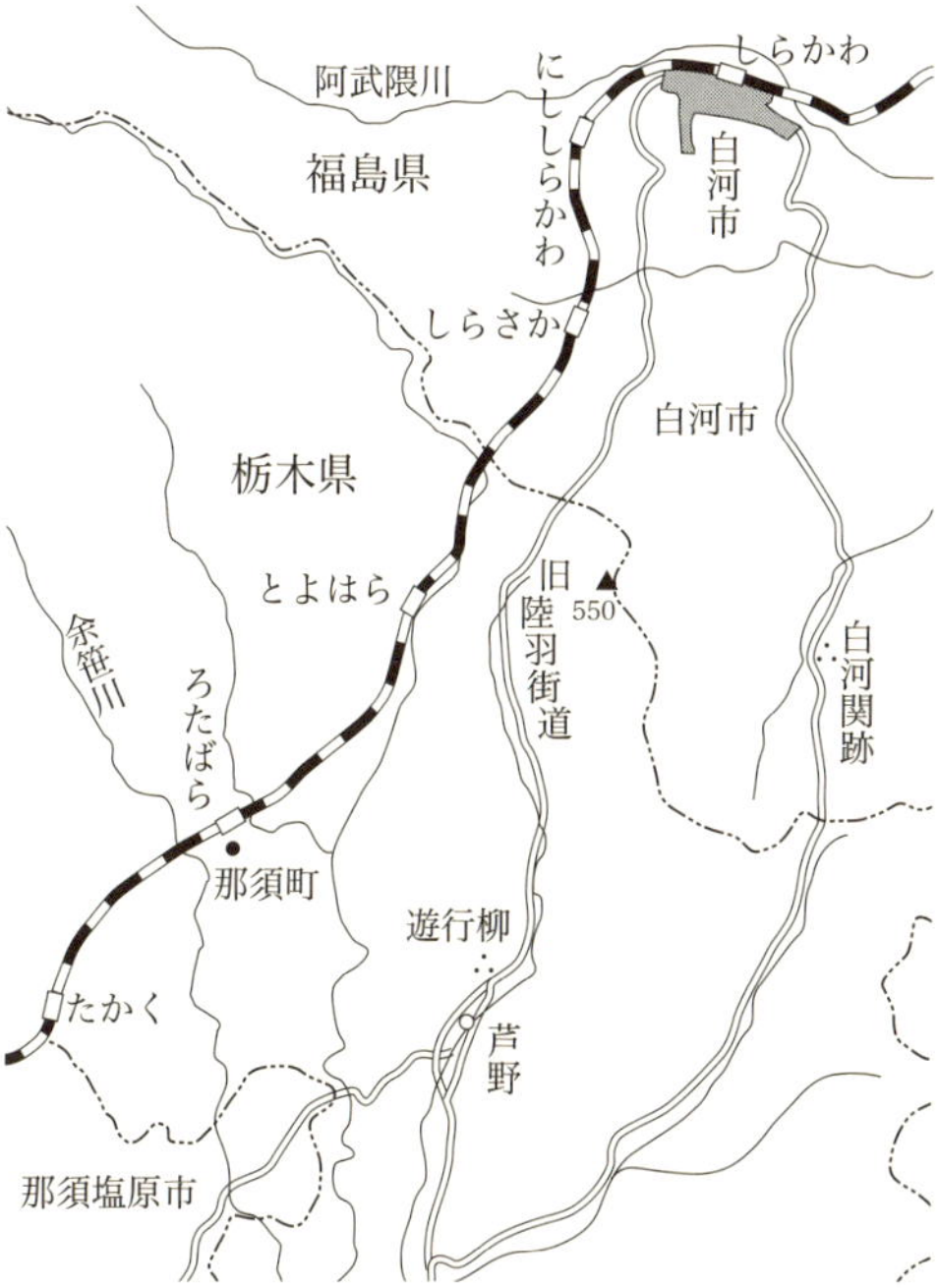

遊行柳の所在地概念図

やすらふ（巻第一・春歌上・六九）」とか、「道の辺の朽ち木の柳（巻第十六・雑歌・一四四八）」などと詠われている。夏の日盛りに道行く旅人は、柳の木陰で涼をとり、しばし旅の疲れを憩ったのである。夏歌に、西行法師の次の歌が収録されている。

題しらず

道の辺に清水流るる柳かげしばしとてこそ立ちとまりつれ（二六二）
よられつる野もせの草のかげろひてすずしく曇る夕立の空（二六三）

日本の夏は暑い。かんかんに照りつける道を歩き、ようやく涼しそうな小川の流れと、傍らには行路樹の柳が植えられたところに行き着いた。しばらく汗をしずめようと、柳の木かげに寄っていると、清らかな水音や眼前の田の面から吹いてくる風が涼しくて、思わず長居してしまったという。柳は水辺の樹といわれ、小川と柳が都合よく調和している場所があったのである。

この歌は西行法師の代表的な歌の一つで、西行が奥州への旅の途中、下野《しもつけ》国芦野《あしの》の里（現栃木県那須郡那須町芦野）に立ち寄ったとき詠まれたもので、この歌と柳はその後、謡曲「遊行柳《ゆぎょうやなぎ》」の題材となったり、松尾芭蕉や与謝蕪村の句にも詠まれたりして、人々に知れわたっていった。

ついでに時代ははるかにずれるのであるが、芭蕉と蕪村の句をみておく。

芭蕉の句は『おくのほそ道』（萩原恭男校注『芭蕉おくのほそ道　付曾良旅日記　奥細道菅菰抄』岩波文庫、一九七九年）に収録されている。

又、清水ながるゝの柳は、芦野の里にありて、田の畔《くろ》に残る。此所《このところ》の郡守戸部某《こほうなにがし》の、「此柳《このやなぎ》みせばや」など、折々にの給《たま》ひ聞え給ふを、いづくのほどにやと思ひしを、今日《けふ》此柳のかげにこそ立より侍《はべり》つれ。

田一枚植《うえ》て立去《たちさ》る柳かな

清水流るる柳は、西行法師の歌から起こった名であり、『奥細道菅菰抄《すがごもしょう》』によると、土地の人は今は遊行柳という。この柳は芦野の宿の北はずれ、西のかた、畑の中に、八幡宮の社（現鏡山温泉神社の相殿八幡宮）があって、鳥居のかたわらに残る。遊行柳のすぐ西には鏡山という名の山がある。芦野は陸羽街道の往来の駅で、那須七騎のうち、旗本芦野氏（三千九〇〇石）の知行所の里である。

「郡守」は漢代の官名で、ここでは領主をあてる。「戸部」は民部の唐名で、芦野民部資俊《すけとし》（芭蕉の弟子、号は桃酔《とうすい》）のことをいい、彼はこの柳の下で芭蕉たちを待っていた。芭蕉は西行の歌をうけてしばらくの間涼んでいたが、気が付くと早乙女が田一枚植えおわっていたというのが、芭蕉の句の意である。芭蕉がここに来たのは陰暦五月廿日（現在の暦では六月七日）であり、田植えの時期でもあった。西行はこの柳の下で「しばし」の間涼をとったのだが、芭蕉は「田一枚植え」終わるほどの時間この場所にいたのであった。

一方蕪村は、寛保三年（一七四三）秋にここを訪れ、柳の葉がすっかり落ちた句を詠んだ。蕪村が訪れたのは、芭蕉よりもおよそ一〇〇年後である。芭蕉の訪れは田植え最中の梅雨晴れで暑い日差しの照りつける時期であるのに対し、蕪村はもはや柳の葉っぱも散り落ちて、寒々とした風景の中での訪問であった。『蕪村句集』（緒方仂校注、岩波文庫、一九八九年）巻之下　秋之部にはつぎのように簡明に収録されている。

柳散《ちり》清水涸《かれ》石処々《ところどころ》
遊行柳《ゆぎょうやなぎ》のもとにて

蕪村の句には、なにやら枯山水の匂いがただよってくる。一〇〇年の間に山は農民たちの絶え間ない木々の伐採や採草によって、はげ山同然となり、谷川の水は涸れはてていたのであろう。

江戸時代の芭蕉・蕪村まで寄り道したが、西行法師の時代までもどり、彼の柳の歌を『山家集《さんかしゅう》』（佐々木信綱校訂『新訂山家集』岩波文庫、二〇〇三年）からいくつかみてみよう。

山里の柳
山がつの片岡かけてしむる庵《いおり》のさかひにたてる玉のを柳

雨中柳
なかなかに風のおすにぞ乱れける雨にぬれたる青柳のいと

水辺柳
水底にふかきみどりの色見えて風に浪よる河やなぎかな

題不知
なみたてる川原柳の青みどり涼しくわたる岸の夕風

はじめの歌の「玉の緒柳」は柳の美称であり、西行は山里に隠棲している庵《いおり》には、隣との境として柳を植えていた。雨に濡れた柳の枝が風に吹かれて乱れる風情や、川面に映った柳が風でおこる波に揺られる様子や、川岸の柳の上をさあっと吹き渡ってくる夕風の涼しさを詠っている。桜花好きといわれる西行であるが、柳の歌にもいい歌がある。

平野を行く旅人の目印柳

道の辺の柳のことをつづける。

鎌倉時代の代表的な東海道紀行文に作者不詳の『東関紀行』（玉井幸助校訂『東関紀行・海道記』岩波文庫、二〇〇四年）がある。「陶潜五柳《とうせんごりゅう》のすみかをもとむ」著者が、仁治三年（一二四二）の秋八月十日あまりの

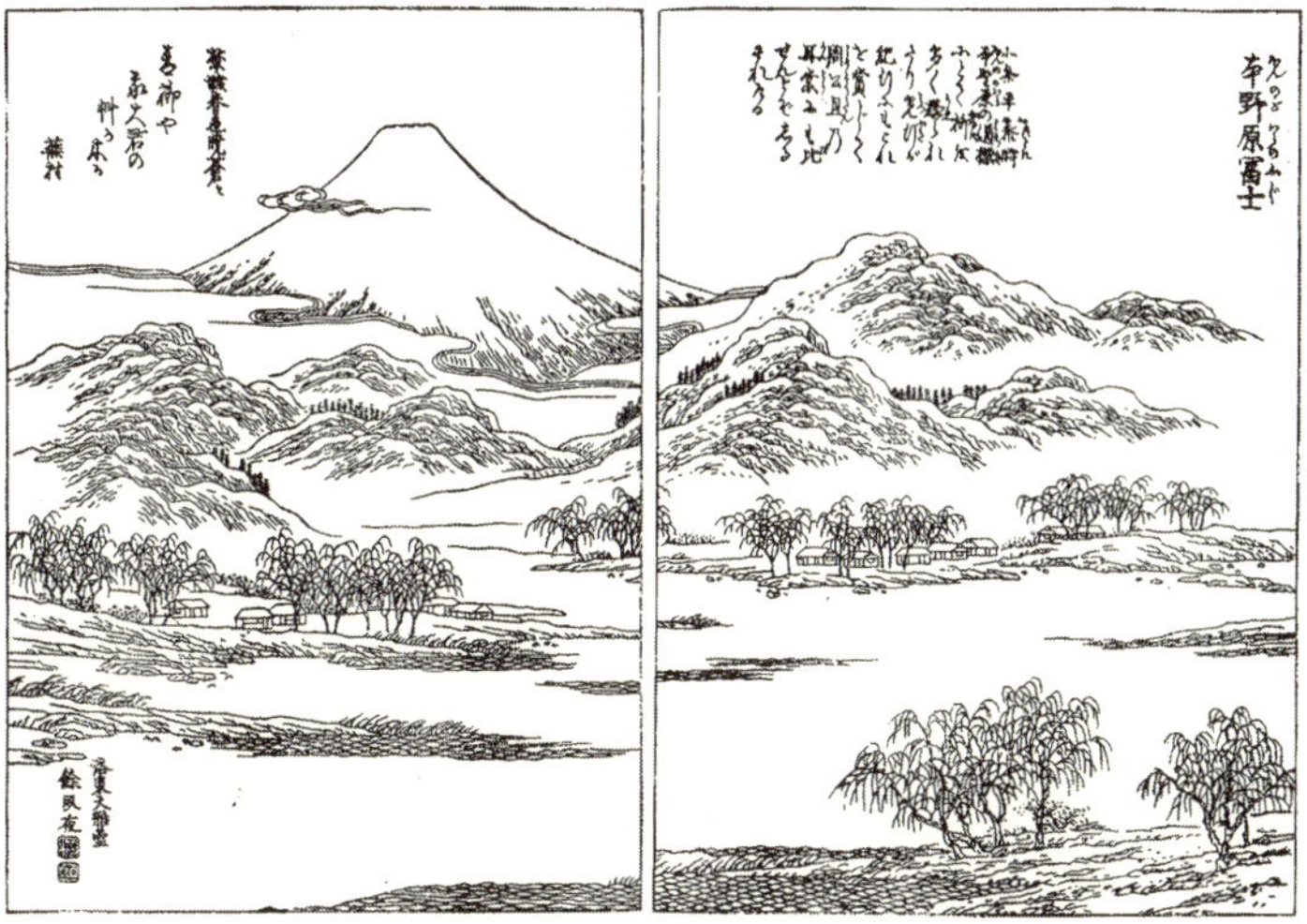

鎌倉時代の『東関紀行』に茫漠とした広野の道しるべとして柳が植えられていたという本野原。江戸の寛政期にもこのように柳が目立つほど見られた(『東海道名所図会』巻三、近畿大学中央図書館蔵)

こと、都を出て東に旅行することになったときの紀行文である。

なお、ついでに陶潜五柳をすこし説明する。陶《とう》潜《せん》とは中国の六朝時代の東晋の詩人である陶淵明《とうえんめい》(四二七年没)のことである。彼は下級貴族の家に生まれ、不遇な官途に見切りをつけ、四一歳のとき彭沢令《ほうたくれい》(江西省彭沢県の知事のこと)を最後に「帰去来辞《ききょらいのじ》」を賦《ふ》して故郷の田園に隠棲した。平易な語をもちいて田園の生活や隠者の心境を歌って一派をひらき、唐に至って王維・孟浩然などの多くの追随者が輩出した。散文詩に「五柳先生伝」や「桃花源記」などがある。蕭統《しょうとう》の「陶淵明伝」に、「陶潜少《わか》くして高趣あり、宅辺に五柳あり、故に嘗《かつ》て五柳《ごりゅう》先生伝を著して以て自らを況《たと》ふ。時の人これを実録と謂《い》へり」とある。五柳先生とは、門前に植えられた五本の柳からの称である。後世、数多くの穏逸詩人がそれをまねて、門前に柳を植えたといわれる。

さて『東関紀行』には柳の実物は出てこないが、

西行法師が陸奥で詠んだ道端の清水と柳とが旅人と関わる姿を彷彿《ほうふつ》とさせる泉は、近江国の東はずれとなる醒《さめ》が井の泉のことである。

音にきゝし醒が井を見れば、陰くらき木のしたのいはねより流れ出ずる清水、あまり涼しきまですみわたりて、まことに身にしむるばかりなり。余熱いまだつきざる程なれば、往還《おうかん》の旅人多く立ちよりてすゞみあへり。（中略）かの西行が道のべに清水流るゝ柳かげさしとてこそたちとまれつれ、とよめるも、かやうの所にや。

道のべの木陰の清水むすぶとて　しばしすゞまぬ旅人ぞなき

醒が井は滋賀県米原《まいばら》市醒井にある居醒《いさめ》清水とよばれる清泉のことで、『日本書紀』景行天皇四〇年の条《くだり》に、日本武尊《やまとたけるのみこと》が伊吹山で大蛇の毒をうけたとき、山下の居醒泉《いさめのいずみ》を飲んで正気をとりもどしたという話があり、それがここの醒《さめ》が井のことだと言われている。

『東関紀行』の作者はさらに東へと歩をすすめ、熱田（現名古屋市熱田区）・矢作《やはぎ》（現愛知県岡崎市矢作町）を通り、みやじ山を越え、御油《ごゆ》（愛知県豊川市域の東海道の宿駅）をへて豊川下流平野部の本野《ほんの》が原にたどりついた。

本野が原にうち出でたれば、よもの望《のぞみ》かすかにして、山なく岡なし。秦甸《しんでん》の一千余里を見わたしたらんこゝちして、草土とも蒼茫《そうぼう》たり。月の夜の望《のぞみ》いかならんとゆかしくおぼゆ。茂れるさゝ原の中に、あまたふみわけたる道ありて、行末まよひぬべきに、故武蔵の前司《まえのつかさ》、道のたよりの輩《ともがら》に仰せて、植えおかれたる柳も、いまだ陰とたのむまではなけれども、かつがつまづ道のしるべとなれるもあはれなり。（中略）

植えおきしぬしなきあとの柳はら　なほその陰を人やたのまん

文中の秦甸《しんでん》の甸とは、中国・周の時代に天子が直接治めた都とその周辺の地のことをいうことから、秦甸は秦の国の都とその周辺の果てしなくひろがる大平原のことである。

『東関紀行』の著者は、東海道を御油の宿から東へと向かっており、現在の豊川市本野町のあたり（本野が原）から東の豊橋平野をみると、山もなく岡もない。中国の秦の平原の一千里余りを見渡しているような心地がするほど、見渡すかぎり広々とした平野で、青々と草が繁っていた。月夜の目印はどうであろうかと、好奇心を覚えた。繁茂した笹原の中には、数多くの踏み分け道があり、どれを行ったらいいのか迷うのだが、亡くなった前の武蔵国司が道しるべとするようにと、仲間たちに仰せられ、柳を植えておかれた。その柳はまだ日蔭になるほどの生長はみられないが、ともかくもやっと道しるべとなっていた。意訳すればこうであろうか。

鎌倉時代の東海道は、御油から本野が原、豊川宿を経て当古《とうこ》（豊川市当古町）で豊川を渡り、渡津、三河・遠江の境の高師《たかし》の山を越え、浜名湖南部の橋本へとたどる道が本道として利用されていたようである。鎌倉時代の仁治三年（一二四二）ごろは、現在の都市化した豊川市内も、まだ一面の笹原であったことがこの紀行からわかる。その笹原の踏み分け道の目印として、武蔵国の国司が柳を植えさせていた。道の目印となる柳だから、そのあたりに生育している河柳ではなく、明瞭に判別できる枝垂れ柳が用いられていたにちがいない。街道（ここではそこまで発展していないか）の柳並木として植えられた珍しい文献だといえる。

『東関紀行』とほぼ同じころ執筆された紀行文に『海道記』がある。貞応二年（一二二三）に京都を出発し、東海道を経て鎌倉に至り、帰洛《きらく》するまでが記されている。古くは鴨長明の作とされたが、源光行の作だとする説もある。近江国の三上山《みかみやま》を眺めながら野洲《やす》川を渡る手前のあたりで、河傍柳が描写される。

なお三上山（標高四三二メートル）は滋賀県野洲市野洲町の東南にある円錐形の小山で、一名近江富士といわれる。俵藤太の百足《むかで》退治の伝説では、百足がこの山を七巻半していたという。東海道や中山道の街道からよく眺められ、道しるべとされていた。

ソトモノ小川ニハ河傍柳《かはぞへやなぎ》ニ風立チテ、鷺《さぎ》ノ簑毛《みのげ》ウチナビキ、竹ノ編戸《あみど》ノ墻根《かきね》ニハ卯花《うのはな》サキスサミテ、山郭公《やまほととぎす》忍《しの》ビナク。

琵琶湖南部にひろびろと広がる田圃のなかにある集落を行き過ぎるとき、小川のほとりでは河傍柳が風に揺られており、民家の竹で編んだ垣根には盛りをすぎた卯の花が咲き、ホトトギスの鳴き声が聞こえるというのである。

『夫木和歌抄』の柳

ここでようやく道辺の柳から、ふたたび歌の世界の柳にもどる。鎌倉時代の私撰和歌集に『夫木和歌抄』（『夫木集』ともいう）がある。藤原長清の撰で、『万葉集』以後の家集、私撰集、歌合、百首歌などから、従来の撰に漏れた歌一万七三五〇首を集め、四季・雑に部立てし、類題に細分したもので、延慶三年（一三一〇）ごろに成立している。

春の部は巻第一から巻第六までおよんでおり、柳は巻第三の春部三に収められている。巻第三の題は、梅、柳、早蕨《さわらび》、春雨、稲荷詣、春日祭等の九つである。春の部の植物名の題と収められた歌数をみると、梅（一〇四首）、柳（一四六首）、早蕨（五九首）、桃花（一三首）、菫菜《すみれ》（四五首）、杜若《かきつばた》（二七首）、款冬《やまぶき》（八一首）、藤花（一〇六首）、躑躅《つつじ》（五九首）となる。また部立の名を花とのみ記されている桜花（四九七首）がある。柳の歌数は桜花についで第二位であり、春を詠う歌の中で重要な地位を占めていたことがわかる。

歌合《うたあわせ》の題材として柳は好まれたのであろうか、一三もの歌合のとき読まれた歌一七首が収録されている。歌合せは、平安時代初期からずっと宮廷や貴族間に流行しており、人々を左右にわけて、その詠んだ短歌を左右一首づつ組み合わせて、判者が優劣を判定し、優劣の数によって勝負を決めるという遊戯である。歌合せのとき、判定が行われたことを示す歌が一首収録されているのでそれを抜き出す。

青柳の糸ばかりこそなびきけれ木ごとに春の風は吹けども　信実朝臣

此の歌判者後九条内府云いかやうなる子細にや侍らん当時の浅見には木ごとに風ふかばなど柳のいとばかりなびくにか侍らんふしんをさんせんほど以右為勝

歌は木ごと、つまりそこらあたりにある樹木のすべてに春風が当たっているのに、青柳の糸のような枝ばかりがなびいている、という意である。この歌の判定に当たった後九条内大臣は、いくら柳の枝が細くても、あたりにある全部の樹木に風が当たっていることが分かるのに、どうして柳の枝だけがなびくと言えるのかという疑問があり、これをもって右（この歌の作者でないほうの歌）が勝ちと判定したというのである。歌合わせで負けた方の歌が収録されている珍しい事例といえよう。

『夫木和歌抄』から柳の歌が詠まれた経緯を歌の題からみると、天延三年関白家歌合（青柳）、禖子《ばいし》内親王家歌合（雨中柳）（三首）、南北百番歌合、千五百番歌合、卅六人歌合、中務《なかつかさ》卿親王家歌合（柳）、承安五年正月重家卿歌合（故郷新柳）、仙洞歌合（二首）、建暦内裏歌御会（水辺柳）、内裏歌合（水鳥柳）、千五百番歌合、文久元年詩歌合（水江春望）（二首）、中務親王家歌合である。

歌に詠まれた場所は、大和国では六田の淀、佐保の河原と佐保山、み吉野、飛鳥川、飛鳥寺、三室の岸（大神《おおみわ》神社の南）、奈良の都、初瀬川、石上《いそのかみ》、猿沢の池、立田川、春日野などである。山城国では、山城の青柳、みかきが原、水無瀬川、桂の里、加茂の社、広沢池、淀の川辺、加茂の河原などである。そのほか摂津国の住之江、近江国の逢坂の関、田上《たながみ》などであり、大和国の柳が詠まれた地域には広がりが見られる。しかし、畿内《きだい》以外の地域の柳の歌が少ないことは、意外といえよう。

さて、枝垂れ柳の細い枝は、糸にたとえられるのであるが、ここでは柳の歌一四六首中三一首が、それぞれ柳は糸であると詠っている。

青柳の糸はみとりの髪なれや乱れてけつるきさらぎの風　権僧正永勝
玉ひかる糸かとみゆる青柳になびかぬ人はあらじとぞ思ふ　小式部
浅緑佐保の河辺の玉柳釣をたれけん糸かどぞみる　皇太后大夫俊成

はじめの歌のように、青柳の糸は女人の緑の髪だとする歌が六首ある。緑の髪とは別に緑の黒髪ともいわれ、つやのある美しい黒髪のことをいう。緑の黒髪が風に吹かれてみだれにみだれて、ねくたれ髪になったという歌が四首もある。ねくたれ髪とは、寝たためにしどけなく乱れた髪のことで、寝乱れ髪ともいう。

佐保姫の葛城《かつらぎ》山の朝寝髪乱れてなびく青柳の糸　前中納言匡房
谷河の岩根かたしく青柳のうちたれ髪を洗うしら浪　後京極摂政

蹴鞠の懸《かかり》にされる柳

鎌倉時代の説話集で橘成季《なりすえ》が撰した『古今著聞集』（建長六年＝一二五四年成る）巻十九・草木に蹴鞠《けまり》の懸《かかり》に、柳が植えられていたことが記されている。

二品時賢卿《にほんときかた》の綾小路壬生《あやのこうじみぶ》の家に、鞠《まり》のかゝりに柳三本有けり。その内戌亥《いぬい》のすみの木に鳥すをくひ侍《はべり》けるを、いかゞおもひけんその鳥そのすをはこびて、むかひの桃の木につくりてけり。人々あや

蹴鞠の図。この図には描かれていないが、四方にある懸（かかり）の木の一つに柳が植えられていた（『林泉名勝図会』近畿大学中央図書館蔵）

しみあへりけるほどに、一両日を経て関白殿より柳をめされたりけり。二品その時他所にいられたりける程成ければ、御使に向て御教書をつけたりければ、すみやかにむかひて、いづれにてもはからひてほりて参るべきよしいひければ、御使かのてい（亭）にむかひて、その柳のうち二本をほりて参るうち、鳥のすくひたりし木をむねとほりてけり。鳥はこの事をかねてさとりけるにこそ。さてこの木一条殿にうへられたりけるが、二本ながらかれにけり。それに本所に今一本のこりたるも同じくかれにける。おぼつかなき事也。友木かるればかるゝ事にや。ちかく滋野井の柳の一本他所にうつしうへたりけるにも、この定にのこりの木ゆへなくかれたりけるとぞ。

意訳すると、二品《にほん》（律令に定められた親王の位階の二番目の位）の位をもつ北条時賢卿の綾小路壬生の家には蹴鞠《けまり》の懸《かかり》となる柳が三本あり、そのうちの北西の隅の木に鳥が巣をかけていた。どうしたことかその鳥が巣を運び、向かい側の桃の木に移動した。人びとは不思議なことだと怪しみあっていると、三日後に関白殿から柳を所望《しょもう》された。二品の時賢卿はそのとき別のところにおられたので、関白殿からの使いに御教書《みきょうしょ》（三位以上の公卿《くぎょう》の出す文書で、家司《けいし》が奉書の形式をとって下達するもの）をつけた。速やかに家に向かい、どの木でも見計らって掘って帰るように申された。関白の使いはかの亭に向かい、その柳のうちの二本を掘りはじめたが、鳥が巣をかけていた木を本命として掘った。鳥はこのことを前もってさとっていたので、巣を移動したのであろう。そしてこの木は、一条殿に植えられたが、二本とも枯れた。それに元のところに残った一本も同じように枯れた。頼りないことだ。友木（仲間の木）が枯れたので、このようなことになった。ちかごろ、滋野井《しげのい》の柳を一本他所に移し植えたときも、残りの木が理由もなく枯れた、というのがことの一件である。

枝垂れ柳は挿木《さしき》をするとつきやすいが、移植すると結果は悪い。もっとも中位の木や小木ではそんなことはないが、やや大木となると根付きが悪い。これは根系（根の総体をいう学術語）が不完全なことによるものである。したがって、『古今著聞集』の蹴鞠の懸となるほどの大木を植え替えると、枯れるのは当然の結果である。鳥が巣をかける時期は、餌となる昆虫の幼虫が大量に発生する時期に当たっているので、何鳥なのかはわからないが普通に考えれば五月から六月だといえよう。五〜六月は初夏にあたっており、樹木の移植にはもっとも適さない時期である。さらに地中から水分を盛んに吸い上げている時期にあたっており、この時期に掘り起こして、もともと不完全な根を傷めれば枯れるのは当たり前のことである。

樹木を移植する時期は、おおよそ次のようにされている。

針葉樹……二月下旬より四月下旬まで。なかでも三月中旬より四月中旬までを最良とする。ついで、九月より一一月までは植えられる。

常緑広葉樹……三月上旬より四月上旬までと、六月上旬より七月上旬（梅雨の時期）までで、一〇月中は植えられる。

落葉広葉樹……一〇月中旬より一二月下旬までと、三月下旬より四月上旬まで。柳は落葉広葉樹なので、移植はこの時期に行うこととなる。

しかし時賢卿の蹴鞠の場に残った一本の木が枯れたことは、関白の命によって従者たちが二本の柳を掘り取るとき、近くにある残りの柳の根まで損傷していたのではと推察される。

蹴鞠《けまり》は鹿革《しかかわ》で作った鞠《まり》を蹴ってあそぶ、貴人の遊戯である。庭で数人が革沓《かわぐつ》をはき、鞠を懸《かかり》の木の下枝よりも高く蹴り上げることを続け、また受けて地に落とすまいとするものである。

蹴鞠は中国ではじめられた遊戯で、漢代にはすでにおこなわれており、打毬蹴鞠の語がある。隋・唐以後、主として春のものとされ、楼閣までつくられた毬場で行われている。

日本では『日本書紀』巻第二十四の皇極天皇三年春一月一日、中大兄皇子が法興寺の槻の木の下で蹴鞠の催しをされたのが文献にみえる最初である。蹴鞠は七月七日の行事とされたのであるが、本来は不定期性のもので、平安時代よりも、鎌倉時代に至ってもっとも盛大となっていった。

宮廷での公式行事としては、紫宸殿《ししんでん》の南庭を鞠場とし、屋舎を建て、幔幕《まんまく》を引くなどして、それぞれの座を定める。平安時代以降多くの公卿の庭前には、鞠壷《まりのつぼ》、鞠場《まりのば》、鞠庭《まりのにわ》、蹴鞠壷《しゅうきくのつぼ》、蹴鞠場《しゅうきくのば》とよばれ、鞠懸《まりのかかり》または単に懸《かかり》というものがあった。鞠場は七間半（約一三・六五メートル）四方が本式で、懸は四本のものが本儀で、東北隅は桜、東南が柳、西南には楓、西北には松が植えられ、四本懸《しほんがかり》と称した。

『遊庭秘抄《ゆうていひしょう》 上』の懸事《かかりのこと》に、懸に植えられる樹木のことが説明されている。

本儀は柳、桜、松、鶏冠木《かえで》、この四本也。其外梅も常に用之、此木は簷《のき》近く何れの角にても栽《うえる》也。

四本の中には、艮《うしとら》の角よりうへはじむべし。これゆへあることなるべし。若《もし》艮の木、いまだいで来《こ》ずば、あなばかり掘そめて、あらぬすみにても可栽侍《うえはべるべき》也。柳は巽《たつみ》、かえでは坤《ひつじさる》也。此のすみずみにかの木どもをうふる事本式也。

『遊庭秘鈔』（南北朝時代の三条為定著）では懸として植えられる樹木は柳、桜、松、楓の四種だとし、それぞれ植える方角が定められているが、これとは異なった方法もなされている。『了俊大草紙』（鎌倉時代後期の、今川貞世著）には、柳は艮《うしとら》の方角に植えるとし、その理由を人の屋形は南向きを本とするため、艮の方角つまり丑《うし》と寅《とら》の間のことで北東の方角は陽の始まりであることによると、説明している。

蹴鞠の初心者は室内で十分に練習したのちに、さらに庭で練習する。この練習のばあいには懸のないことが多い。正式の競技場は、懸のある貴人の邸宅や寺院境内などで行われた。懸は自然木で、一本、三本、四本、五本、六本、八本、稀に一〇本以上のものもあった。簡略にするときは自然木のかわりに切立《きりたて》を用いることもあった。なお切立とは、樹木を適当な長さに切って庭に立てることをいい、蹴鞠の懸の木ともされた。

蹴鞠場では周囲には鞠垣を立て、庭面には箒目《ほうきめ》を入れて、波の寄せる模様を描いた。こうして定型化したのは、鎌倉時代のごく初期の後鳥羽院以降のことだという。蹴鞠が盛んになるにつれ、飛鳥井《あすかい》家、難《なん》波《ば》家のふたつの家が師範とされた。

家にありたき風情ある柳

鎌倉時代の代表的な随筆集である『徒然草』は、兼好法師が出家前の延慶三年（一三一〇）から元弘元年（一三三一）にかけて断続的に書かれたとされており、名文の誉高く『枕草子』とともにわが国随筆文学の双璧をなしている。内容は種々の思索的な随想や見聞など二四三段よりなっており、その第百三十九段に「家にありたき木」を記している。

家にありたき木は、松・桜。松は、五葉もよし。花は、一重なる、よし。八重桜は、奈良の都のみありけるを、この比《ころ》ぞ、世に多く成り侍《はんべ》なる。（中略）柳、またをかし。（以下略）

兼好法師は屋敷内に植える木は松・桜・梅・柳・橘・桂の六種だと限定し、どの樹木であっても木は年を経た古木で大きなものがよいとしている。ただ、六種のうちでも注文があり、松では五葉松もよろしいとしている。そして花の咲く種類では一重のものがよく、八重桜は大変あくどくひねくれており、梅も一重のものであっても早咲きがよい、という。柳もまた家に植えられていると風情がある木だ、と兼好法師は記す。

兼好法師はわが家にほしい木を記しているだけで、どのように植えればよいかについては触れていない。庭にどのような配置で樹木を植えたり、あるいはどのように石組みすればいいのか、あるいは水路の作り方などの寝殿造りの建築に付随する庭園のつくり方を説いた書物に『作庭記《さくていき》』がある。この書物は、わが国最初の造庭の秘伝書で、平安時代中期に橘俊綱（一〇二八〜九四）によって書かれたとされている。寝殿造りは平安時代の貴族住宅の形式で、中央に南面して寝殿を建て、その左右背後に対屋《たいのや》を設け、寝殿の南庭を隔てて池をつくり中島を築いた。

庭園に植えられた柳。四神相応の住まいとするときは家の東に柳を９本植える。

住宅建築様式は、室町末期から和風住宅として現在まで影響をおよぼしている書院造りがおこり、江戸時代初期に完成している。建築様式が書院造りとなっても、庭作りの基本はやはりこの『作庭記』に依拠しているところが大きい。

庭作りの要旨は、地形により池の様子にしたがい自然の山水を考えること、先輩名匠の作品を模範とすること、諸国の名所を学ぶことの三点をあげている。『作庭記』の主要な部は総説、池、滝、遣水《やりみず》、口伝《くでん》、樹事《きのこと》、泉《いずみのこと》事の七部であるが、樹事はきわめて軽く取り扱われている。家宅の相《そう》のことは陰陽《おんよう》五行説より出たもので、中国では古くから行われていたものをほぼそのまま紹介したもののようである。

一　樹事

人の居所の四方に木を植えて、四神具足《しじんぐそく》の地と為すべき事

経云、家より東に流水あるを青竜《せいりゅう》とす。若《もし》その流水なければ、柳九本を植えて青竜の代とす。西に大道あるを白虎《びゃっこ》とす。若其《もしその》大道なければ、楸《ひさぎ》七本を植えて白虎の代とす。南前に池あるを朱雀《すざく》とす。若其池なければ、桂《かつら》九本を植えて朱雀の代とす。北後に丘あるを玄武《げんぶ》とす。若其丘なければ、檜《ひのき》三本植えて玄武の代とす。かくの如くして、四神相応の地となして居ぬれば、官位福禄具はりて、無病長寿なりと云へり。

人の住まいには、その四方に木を植えて、四神つまり四方の神がそろった土地としなさい。すなわち東は青竜、西は白虎、南は朱雀、北は玄武の神を配した土地とすることである。経がいうところによれば、家の東側に流水があるのを青竜とし、もしその流水がなければ柳九本を植えて青竜の代わりとする。この柳は枝垂れ柳のことである。西側に大道があるのを白虎とし、もしなければ楸《ひさぎ》を七本植えて白虎の代わりとする。楸は漢名で、わが国でいうキササゲ（木豇）のことである。キササゲは中国南部原産のノウゼ

ンカズラ科の落葉高木で、果実は細長い莢《さや》となりササゲに似て垂れ下がる。腎臓疾患の利尿薬とする。南前《みなみまえ》に池のあるのを朱雀とする。もし池がなければ桂を九本植えて朱雀の代わりとする。この桂とはクスノキ科のニッケイ（肉桂）のことである。ニッケイはインドシナ原産の常緑高木で、香辛料植物である。ニッケイが生木として日本に渡来してきたのは、江戸時代であり、この項は中国の説をそのまま紹介したものであろうと云われる。北の後ろに丘があるのを玄武とし、もしなければ檜《ひのき》を三本植えて玄武の代わりとする。檜は日本特産の樹木のヒノキとすれば、中国には産しない樹木である。中国の古い時代にヒノキが渡っていないので、無理である。檜《かい》は中国ではビャクシン（柏槙）のことをいう。ビャクシンはヒノキ科の常緑高木の一種で、中国、朝鮮半島、日本に自生している。

つまり川や池などの自然物や大道がないときには、東側には枝垂れ柳を、南側には肉桂《にっけい》を、西側には楸《きささげ》（木豇）を、北側には柏槙《びゃくしん》という中国に産する樹木を代わりに植えなさいというのである。

このようにして、四神相応《しじんそうおう》（四神に相応した最も貴い地相）の土地となり、そこに居住すれば官位（官職の等級）と福禄《ふくろく》（幸と土地と金銭）が備わって、病を患うことがなく、そのうえ長生きすることができるという。

然るべき人の門前の柳

四神相応の地をつくる上で、東側に枝垂れ柳を九本植えることがまず真っ先にきている。東の神である青竜《せいりゅう》は青柳に通じており、さらには青は五行説では春にたとえられた。さらに方角を四季に配すると、東は春に当たる。枝垂れ柳は春の花であるところから、東側に植えられることは当然のことといえよう。また東の流水がないときに枝垂れ柳を植えることは、柳は水辺の樹木であるところから、水に因んだものからきていると考えられる。

そうして四神相応の地ができたのちのことについて『作庭記』は、つぎのようにいう。

> 樹は青竜、白虎、朱雀、玄武の他は、何《いず》れの木を何れの方に植えむとも、心に任すべし。但古人云、東には花の木を植え、西には紅葉の木を植うべし。若《も》し池あらば、島には松柳、釣殿の辺には、楓《かえで》やうの夏木立涼しげならむ木を植うるべし。槐《えんじゅ》は門の辺に植うべし。大臣の門に槐を植えて、槐門《かいもん》と名づくこと、大臣は人を懐《おも》うて、帝王に仕《つか》うまつらしむべき司《つかさ》とか。門前に柳を植うること由緒侍《ゆいしょはべる》か。但門柳《もんりゅう》は然《しか》るべき人、若《もしく》は時の権門《けんもん》に植うべきとか。これを制止することはなけれども、非人の家に門柳を植うる事は、見苦しき事と承侍《うけはべり》し。

樹木の植え方は、青竜（東）、白虎（西）、朱雀（南）、玄武（北）以外のところであれば、どんな木をどんな方位のところに植えても、その家の人の気持ちに一任する。ただし古い人は、東側には花の咲く木を、西側には紅葉のきれいな木を植えなさいという。花が咲くのは春の季節で、また東は春の季節に当たるからで、西は秋の季節にあたる方角から紅葉となる木を植えよとしている。理屈ずくめである。

もし池があれば中島には、松と枝垂れ柳を植え、釣殿のそばには楓や夏には木立の涼しさを感じさせる木を植えなさい。槐《えんじゅ》は門のあたりに植えるべきである。槐はマメ科の落葉広葉樹の高木となる中国原産の樹木で、夏に黄白色の蝶形花をつけ、大木に成長する。

大臣の門に槐を植えて槐門《かいもん》と名付けるのは、大臣は人をなづけて帝王に奉仕させるべき役目の職だからである。別に槐門とは大臣のことをいう。中国の周（中国の古代王朝の一つ、前一一〇〇年頃〜前二五六年）の時代には王が国政をおくところに槐を植え、太政大臣、左大臣、右大臣はそれに対応して座をきめる制度があったところからきたもので、大臣の家を槐門とよぶようになった。

門前に枝垂れ柳を植えることは、由緒《ゆいしょ》のあることなのであろう。ただし、門柳は然るべき人か、または時の権門《けんもん》に植えるべきであるという。柳を植えることを禁止することはないけれども、庶民の家に植えるのは見苦しいことだと聞いたことがあるとする。引用文の中の非人とは僧、乞食《こつじき》等をさしているが、ここでは前の権門に対しての言葉であり、庶民をさしている意であろう。

日本庭園の伝統をつくる禅寺の柳

室町時代につくられた庭園にも柳は植えられていたのであるが、外山英策著『室町時代庭園史』（思文閣、一九七三年復刻）を参考にして紹介する。

室町幕府をひらいた足利尊氏《あしかがたかうじ》は、京における居館では大いに園林を営み、蓬莱《ほうらい》・瀛州《えいしゅう》の仙境をつくりだし、時に船を池にうかべて、人びとと共に楽しみを分かちあったとされる。蓬莱は中国の三神山の一つとされる。中国の伝説では、東海中にあって仙人が住み、不老不死の地とされる霊山である。瀛州も中国の三神山の一つであり、東海にあって神仙が住むと仮想された島である。

東福寺の虎関師錬の「源将軍池亭」（『済北集』）と題された詩には「営《えい》を繞《めぐる》青柳《あおやぎ》青池に映る」との句があり、園林を営んでいるところに巡るように植えられた青柳の美しい姿が、青く池に映っているというのである。かなりの柳が植えられていたことがわかる。その居館の柳について『蔭涼軒日録《おんりょうけんにちろく》』（相国寺鹿苑院内の蔭涼軒主の公式日記、一四三五〜六六年および一四八四〜九三年の記録）の長享二年（一四八八）の条《くだり》には柳原として記されている。

同時代の庭園に枝垂れ柳が植えられていたところに、京都西郊の西芳寺がある。夢想国師居住の寺で、当時第一の名園として、銀閣寺を造営した足利義政に模倣され、後世に大きな影響を与えた庭園である。
夢想国師は仏殿に阿弥陀三尊を安置し、西方来迎の文字から二字をとり西来堂《さいらいどう》と名付けていた。そして仏殿西来堂の南に一つの閣を建て、閣上に水晶の宝塔を安置して無縫塔《むほうとう》と名付けて中に如来の舎利《しゃり》一万顆（粒）を貯え、また閣の下を瑠璃殿《るりでん》といった。義堂周信の『空華集』の「次韻西芳の精舎黙菴に至るを喜ぶ」という漢詩に、瑠璃殿の前の柳を詠んでいる。

　却って一朶《いちだ》の優曇《うどんげ》の瑞《ずい》とせんとす、
　無影樹頭《むけいじゅとう》重く花著し。

はじめの句の優曇《うどんげ》は優曇華のことで、祥瑞《しょうずい》（めでたい前兆）の意を現している。ウドンゲはクワ科イチジク属の落葉樹で、ヒマラヤ山麓、ミャンマー、スリランカ等に産する。花はイチジクに似て壺状の凹入した花軸の中にあって外部からは見えない。果実は食用とされる。仏教では三〇〇〇年に一度花を開き、その花の開くときには金輪王が出現するといい、また如来が世に出現すると伝える。
終わりの句の無影樹《むけいじゅ》というものが柳のことで、夢想国師の命名によるものである。八代将軍足利義政（在職一四四九～七三年）が西芳寺を模して東山殿（現銀閣寺）を造営する際に、蔭涼軒主を召して由来をたずねた記事である。『蔭涼軒日録《おんりょうけんにちろく》』の長享二年二月一二日の条に、無影樹は柳なりとある。漢文なので意訳する。

　堀（堀川殿）云う。相公いわく。愚参（わたしに）尋《たず》ねられるものは、西芳寺の瑠璃殿と舎利殿の前にある無影樹で、これは柳なり。どんな機縁があるか。愚（蔭涼軒主）云う、無影樹下の合同船というは、必ず樹に非《あら》ず。禅の話者は皆この如きものなり。

そして同年同月一五日の条に、さらに詳しく云っている。

瑠璃殿の前に柳を植えること、瑠璃殿と舎利殿に因《ちな》んでの事か、また無影樹のことか、のお尋ねあり。愚（蔭凉軒主）云う、瑠璃殿や舎利殿に即さずのこと、無影樹というは禅家は無の字を以ていうことが多い。真実の樹を云うことに非ず云々。

まことに禅家のいうことは難しい。

三代将軍足利義満（在職一三六八〜九四年）が造営した鹿苑寺《ろくおんじ》（のちの通称を金閣寺という）は、西園寺（藤原）公経《きんつね》の造営した北山殿（北山第ともいう）を譲り受けたものであることはよく知られている。北山殿は名苑勝地として知られ、伏見、後伏見、後二条、花園、後醍醐天皇などが春の花、秋の月、冬の雪を見るため、たびたび行幸された。後光厳天皇が貞治元年（一三六二）三月一三日近江国東坂本から北山第へ還幸されたとき、北山第の荒れ果てた姿を『太平記』巻三十七は次のように記している。

三月十三日に、西園寺の旧宅へ還幸なる。是は后妃遊宴の砌《みぎり》、先皇臨幸の地なれば、楼閣玉を鏤《ちりば》めて、客殿雲に聳《そび》えたり。丹あお尽せる妙音堂、瑠璃《るり》を展《のべ》たる法水院、年々に皆荒れはてゝ、見しにも非《あら》ずなりぬれば、雨に疑ふ岩下の松、絲《いと》を乱せる門前の柳、五柳先生（晋の陶淵明）が旧跡、七松居士（唐の鄭薫《ていきん》）が幽栖《ゆうせい》もかくやと覚えて物さびたり。

絢爛《けんらん》としていた建造物は、建築されて以降年々手入れもゆきとどかなくなって荒れ果てて、見る影もない。雨音のような響をとどろかせる松籟《しょうらい》、長く細い枝を垂らせた柳は手入れもなく乱れたままで、あたかも陶淵明の旧跡のようである。唐の鄭薫が隠れ住んだというすみかもこのようなものであるのかと、物みながが寂れはてているというのである。この荒れ果てた北山第を義満は譲り受け、鹿苑寺を建立したのであるが、門前に柳を植えたかどうかは詳らかでない。

禅僧への公案と柳

室町の将軍たちが建立した寺の宗派のほとんどは禅宗なので、禅宗と柳との関わりを少しみておこう。

鎌倉時代にいたり仏教の一つの宗派である禅宗が、栄西《えいさい》（ようさいともいう）によって仁安三年（一一六八）に伝られた。栄西の伝えたのは禅宗のなかでも、臨済《りんざい》宗という派で、京都に道場として建仁寺を建立した。またまた道元が貞応二年（一二二三）に曹洞《そうとう》宗を伝え、承応三年（一六五四）には隠元が渡来して黄檗《おうばく》宗を開いた。

禅とは心を安定・統一させることにより宗教的叡知に達しようとする修行法のことをいい、この修行法を取り入れている仏教の宗派を禅宗という。心を安定・統一させる方法として、静かに座り沈思・黙然して無心の境にはいる方法を座禅という。仏道を学ぶ道に参加し修行する者を学人《がくにん》といい、学人が座禅するにあたっては、古則公案《こそくこうあん》という課題を示して、工夫させる方法があり、公案修行という。主として禅宗の一派である臨済宗で行われている。

公案修行をする際には、物の見方あるいは物の本質を見極める力を言葉とする著語《じゃくご》、下語《あぎょ》という作業が課されており、そのときに用いる禅門内外の典籍から広く集めた禅語のアンソロジーともいうべき『禅林句集』がある。この『禅林句集』は室町時代からつぎつぎと編まれ、心の指針を与えてくれる金句集として、禅僧では禅語に習熟するための手引きとして広く読まれてきた。

足立大進編『禅林句集』（岩波文庫、二〇〇九年）には約三四〇〇もの禅語が収められている。そこから柳に関する語にはどのようなものがあるかをみた。ついでに柳の収録数と比較するため、花や樹木などについても拾ってみた。

梅三三件、松三一件、柳二〇件、竹一八件、桃一四件、李五件、芙蓉五件、梨四件。このほかに、二件

のもの　牡丹、杏、菊、海棠の花、芭蕉、一件のもの　桜、夾竹桃、桂花、楓林、薔薇

最多は早春に他の樹木に先駆けて花を開く梅であり、つづいて一年中緑の葉を保っている常盤の松であり、第三位が柳となった。柳が読み込まれている句のいくつかを抜き出す。句の下のカッコ書きは、その出典である。

柳は緑花は紅。（五祖）
渓《たに》を遶《めぐ》る今歳《こんさい》の柳、竹に添う去年の梅。（出典不詳）
柳色《りゅうしょく》　黄金《おうごん》懶《ものう》く、梨花《りか》白雪《はくせつ》香《かんば》し。（眼目）
満街《まんがい》の楊柳《ようりゅう》緑糸《りょくし》の煙《けむり》、画《えが》き出す長安二月《じげつ》の天（大灯）
草色《そうしょく》　青々《せいせい》として柳色《りゅうしょく》　黄なり、桃花《とうか》歴乱《れきらん》として李花《りか》香《かんば》し。（唐詩）

最初の句の「柳は緑花は紅」は中国の言葉であり、花とは桃花をさしている。この言葉の出典は宋の詩人蘇東坡《そとうば》の「柳は緑、花は紅、真面目」の句であるとされているが、その詩の所在は不明とされている。

この意は、柳は緑である、桃の花は紅である、これが本当の姿であるとされている。

中国で花と云えばむかしから「桃」あるいは「桃李《とうり》」と決まっていた。桃の花のいわゆる桃色の色彩の美しさと、真っ白な李の花の清楚な美しさからきたものであろう。中国の人たちは、この桃花の紅色と、柳の目も覚めるような緑色とが、互いに反映しあって形作る春の景色こそ、一番美しいとして、それを端的に表現したのである。

　水上静夫は『花は紅・柳は緑　植物と中国文化一』（八坂書房、一九八三年）のなかで、「いったい、現在でも桃郷などへ四月中旬ごろ行くと、あたり四面から空の上まですべてピンク色に染まり、それはまあまことにみごとな色映えである。しかも、それはきわめて明るい色調である。この桃色と柳の深青との絡

みあいこそ、まことに見事な調和であり、そのコントラストからきたものであろう」と中国の様子を紹介している。

そして水上は同書に蘇東坡の句の原点となるであろう漢詩を紹介しているので、その中の二つの詩を紹介する。最初のものは『古詩源』にみえる東晋《とうしん》の謝尚《しゃしょう》の「大道の曲」のはじめの二句である。

青陽二三月

柳青くして桃復紅《またくれない》なり

青春と云われるように春の、ものみなが青く陽気がただよう二月、三月ごろ、芽吹いた柳の色は青くまた桃の花の色は紅に照り映えている、というのが詩の意であろう。

次は盛唐時代の詩人王維《おうい》の「田園の楽しみ　七首」(その六)のはじめの二句である。

桃は紅《くれない》にして復《ま》た宿《しゅくう》雨を含み

柳は緑《みどり》にして更《さら》に春《しゅんえん》煙を帯《お》ぶ

詩句の意は、桃の花は前夜からの雨を含んで濡れ、柳の緑は色を濃くし、さらに春がすみを帯び、春のゆったりとした気配に包まれている、というのであろう。

二つの詩とも、春の自然の美しさを、桃の花と柳という二つの色合いを対比させてみごとに表現している。桃と柳の対比だけで、中国の人たちは陽春の美しい景色を思い描くことができるほど、実風景をともなった心象風景となっていたのであろう。

禅僧悟達の表現「柳は緑花は紅」

「柳は緑花は紅」は日本では故事成語として用いられ、その使われる意味は、『広辞苑』では①自然のま

緑の柳と紅の桃とは、禅の真意を端的に表すことばとしてよく用いられる。

まで、すこしも人工が加わっていないこと。禅宗で、悟りを開いた境地をいい表す語、②春の美しい景色の形容、③種々さまざまに異なっているさま、としている。『日本国語大辞典』では、①柳は緑色をなし、花は紅に咲くように、自然そのままであること。また、ものにはそれぞれの自然の理がそなわっていること。②春の美しい景色を形容するのにいう。③さまざまなものが異なっているありさまのたとえにいう。とし、『広辞苑』とほぼ同様な解釈であるが、こちらでは禅宗の悟りについては触れられていない。

『角川古語大辞典』では、「禅の真意を端的に表す語句として、宋代の僧の語録にしばしば見られる。『花は紅柳は緑』ともいう」としてまず禅の語録であることを記す。そして解釈のひとつとして、「あらゆる存在はいろも形もみな異なるが、そのような差別をもったありのままの姿がそのまま実相であり、差別を超えた絶対不変の真理を表している」という。

「柳は緑花は紅」の語は、後世の世人にもよく知られていたようで、戦国時代の笑い話を集めた安楽庵策伝の『醒睡笑』（寛永五年＝一六二八年成る）には、京の町で見事な枝垂れ柳を売り歩いていた者がいたが、ある男が「柳は緑（見取り）」といって、奪った。柳売りはすぐに反応して「花（鼻）は紅」と棒で男の鼻を殴りつけて、紅い鼻血をださせたという話が記されている。

「柳は緑」を「柳は見取り」と解釈して物をただで持ち去る話が、江戸時代中期に奉行職を歴任した旗本の根岸鎮衛《やすもり》が世間話を書き留めた『耳嚢《みみぶくろ》』（文化一一年＝一八一四年成る）の巻之一の冒頭「禅気狂歌の事」に記されている。

芝の辺に柳屋何某《なにがし》といへる打物《うちもの》商ひをせる者ありしが、禅学を好み家業の間には専ら修行し侍《はべ》るよし。或日扁参《へんざん》の禅僧柳屋が廓《みせ》に来て、店に並べありし打物をあれ是《これ》見て、一つの毛貫《けぬき》を手に取りて、「此《この》毛貫は喰《く》ふべきや」と尋《たず》ねければ、柳屋憤《いきどお》りけるにや、亦《また》は禅僧とみて兼《かね》て嗜《たしな》む禅気にや、答へて、「其《その》毛貫本来空《ほんらいくう》」とありければ、流石《さすが》に禅僧の言下《げんか》に、

空《くう》ならばたゞくれなゐのはな毛ぬき柳が見世は見取《みどり》なりとも

一首の狂歌を詠《えい》じ、右毛貫を持《もち》立去りしとなむ。

江戸は芝の辺り（現在の東京都港区芝）で、鍛冶屋で打ち鍛えて作った刃物類を商う柳屋という店があった。店の主人は禅の学問を好み、商売のかたわら、常に修行に励んでいた。あるとき諸国の禅の高僧を尋ねて教えを受けてまわる禅の旅の修行僧が柳屋の店にきて、並べてある打物のあれこれを見たのち、毛抜きを一つとって「この毛抜きは喰うか」と尋ねた。毛抜きが喰うとは、毛などをしっかりと挟《はさ》むことである。

柳屋の主人、その言葉に憤《いきどお》ったのか、あるいは客が禅僧であったためか、かねて嗜んでいた禅気が発したのか、「その毛抜き本来空」と答えた。本来空とは、仏教では万物はもともと空であることを表現した言葉であるが、ここでは毛抜きはもとよりよく喰う（よく挟む）を掛けている。

この答えを聞いた禅僧は、ただちに狂歌を詠った。その狂歌は「空《くう》（喰う）ならば、ただくれない（只《ただ》（無償）で呉れる）の鼻毛抜き、柳の店は見取り（緑）なりとも」である。狂歌は句の全部が掛けことばになっていた。「ただくれないの鼻毛抜き」には、「柳は緑花は紅」の紅の花がかかっていた。

旅の禅僧が毛抜きを持ち去った理由の歌は、「喰うのなら、只でくれる鼻毛抜き、柳屋の店は好みの物を見取りなのだ」ということであろう。このように「柳は緑花は紅」は応用されたのである。日本人の言葉遊びの、なんと面白いことか。

乱れ揉まれる『閑吟集』の柳

風に吹き乱れる柳。『閑吟集』は風に乱れる柳で心の乱れを表現している。

後白河法皇の今様集『梁塵秘抄』から約三五〇年後の、室町時代も末期の永正一五年（一五一八）八月に、富士山を遠く望む地で草庵生活を十有余年送った僧形の世捨て人が、風雅な宴席に交遊したむかしを回顧しながら、青春時代からの諸歌謡を収録したものに『閑吟集』がある。ここに収録した歌は、それ以前から詠われてきたもので、本集の成立より五〇年から一〇〇年前から謡われたものもふくまれていると考えられている。

浅野建二校注『新訂　閑吟集』（岩波文庫、一九八九年）から、柳の歌を紹介しよう。収録歌数三一一首のうちに柳が詠まれた歌は七首である。

内容は「柳の糸の乱れ心」「糸柳の思い乱れ」「乱るるものは青柳」

とその内の三首が、風に吹かれで乱れなびく細い枝垂れ柳の枝で心の乱れを表している。また「柳絮《りょうじょ》は風にもまれる」「川柳は水に揉まれる」と乱れることを揉まれるとの表現もある。さらには美人の眉にたとえたものもある。もう一つは、現物の柳を示した歌もある。「揉まるるづくし」の二つ歌の中の柳をみてみよう。

梅花《ばいか》は雨に　柳絮《りゅうじょ》は風に
世はただ嘘《うそ》に揉《も》まるる　（一〇）

「雨に」「風に」の下の「揉まるる」が省略された歌である。柳絮《りょうじょ》は、綿毛の種子が風に吹かれて飛び散っていくものである。前半は杜甫の漫狂詩の「顛狂《てんきょう》の柳絮《りゅうじょ》は風に随《した》がって舞い、軽薄の桃花は水を逐《お》いて流る」などによったものだろうと、前にふれた本の校注のなかで浅野建二はいう。世間というものは、あれやこれやの嘘に揉まれどうしてであるが、それを巧みに春の植物現象にたとえて写し出している。

もう一つの揉まれる尽くしでは、京の名所尽くしの前半から、「臨川堰《りんせんぜき》の川波　川柳は水に揉まるる　張《ふく》ら雀《すずめ》は竹に揉まるる　都の牛は車に揉まるる　野辺の薄《すすき》は風に揉まるる　茶臼《ちゃうす》は挽木《ひきぎ》に揉まるる（以下略）」とつづくのである。川辺に生育している川柳は、川の流れで揉まれ揺さぶられていることを最初にもってきて、雀、牛、薄、茶臼と、しだいに人の使うものへと揉まれる物が変っていくのである。

柳の陰《かげ》でお待ちあれ　人問はばなう
楊枝木《ようじぎ》切ると仰《おしゃ》れ　（四二）

この歌は、逢い引きの約束をした女が、彼氏にささやいた言葉で、「あの柳の陰で待っててくださいね。誰を待ってるのか問われたら、楊枝《ようじ》にするために枝を切るところですと、おっしゃってね」という意味である。つくねんと男が一人、柳の傍らに立っていると、不審がる人がいる。誰かと待ち合わせですかと、必ず問うだろう。そのときには、歯磨きに使う総《ふさ》（房）楊枝《ようじ》に手頃なものはないかと、物色していると答えてくださいと、弁解の仕方を教えるところに滑稽味をおぼえる歌である。こんな女の人は結構多い。

総《ふさ》楊枝は房楊枝とも書かれ、端っこの部分を砕いて房《ふさ》（総）のようにした楊枝で、歯を掃除するための道具で、柳や黒文字《くろもじ》で作られた。房楊枝はまたお歯黒《はぐろ》をつけるときにも用いた。お歯黒は、室町時代には女子九歳のとき成人した印として付けた。江戸時代には結婚した女性は、すべてこれをつけた。この歌の女性は、彼氏がつかう歯磨き用のものか、それともお歯黒をつける道具用とするためのものなのか、どちらを想像して楊枝木を切るという弁解のしかたを教えたのだろうか。それによって女性の性格がわかるような気がする。

正月七日は柳を立てる

最も日本的な日本文化であると世界的に高く評価されている文化に、書院造り、禅宗様庭園、水墨画、能楽、茶の湯、それに生け花がある。これらが芸術として成立したのは、室町時代（の内の東山時代）である。

生け花とは、草木の枝・葉・花などを切り取って、水を入れた花器に挿し、席上の飾りとすることである。または挿したものもいい、挿花ともいわれる。江戸時代中期に成立した華道の様式の一つに生花《せいか》がある。この様式では、天地人を象徴する三本の役枝を用いて花の姿をととのえるのを特徴としている。立て花は、花瓶に花を挿し立て仏前などに飾ることをいう。室町時代中期の華道初期の写実的な様式のことを立て花といい、立花《りっか》、砂の物、胴束の三つの形式がある。

立花《りっか》は、花木樹葉を華美に挿し立て、形をととのえて飾ることであるが、七つ道具（役枝）を用いて構成する華道の一つの様式のことである。この様式は桃山時代末期から江戸時代初期に池坊千好（初代・二代）が立花《たてはな》から発展させて大成したもので、針金などを用いて枝の形をさまざまに矯《た》めととのえ、花瓶に立てて鑑賞するものである。

東山時代の生け花の重要資料に『仙伝抄』（『仙伝書』ともいう）と、『専応口伝』がある。生け花には、立て花が節句、元服、出陣、移徙《わたまし》（転居のこと）、結婚、出家得度、仏事などの特別の行事とむすびつき、しかもそれらの行事の目的や性格などに応じて、さまざまな禁忌（タブー）があった。生け花には「たてる・いれる・いける」という三つの方法がある。

『仙伝書』にかかわる柳の立場を紹介する。

「五節句の花の事」の項では、「正月一日は松、七日は柳、下草のハ七種、真七色、いずれも心得あるべし」となっており、正月七日には柳が立てられる。口伝の「早梅をしんに立べき様」の項では、「梅を真にたてば、松柳《まつやなぎ》などそへ物によろしかるべし」と、早咲きの梅を真ん中の真とするときは、添えものに松や柳を用いるのがよろしいと、されている。

また「平生は立つといへども、祝言には忌むもの」として、「しをん、さるとりいばら、いちご、ついばら、いとすすき、いたどり、ばせを、いものはな、ききょう、をみなえし、はぎ、つばき、つつじ、河原なでしこ、うつぼ草、しのぶ、ふぢばかま、ほうずき、いぬ桜、ひの木、かえで、かきの木、庭とこ、いぬたで、あし、法せん花、しょうび、柳」（一部省略）など三八種が掲げられ、柳も祝言の際には立てられないものの一つとしてあげられている。

そして「柳を真にたつる事」の項では、「七月にかぎり、そへものには春夏秋もたつる。冬ハたてず。しゅうげんにてなくは、春も真に立べし」とある。柳を真に立てるのは七月に限るとしているが、祝言でなければ春の時節には真としてもよいという。真でなくて添え物とするときは、葉っぱのついている春・夏・秋に立てるが、葉っぱの落ちた冬には用いないとする。なお、しん（心・真）とは花の中央に立てるもので、この真（心）以外の枝葉や花は副《そ》え・下草にすぎず、それらはあくまでも真（心）を引き立たせる従属物であり、真の美を割引きしたり損なったりしてはならないものであった。

『仙伝書』には、「しんを仏と用ひ、次に枝を神と用ひ、下草を人間と用ゆる也」とあり、天地人の層序を全体の造形の基本原則に据えている。そして「しんをいかにも直ぐに立て、四季の枝をそへて、下草を四方になびかせて」全体としての安定と調和を図るべきだとされている。

茶席の花としての柳について松尾宗倫は「柳―茶花の材として」（主婦の共社編・発行『花材別 いけばな芸術全集12 柳・南天・葉蘭』一九七四年）のなかで、柳は昔から茶花に使われているという。そして、年の瀬から新しい年を迎えるときの茶席での祝儀として用いられる結び柳について次のようにいう。

今日では、いわゆる柳かけ（床や点前座の畳のいちばん奥のところの柱にかける）にいけて、正月の祝儀として使う結び柳（たがね柳、綰柳《わがね》）として使われることが多くなってきている。

この結び柳というのは、柳を束ねて、一つ輪に結んで長く垂らしたもので、張《ちょう》喬《きょう》の故事によると伝られている。

もともとは、行って帰ってくるように、と輪を結んだ送別の意味があり、古くは送別の茶会で行われたといわれる。

「張《ちょう》喬《きょう》の故事」とは、唐の詩人張喬の詩「維楊の故人に寄す」に、「離別河辺に柳条を結ぶ、仙山万水玉人遥かなり」とあり、人と別れる時に送る者と送られる者が、二人とも柳を枝をもって結び合せて別れる習慣をいう。柳の枝を結ぶとは、曲げて輪にすることで、輪のようにぐるりと回って元のところに帰るように、旅の平安を祈ったものである。

わが国では、千利久が送別の花として鶴一声胡銅鶴首花瓶《かくいっせいこどうつるくびかへい》に柳を結んだのが、茶席に柳を用いた最初といわれる。この結び柳が正月に用いられるようになったのは、正月が新年の「旅立ち」の日とされるからである。床柱《とこばしら》に掛けた花筒から柳を緩やかに垂らして、床の間の空間を限りなく大きくつかう演出は古田織部によるものだとされている。

そして茶の方では、正月以外には柳はあまり使わない。芽出しの美しさを愛でて入れることはあるが、茶席の花には咲いた花を選びたいという。

柳と桃花をいけた春景色

『仙伝書』に収められた「立川流」の柳を紹介すると、「五節句の花の事」の項は「三月三日中ぞんのしんに柳をたつる。桃の花をそゆるなり。一色《いっしき》にてもくるしからず」とある。三月三日は上巳《じょうし》の節句であり、桃の花の咲く季節から桃の節句ともいわれる。その節句の日には、「中ぞん」つまり中尊《ちゅうそん》(三尊・多数尊の中央の一尊のこと。中台の尊ともいう)から、たて花の中央にくる真のことである。真に緑の柳をたて、紅の桃の花をそえるのである。「柳は緑、花は紅」という春景色が、そこに出現することになる。そして桃の節句の立ち花は、柳だけを立ててもよいというのである。『専応口伝書』の柳は『仙伝書』とはすこし異なった部分があるので紹介する。

　十二月に可用也《もちうべきなり》
正月　松。梅。
二月　柳。椿。

三月　桃。杜若《かきつばた》。（以下略）

五節句に用べき事

元三　梅。水仙花。金盞花。

上巳　桃。柳。欵冬《やまぶき》。（以下略）

一年一二か月のそれぞれの月に用いるべき花がここでは決められており、柳は二月の芽立ちしたばかりのものを用いるとされている。五節句のうちのいわゆる桃の節句のときは、桃花と、柳、山吹をもちいることとされている。

そして「専《もっぱら》祝言に用うべき事」として、松、竹、椿、柳、海棠《かいどう》、石竹、鶏頭花、岩躑躅《いわつつじ》、葱花《ねぎのはな》、桔梗《ききょう》、菊、桃、石榴《ざくろ》、仙翁花《せんのうか》、牡丹《ぼたん》、芙蓉《ふよう》、百合《ゆり》、水仙花、常盤木など二九種をあげ、「此等《これら》用べき也」とする。

自然のまま生育している草木を瓶《かめ》などに「たてる」生け花が全盛をきわめたのは、室町時代も終わりの明応・永正・大永・享禄・天文年間（一四九二〜一五五三）である。「たて花」はのち「立花」と記され「りっか」と呼び変えられた。

いけばなは、「いれる」という所作から「なげいれ」という生け方がうまれた。「なげいれ」は、享保二年（一七一七）刊行の『花道全書』では「山野沢地の花の出生をそのままのなりでなげいるる」ことを本意としている。そして二度も三度も同じ花材をいけなおすことは悪いことだとしている。

さらに「いける」ということから、「いけはな」が生まれた。「いける」の本来の義は、切りとったわずかな草木を、いきいきと自然のままに花器にいかすということである。「いれ花」は、立花よりも形は小さく、清閑にみえ、単純な一定の法則でいけるので、だれがいけても格調高く仕上がった。この「いけ花」は、江戸時代中期以降ひじょうな勢いで流行し、さまざまに流儀をうみだした。

いけばなの古典での柳は、垂れてたなびく柳と、競う柳の二つに分類されている。これについて岡田幸三は「伝承された花材の扱いと技法」（主婦の共社編・発行『花材別　いけばな芸術全集12　柳・南天・葉蘭』一九七四年）の中でつぎのようにいう。

〈仙伝抄〉や〈花伝書ぬきかき条々〉などの諸本に見える「柳を真にたつる」、「春は柳」の花材は垂柳《しだれやなぎ》を示す。しかし〈宗清花伝書〉の「忌中の花　柳ばかり」を立てるその柳は、競う柳（川柳）に見る風情である。

つまり垂れて靡く柳である枝垂れ柳と、枝が上へ上へと競ってのびる柳である川柳の両方とも、いけばなの花材としてむかしから用いられてきたのである。

第四章　伝承される柳の話と歌

『本朝文粋』は柳が松に変わるという

枝垂れ柳は渡来樹木である。原産地は中国であることは、はっきりしているが、いつの時代に渡来したかは現在に至るも未詳のままで、わが国の有史以前の渡来樹木とみられている。そして柳は原産地の中国から、彼の地での習俗、風習とともにわが国へと渡来してきた。そしてその後発展したわが国の風習や文学、歌などが、原産地の人々の柳に対する想いや風習などを日本文化の殻の中に巧みに包み込んで、二〇〇〇年以上の長年月にわたって脈々と現在の私たちに伝えている。それをことばにすると「でんしょう」となり、漢字にすると、伝承、伝唱、伝誦となる。この章ではそれらの「でんしょう」される柳について触れていく。

柳が松に変わるという話が、平安時代後期に藤原明衡《あきひら》が弘仁年間（八一〇〜八二四年）から長元年間（一〇二八〜三七）までの名文辞四二七編を『文選《もんぜん》』の体裁にならって撰した漢文集『本朝文粋』巻第一「樹木」に収録されている。題は「柳化シテ松ト為ル賦《ふ》」で、紀納言《きのなごん》（紀長谷雄中納言）の作である。

至りて脆《もろ》き者は柳。何ぞ二物の各々別なる。忽《たちま》ち一たび化して以て容《かたち》を改む。

これを発端に、樹木のなかで最も脆い柳が、最もかたく安定している松に一朝《いっちょう》にして変容したのは、ま

傷ついた幹の下部から新しく芽を吹き出させている。枝垂れ柳の生態の一つ。

ことに奇妙なことだとして、以下柳と松の故事を挙げながらその原因をさぐっている。

老柳は朽ちるのに古松は龍のようになるのを羨んだのか。五柳を植えた陶淵明《とうえんめい》も柳の枝が柔弱な様に満足したろうか。秦《しん》の始皇帝が暴風雨を避けた泰山《たいざん》の松を五大夫に任じた故事にあやかろうというのか。君子は小節にこだわらず変通宜しきを得る、柳の化も君子の行に類するといえよう。陽春二月の糸を垂れる優しい姿がなくなっても千年の仙樹となるとはまさに造物者の仕業であろう。千丈の雪を凌いで雲に聳える松は、百発百中柳葉を貫いた養由《ようゆう》といえども射貫くことはできない。詩人は柳の葉を眉の如しといい、荘子《そうし》はその肘に柳が生じたという。しかし、松となればその実は長生きの仙薬となる。もう佳人の手に折られることもない。でもこの松樹が弱柳の化したものというのはいかなる故か。

凡《およ》そ宇宙の内、何の奇か生ぜらん。天地の間、何の恠《かい》（怪）か有らざらん。況《いわん》や彼の変化の窮《きわま》り無き。何ぞ只《ただ》松と柳のみに在らんや。

柳が松に変わるということはあり得ないことであるが、想像の上では、どんな奇怪なことでも生ずる。霊樹とされる松と柳のそれぞれの特徴、美点と欠点を数え上げ比較してみたというのが実態であろうとするのは、現在の科学万能の時代に生きる私たちの悪癖なのかもしれない。アニミズムにとっぷりと浸っていた当時は、このくらいの変化は生じても不思議ではなかった。

人を蛇に変える柳

柳の分布は全国的なひろがりをもっており、各地に柳を物語る昔話がのこっている。昔話で語られる柳は、渡来した後わが国の風土の中で定着した枝垂れ柳のこともあれば、わが国に自生する川柳・猫柳などのこともあり、一定しない。特定された柳の場合はその柳のことを記すことにするが、限定されない限り単なる柳とした。

『日本昔話通観』(稲田浩二・小澤俊夫責任編集、同朋舎、一九七八〜一九八四年)および石上堅著『木の伝説』(宝文館出版、一九六九年)等から、代表的な昔話を紹介する。

青森県三戸郡五戸町の昔話である。長者が田の見まわりに行くと、千枚田が一枚、水が涸《か》れて稲がよれよれになっている。長者は驚いて、「田に水をかけてくれた者に、三人の娘のうち一人を嫁にやる」とひとり言を云うと、おんば沼の主《ぬし》の蛇がそれを聞く。翌朝長者が田の水を見にいくと、なみなみと水がかかっているので、嫁にやると云ったことを心配して家に帰る。昼食をすすめにきた姉娘にわけを話すが腹を立てて向こうへ行き、つぎの娘も長者の云うことをきかない。三番目の娘が承知して、おんば沼の主の蛇のところへ嫁に行く。ある人がおんば沼の近くへ行ったところ、三番目の娘が柳の根の上に腰かけて歌をうたいながら、黒く長い髪の毛をけずっていた。それを見た人は青くなって家に帰り、死んだ。この沢には今も蛇が多い。柳の木の根の上で髪の毛をけずっている娘は、もう蛇になってしまっていたものだろう。

さて、おんば沼の主《ぬし》について、少し考えてみる。

主《ぬし》とは『広辞苑』によれば、所有者あるいは持ち主、土地や家などを領有し支配する人等と解釈するのが普通である。しかし、この昔話のおんば沼の主は、所有者とも領有者とも違った語感のひびきがある。おんば沼の主は所有者や領有者ではできないことがらを、やすやすと成し遂げている。それは水が涸れた田に、たちまちのうちに水をなみなみと満たしていることである。このようなことが易々と出来るものを、日本人は古来からカミとよんだ。したがって主とはカミの別名といえよう。

わが国では、むかしから八百万《やおよろず》とも称されるほど、カミが人々の周囲にいた。近くは台所の火を司る荒《こう》神《じん》から、家屋敷に坐《いま》す屋敷神、井戸の神、田の神、山の神、野の神などなど、石にも木にも、池や沼、川などあらゆるところに神はいると考えられてきた。そしてそれぞれ、その坐《すま》いされるところの名をもって、神の名としていた。それはまた、わが国の正史とされる『古事記』や『日本書紀』の神の名として、正式に登録されている。

主という名をもつ神の名を上げると、大国主《おおくにぬし》神、事代主《ことしろぬし》の神、天之甕主《あめのみなかぬし》の神、甕主日子《みなかぬしひこ》の神等数多くの神がおられる。わが国のカミのはじめは、そのままでは人に利益を与えてくれるのではなく、祟《たた》るものであった。祟るとは、災いや罰があることをいう。逆にいえば、カミとは非常な力をもち、大は天災地変、小は日常生活を営むうえでの不都合をもたらすものであった。そのような人々の目には見えない存在のことをカミとよんでいた。

それだから、人びとは神に祟られないように、祭り、貴い存在して敬ってきたのである。カミは、この世に姿をあらわすときには、よく蛇となった。五戸町のおんば沼の主もカミであり、その姿をみた人は家に帰り着くと祟りのため死んだのである。沼の主へと嫁いだ長者の三番目の娘はカミとなったが、依代の柳の木ではもとの娘としての姿になることができたのである。

長崎県壱岐郡郷ノ浦町（現壱岐市）の旧渡瀬村の話では、ある真夜中に妹が家を抜け出ていったので兄がつけていくと、妹は川の柳の陰で髪を解き、水で濡らしては柳の幹に打ち付けて「どうぞ蛇にしてくれ」と祈っていた。これを見た兄は遠い所へ行って結婚し、しばらくたって家に帰ると、誰の姿もなく、八畳の座敷に大蛇がとぐろを巻いて眠っていた。兄が咳払いをして入ると大蛇はもとの妹の姿に返ったのであった。

この二つの昔話は、女が蛇に変身するときに、柳の木と濡れた髪の毛がかかわっていることを物語っている。女の長い髪の毛は濡れて、のたくっていると、本当に蛇が連想されるのである。

岩手県岩手郡玉山村（現盛岡市）の旧渋民村の話では、渋民村の沼田屋清吉の家で宿をとったよろずの姫は、長者の平ノ庄司家次に望まれて養女になるが、大蛇の人身御供《ひとみごく》のくじにあたる。よろずの姫による「沼田屋の自分のいた所を年に一度踏んでくれ」と頼みにより、云われた場所に柳の枝をさし、沼宮内《ぬまくない》で経文を唱えていると、大蛇が天からおりてきて、「経文で邪執から逃れられた」と云って昇天し、その後は大蛇の害はなくなる。

人間に変身する柳の精

岩手県盛岡市の話では、盛岡の木伏《きぶし》の娘が柳の下で洗濯をしていて行方不明になり、二、三日のち柳の幹に枝で巻き付けられた姿で見つかる。助けられた娘は「あの日見たこともない美男に抱きつかれて気が遠くなっていた」と、ぶらぶら病から回復したあとで話した。その後柳は自然に枯れた。柳の精が娘を抱きとめていたのである。

秋田県鹿角《かづの》市八幡平長峰の話では、正直で働き者の男が女房と生まれたばかりの赤ん坊に死なれ、男の子二人を預けてきこりをして働いていた。道端の川原に見事な柳の木があり、男はそこを通るたびに「きれいな柳だ」とその木を撫ぜていた。ある晩、若い女が「泊めてくれ」というので泊めると、女は朝早く起きて飯を炊き掃除をし、「後添えの女房にしてくれ」というので女房にする。十年ばかりたって、女房が病気になり日ごとに弱っていくが、ある日男を枕元に呼んで「本当は川原の柳の精だ。声をかけ、撫ぜてもらった恩返しにお前の女房になったが、四、五日前から木こりが柳を伐りはじめているので病気になった」と云った。

新潟県新発田《しばた》市東新町の話では、婆が寺の老柳を毎朝撫ぜていた。娘に婿をとり、子供がうまれる。柳の木が別の寺の材木になることになることが決まる。婿は柳の精であることを打ち明ける。寺の柳を切ると血が噴き出てきた。木は婆の家の前で動かなくなるが、婆が赤子を背負って引くと動いた。

同県小千谷市片貝の話では、殿様の鷹狩りで鷹が逃げ、柳の木にとまるので、柳を根元から切り鷹を追い出すことになるが、一人の侍が「こんなきれいな柳を、わざわざ切ることはない」と止め、木を切らずに鷹を追い出した。侍の家に美しい娘が宿を求めて、そのまま嫁になる。男の子が生まれるが、ある日嫁は、自分は「前にお前さんに助けてもらった柳の木だ。宮作りのため切られることになったので、戻らねばならない。切られても台持ちの上で動かないので子供に引かせろ」と言って姿を消した。

千葉県安房郡白浜町（現南房総市）の話では、盲目のおりゅうという女が生まれたばかりの子を抱いて、白浜の宝杖院を訪ね、院主に「わけがあって育てられないから預かってくれ。泣いたらこれをしゃぶらせてくれ」と、子に包みを添えて託す。包みの中には白玉が二つあり、しゃぶらせると子は泣き止む。あるとき池端の柳が邪魔なので、院主が植木屋に切らせると、木から血が噴き出るので切るのをやめる。その晩、おりゅうが院主の夢枕にたち「子が心配で柳になってみているのだから、切らないでくれ」と言った。預かった玉が竜の目玉であることもわかった。その柳はいまでもあると話される。

前に触れた『木の伝説』によると、神功皇后が福岡県嘉穂郡宮野村（現嘉麻市）宮吉《みやよし》をお通りになった時、皇子がしきりにむずがったので、田畑を耕していた者が柳の枝に団子をさして皇子に捧げた。それでここをぜぜ野（ぜぜは、だだをこねる意の方言）といい、宮吉八幡宮をぜぜ野八幡宮とよび、先年まで氏子は祭りの日には団子を串にさしてもらう風があった。神功皇后はそれから嘉穂の峠を越えられ、峠の南方牟田でその柳を田の畦に挿されたのが成長し、幹に丸い節のある団子柳が生じるようになった。

同じく『木の伝説』によると、岡山県久米郡大倭《やまと》村（現津山市）長谷の国道筋の地神石の側に、二本の柳（箸柳）があった。むかし出雲（現島根県出雲地方）の観音信者が脚気《かっけ》を患い、諸国を巡ってここに来て、路傍で食事をするとき柳の枝を折りとって箸にした。食後箸を地に挿し、病い癒えて帰るにあたり、再びここを通る日には枝葉が栄えているようにと祈った。のち全治して戻りに立ち寄ると、柳が茂っていた。

人の身代わりとなる柳

宮城県仙台市の話では、男が澱橋《よどみばし》の上手の渕で釣りをするが、その日は一匹も釣れない。怪しんで見ると、小さい蜘蛛《くも》が黒いものをくわえては渕から現れ、くりかえし男の足元につける。男が汚がってその黒い物をそばの柳の木にすりつけていると、大音とともに柳の大木は引き倒されて渕に引き込まれ、渕の中から「賢い、賢い」という声がした。それからこの渕は「賢渕《かしこぶち》」と名がつく。

福島県福島市でも同じ話が語られており、こちらの方は奥山の深い渕の大層立派な魚がいるところなので、山仕事の合間によく魚を獲る人がいた。そして釣りをしていた男に水中から出てきた蜘蛛みたいなものが寄ってきて、男の足に糸をかけていく。男は怪しいと思って、脇の古い柳の根元に引っかけておいたのであった。

長野県北佐久郡の話では、旅人が軽井沢の霊場原の池のそばで休んで眠ってしまう。目を覚ますと美女が旅人に糸をかけて池に入り、また糸をかけに出てくる。旅人が糸を柳の木に結んでおくと、そのうち糸が太くなり、突然大柳が根から抜かれて池の中に引き込まれたので、旅人は逃げ帰った。

山梨県南都留郡秋山村（現上野原市）生野の話では、男が次郎太渕で釣り糸を垂れていると、水の中から蜘蛛《くも》が現れ、くりかえし男のわらじに糸をかけて水中に消えるので、男は糸を柳の根に掛け替える。毎日同じことがつづき、ある日渕の底から「次郎も太郎も出て引けや」と声がし、柳の根が渕に引き込まれたので男は驚いて逃げ帰った。

愛知県津島市宮川町の話では、百姓が池で足を洗っていると、白い絹糸のようなものが足にからみつくので払いのける。見ると池の上の大きな蜘蛛が岸辺の柳の木に糸をふきつけ、糸をかけた柳の木を根こそぎ水中に引き込んだ。

徳島県名西郡神山町の話では、源吉が渕で釣りをしていると大きな女郎蜘蛛が現れ、糸をはきながら大きな円を描いてまわり、源吉の後ろから背中や肩に糸をかける。源吉はそっと糸をはずしてそばの柳の木にかけると、蜘蛛は柳の木を根こそぎ引いて渕へ沈めたので源吉は逃げ帰った。

同県海部郡宍喰町（現海陽町）西町の話では、大蛇が出て害を与えるが、退治する者がいない。ひょうきんな男が行って大蛇との間で、好きな物を話し合う。大蛇は嫌いな物は柳の芽とたばこのやに、好きなものは若い女と言い、男は銭がいちばん好かんと言う。男は油断した大蛇の耳の中に柳の芽とやにを押し込む。怒った大蛇はやせた男の姿になって、男の家に銭を投げ込み、男は金持ちになった。

福井県坂井郡丸岡町（現坂井市）の話では、婆が竹田川の岸の草を刈っていると、河童《かっぱ》が婆に縄をかけて川の中へ引き込もうとする。婆は縄をそばの柳の大木に結ぶと、それとは知らない河童は一生懸命に引く。婆がその縄を鎌で切ると、河童は川に転げ落ちて五、六間流されたので、婆は「河童も水に流される」と大笑いした。

福島県南会津郡舘岩村（現南会津町）角生と同郡南郷村（現南会津町）湯の岐の話では、柳長者が唐へ行き、三年間よし刈りをする。帰りに唐に二本しかないという扇の一本を貰い、それであおぐと死んだ馬も生き返る。家に帰って松長者を呼んで、鶴と亀の扇を見せると、松長者は柳長者をだまして殺す。唐ではよしが一晩で燃えたので、唐の旦那が変事を悟り、日本に来て柳長者を生き返らせ、松長者を殺した。それから柳の芯は切っても生き返るが、松の芯は切ったら生き返らなくなった。

柳の下の化け物と幽霊

秋田県仙北郡南外村（現大仙市）の話では、むかしあるところに夫婦が仲良く暮らしていた。妻が病気になり死ぬ間際のとき、夫を呼んで「もうだめだと思うが、なんとか後の人を貰わないでくれ」と云うと、夫は「なあに、心配するな」と云った。けれども、とうとう妻は死んでしまった。夫は大変悲しくて困ったが、なんともならないので妻を柳の下に埋めた。夫ははじめのうちは一人で我慢していたが、不自由で不自由で、とうとう後妻を貰ってしまった。それからのことである、夫が毎日稼ぎに出たあと、後妻が囲炉裏《いろり》にあたっていると、灰の中から青い細い手が出て「柳の下から来たぁ」と叫んだ。後妻は恐ろしくて、次の日座敷に座っていると、畳の間からまた青い細い手が出て「柳の下から来たぁ」と叫んだという。後妻は誰にもそのことを話すことなく、病気になってしまったということだ。

福島県福島市の話では、爺様が罠《わな》にかかった狐を助け、その狐から鳥や獣の話が聞ける聞き耳頭巾《ずきん》を貰った。爺様が鳥や獣の話が聞けることが広まって、都の人が見てもらいたいと頼んできた。そこで爺様がでかけると、たいそう立派な御殿で、死にはぐれた柳が倉の下になっていた。それが毎晩のんのんとうなるので、家鳴りし、化け物は出るし、みんなは病にかかっていた。のんのんとうなるのは、柳を見舞いにくる隣近所の木の足音で、それらが家中駆け巡るので、それにあたって病気になっていたのだ。柳を掘り出して、寺で供養したところ、ぴたっと音はやんだ。

石川県石川郡白峰村（現白山市）の話では、牛首（白峰の旧名）の柳の巨木から毎晩いろいろな化け物が出て人をだますが、相手が賢いので村人たちは退治できないでいた。春祭りの晩に若い衆が酒宴をしていると、見なれぬ武士が仲間に入る。みなは柳の化け物と覚り、正体を見届けようと、娘衆に酌をさせて武士を酔わせる。人々は自分の若いときのことを歌って踊ることにし、「おれの若い時や、狐のすりぼけ（すれっからし）」と歌い、つぎつぎに狸など動物の名を言って踊る。武士が「おれの若い時ゃ柳のすりぼけ」と歌い踊ったので、人々はてんでに棒を持って柳の陰で待ち伏せし、帰ってきた武士を叩き殺した。死体は大きな古むじなで、柳の木の根元の穴に住んでいたのだ。

青森県上北郡七戸町の話は、よい爺が白犬をつれて柴刈りにいくと、白犬が「ここ掘れ、キャンキャン」と鳴くので、掘ると大判小判がでてくる。隣の悪い爺が白犬を借りて山へ行くが、白犬が鳴いたところを掘ると、山蜂が出てきて刺したので、白犬を殺して埋め、柳の枝をさす。よい爺が知って山へ行き、柳の枝をとってきて焼き、屋根の上から「雁の目に灰入れ、爺の目に灰入るな」と灰を投げ付けると、雁の目に入って落ちてくる。同県弘前市新町でも、同じ話が伝わっている。

富山県富山市の話では、子供のいない爺と婆がいて、四郎という犬を自分の子供のように可愛がっていた。あるとき犬が、畑でここ掘れというので掘ったら、銭から金から宝物がたくさん出て、いっぺんに大金持ちになった。隣の爺がそれを見て犬を貸せというので貸した。犬がここ掘れというので隣の爺が掘ると、マムシや蛇ばかり出て、金は出なかった。隣の爺は怒って犬を殺して埋め、柳の木を印に植えた。爺は大変悲しんで、柳の木を貰い、それで臼《うす》をつくった。米をひくと、一升が二升になり、二升が三升になって、増えたので、また金持ちになった。隣の爺がその柳の臼を借りて米をひくと、三升が二升になり、二升が一升に減ったので、また怒って柳の臼を割り、焼いてしまった。爺は焼かれた柳の臼の灰をもらい、殿様のところへ行って、花を咲かせ、褒美をたくさん貰った。この話での臼とは挽臼《ひきうす》と呼ばれるもので、偏平な円柱形の上下二個の石臼からできており、二つの臼の接触面で穀物の粒を粉砕し、外へと送り出すように中心から放射状に溝が刻んである。穀物や豆類を粉砕・製粉する道具のことである。

柳の下に眠る財宝

秋田県北秋田郡森吉町（現北秋田市）本城住の話では、仁助は物知り婆から「嫁の来てがないのは、神様たちがみな出雲の大社へ縁結びの会議に出払っているからだ」と聞き、出雲へでかける。お堂の下で神様たちの会議を聞いていると、「仁助の嫁は江戸の空洞柳」という声がしたので、江戸へ向かう。江戸で毎日空洞柳を探して歩くがみつからず、金も使い果たし、死に場所を求めて太い柳を見つけ、反対側に穴があったので中に入って寝る。翌朝、通行人が「大金持ちの木綿屋の娘さんが餅をのどに詰まらせて死んだが、生き返るかも知れない」と話しているのを聞く。仁助は近くの新しい墓を掘り起こし、娘を腹ばいにさせ背中を足で踏んで餅を出させ娘を助ける。娘に連れられて家に行くと、「お前には嫁はあるか」と問われたので、これまでのことを話すと、「娘を貰ってくれ」と頼まれる。仁助は喜んで承諾し、番頭となって夫婦仲良く暮らした。

山形県西置賜郡白鷹町折尾の話では、母一人を残し子供が山菜採りに山に行き、雨にあって山に泊まる。夜中に岩陰から話し声がし、「村に水が不足しているが、柳の下を探すがよい」と言い「金屋爺さんの竃《かまど》の下を掘ってみたい」ともいう。急いで家に帰り、役人に申し出るが信じてもらえないので、人夫を出してもらい、柳の下を掘ると水が出る。つぎに金屋爺さんのところを買い取り、竈下《かまどした》を掘ってみると、瓶《かめ》に金がはいっていた。

新潟県佐渡郡相川町（現佐渡市）片辺の話では、出雲国に三人娘がいて、姉娘は器量が悪く婿がいない。ある人に「奥坊々という修行者が夫になる人だ」と教えられ、訪ねていって嫁になる。粗末な家なので住む家を探し、借りてのない家を借りて住む。夜なかに恐ろしい音がするので、起きると小童が二人いて「柳の根元の下に金瓶が三つ埋まっているから、金を世の中に出してくれ」と言う。柳の下を掘って金を見つけ金持ちになった。

同県南蒲原郡栄村（現三条市）山王の話では、病気の婆が息を引き取ると、婆の鼻の穴から白い蝶が出てどこかへ飛んで行く。看病していた家族が「婆もどれ」と大声で呼ぶと蝶はもどって鼻の穴に入る。気がついた婆は「花の咲く野原を歩いて、川を渡ろうと思って舟に乗ろうとすると『婆もどれ』と呼ぶ声がしたので舟に乗らなかった。川岸の柳の根っこに金瓶が出ていた」と言う。柳の根っこの瓶を掘り出すと、大判小判が入っていた。

同県西蒲原郡巻町巻の話では、貧乏な家で年とりに木の葉に味噌をつけていろりの火であぶっていると、小僧がばかにする。子供がそれを聞き付けて父親にいうと、父親は怒って鍬をもって小僧を追いかける。小僧が柳の根に隠れたので、父親がそこを掘ると大判、小判の入った金瓶が出てきた。

同町巻の話では、二人の男が木の根掘りをしていた。昼寝をした男が「柳むろの下に金瓶のあった夢を見た」と、もう一人の男に話す。それを聞いた男がつぎの日、柳むろの下を掘ると金瓶が二つ出る。男はその銭を持って江戸に行き、裕福になって夢をみた男を呼ぶ。夢を見た男は金瓶の裏の字を読み、柳むろの下を掘ると五つの金瓶があった。

以上の話は、埋まっていた金瓶を掘り出した人のものであるが、柳の下に財宝を埋めた話が山口県阿武郡福栄村（現萩市）にある。麦谷から半里ほど離れたところに柳の大木があり、その近くに大柳の長者という人がいた。あるとき領主から芥子《けし》の実一千俵収めよというお触れが出た。おどろいた長者はこの難題に応じられないと思い、大急ぎで財宝や家財道具を荷造りして逃散《ちょうさん》した。そのとき財宝を全部持てないので、屋敷近くに大きな穴を掘って埋めたという。埋められた財宝は、大柳に朝日ピカピカ、夕日ダンダラの白椿の花が咲くところにあるという。あとで領主が命じた芥子の実一千俵とは、芥子坊主一個が一俵という意味であった。長者は勘違いしたのである。

旧福栄村の話のように、長者が何かの都合で柳の下に財宝を埋めたが、それがいつしか忘れられていった。そして山形県や新潟県の人たちのように、金持ちになる因縁をもっている人たちによって見つけ出され、世に生かされることになったのであろう。実際に柳の下であるかどうかは別にして、財宝を埋める人、それを掘り出す人があって、世の中の経済は回っているのである。

三十三間堂柳の棟木話

宮城県伊具郡丸森町大張の話では、堂の前に侍が集まっているので、通りかがりに木こりが顔を出すと、殿の鷹が柳の木の上で降りようとしない。「この柳を切れ」と言われるが、神木なので切るわけにいかない。そこで、木こりは木に登って鷹をつかまえる。三日後に家の前に美しい女が困り顔で立っているので一晩泊め、二人はそのまま夫婦になり子供が生まれる。やがてその柳が京都三十三間堂の棟木に使われることになると、女は「ここにおれなくなった」と言う。いよいよ柳が切られるとき男は「助けてくれ」と呼ばれるような気がして急いで家にもどると、女がいなくなっていた。女は柳の精であった。

同県桃生郡北上町（現石巻市）女川《おながわ》の話では、三人の田舎侍が京都見物に行き、一人が土産物屋で扇を見ていると、娘が出てきて「ほやのだから、この扇をあげる」と言う。それを見た仲間が「ほやというのはほえど（乞食）のことだ」と言う。侍は乞食と見くびられたと思い娘を殺す。帰って和尚に扇をみやげに持っていくと、和尚は扇を手にして殺気を感じ、侍にわけを聞き、「ほやというのは、ほれたということだ、白装束一式をやるから扇屋に引き返し、裁きをうけろ」という。侍は扇屋に行き、ことの次第を告げると、扇屋の旦那は「いまさら裁いても娘は帰らない。せめて娘の位牌と祝言をあげ、霊を弔いながら店をもり立ててくれ」と言う。侍が娘の位牌と三々九度の盃をかわすと、死んだ娘が毎晩現れ、侍との間におりゅうという女の子が生まれた。京都の三十三間堂の通し棟木に扇屋の柳の木が選ばれ、木挽《こびき》が木を切りにくるが、切り倒した柳の木は動かない。木挽は「柳の木は霊木だからおりゅうに先綱を取らせろ」という夢を見たので、おりゅうに先綱を取らせると、柳の木は動き、めでたく三十三間堂ができあがった。

栃木県黒磯市鍋掛の話では、木こりが女になった柳の精に恋し、夫婦になって男の子が生まれる。そののち三十三間堂の棟木にとその柳を切ると、女は死ぬ。村人が柳を運ぶが、男の子の前に来ると動かないので、男の子がその木を三十三間堂まで運んだ。

福島県東白川郡塙町川上の話では、柳の精が女に化けて木こりの女房になり、子供がうまれる。三十三間堂の棟木にするため男が柳を切ると、女房がいなくなる。よい寸法に切って車に乗せ引っ張っても動かないので困るが、子供が来て引っ張ると動いた。その木は三十三間堂の棟木となる。

山梨県西八代郡上九一色村（現富士河口湖町）の話では、むかし紀州熊野に一人の老婆が住んでいた。婆様の家のすぐ近所の土手に一本の柳の大木があったが、婆様は孫の女の子を連れては、毎日その柳の木の下へ行って、孫を遊ばせて子守をしていた。そして婆様は女の子に小便をさせてやるとき、いつも柳の木の根元につれていき、今にこの子が大きくなればお前の嫁にやるから、堪忍してくれと言って謝りながら、柳の木に小便をさせていた。それから何年もたって、京の三十三間堂の普請をすることになったが、その棟木にするような木がなかった。方々を探して紀州熊野にとても大きな柳の木があることがわかった。それから早速人をやってその柳を切らせた。切るには切ったが、それを引っ張り動かす段になって、何百人かかっても動かない。人々が大弱りしているときに、婆様が出てきて、孫娘の柳との約束の話をした。孫娘はもうそのころは成人して美しい娘になっていたが、柳の木の上に上り、御幣を振りながら音頭をとると、するすると動きだした。娘の音頭でとうとうその柳の大木は京まで運ばれ、三十三間堂の棟木とされた。

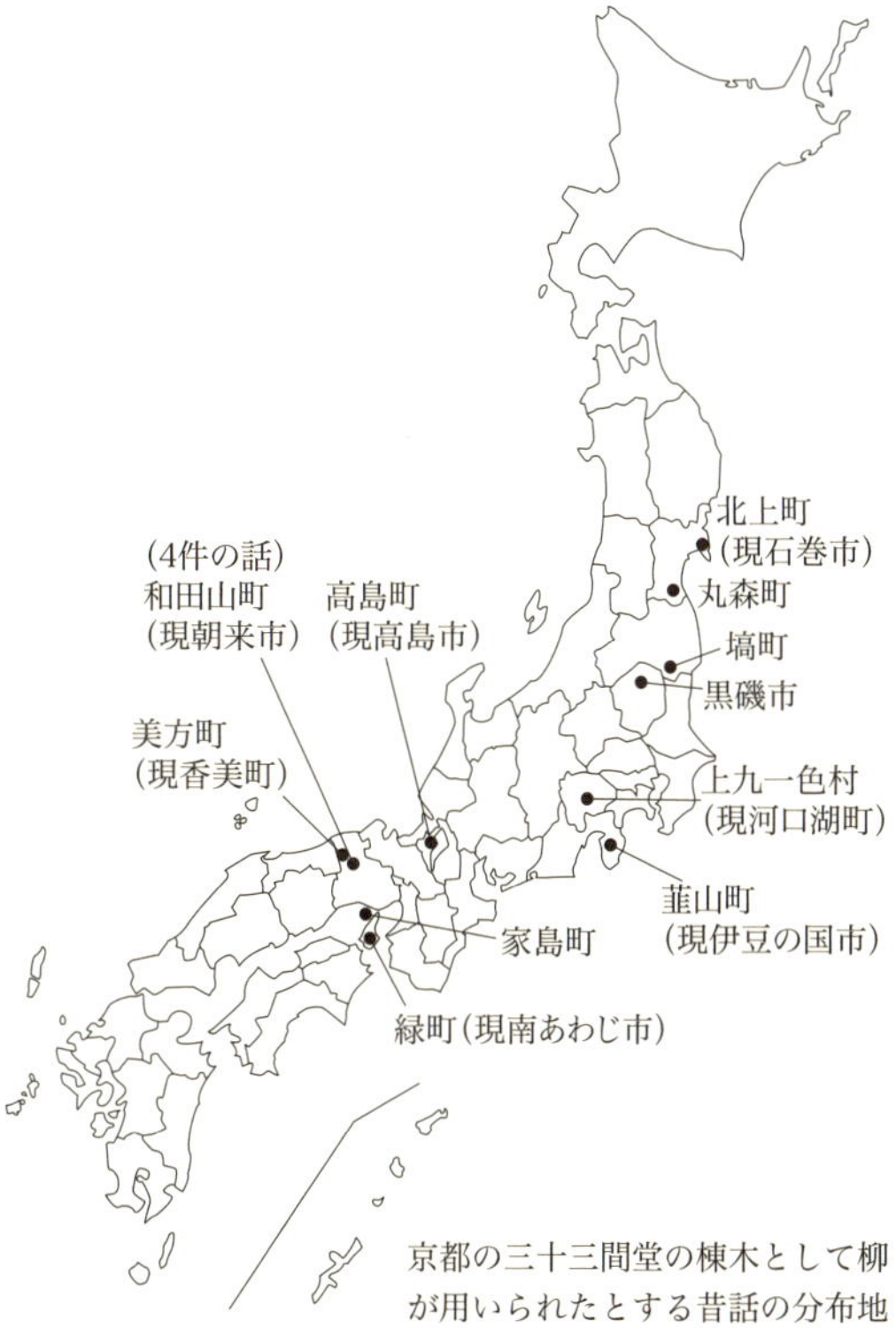

京都の三十三間堂の棟木として柳が用いられたとする昔話の分布地

　静岡県田方郡韮山町（現伊豆の国市）の話では、殿様が柳にとまった鳥を弓で射ようとすると、女の子が止める。その女の子は殿様の後妻になる。柳の木を切り、幹は三十三間堂のお寺に使い、枝は三千三十体の仏像をきざむため運ぼうとするが動かない。村の衆が後妻にも手伝ってくれと言う。親子が引っ張ると柳は動き、京都まで行った。

滋賀県高島郡高島町（現高島市）鹿ヶ瀬の話では、柳の木の根元にいたおりゅうという美しい娘さんを、樵《きこり》が嫁にする。おりゅうは「あなたは樵だけど、この柳の木だけは切ってくれるな」と言った。子供が三歳になったとき、「三十三間堂を建てる棟木がないので、あの柳の木を切ってくれ」と頼まれたが、誰も切るものがいない。しかたなく樵の婿さんが、柳の木を切った。するとおりゅうは消えてしまった。切ったけれども木はびくとも動かない。子供に綱をもたせると、木は動き、三十三間堂の棟木とされた。おりゅうは柳の精であった。

兵庫県三原郡緑町（現南あわじ市）中条鳩尾の話では、むかし和泉の岸和田というところに柳茶屋があり、そこの息子が狩人であった。代官が狩人に柳の木の上に鷹が巣を作っているので、柳を切れと命じる。狩人は鷹さえ取れれば柳を切らなくてもよいとの許しをもらい、鷹を見事に射落とし、柳の木を救う。狩人が山から帰る途中、崖から落ちて怪我をする。柳が女に化けて狩人の世話をし、嫁になり子供もできる。その後、代官の命令で三十三間堂の棟木を作るために、柳の木を切らなければならなくなる。いくら柳を切ろうとしても切れないが、息子が切ると柳は倒れる。柳の木を引いて行こうとするが動かない。息子に引かせると、するすると京まで引いて行けた。

同県朝来《あさこ》郡（現朝来市）和田山町竹の内の話では、おりゅうが女中奉公の帰りみちに、柳の木の下で休む。恋人ができてそこで逢う。その柳を三十三間堂の棟木に使うことになる。斧で切ってもこけらがついて切れないので、ヘクソカズラを煎じて汁を切り口にかけると切れた。

同県同町寺内の話では、女が男の元へ通うのに高柳の木の下で休む。柳が女と交わって子供ができる。

その柳が三十三間堂の棟木に使われることになり、切りはじめるが、こけらがついて切れない。坊さんの読経で切れるが、今度は動かない。子供に音頭をとらせると動いた。

同県同町室尾の話では、川の縁《ふち》に柳がある。その精であるおりゅうに子供ができる。柳を切って運ぼうとしても動かないが、子供が御幣を振ると動き、運ばれた。

同県同町の「おりゅう柳」という話では、高柳という所の大きな山の深山に大きな柳の木があった。ところが、京都に三十三間堂が建つことになったが、その棟木がない。大名や代官が調べたところ、養父《やぶ》郡の高柳に大きな柳の木があることがわかり、献上せよとなった。ところがその柳には、お爺さんとお婆さんとその娘おりゅうの三人家族が、毎日落ちてくる柳の枯枝を集めて売ることで生活の糧にしていた。柳は雄柳であり、柳の精のためなのか毎日柳の落枝を拾いにいっていた娘おりゅうが身ごもり、子供ができた。京都に三十三間堂ができるので、その柳が伐採されることになった。柳は伐採されるし、柳が倒れると同時に娘おりゅうは死んだ。柳を都へ運ぶことになったが、どうしても動かない。おりゅうの子の音頭で「父の柳は都にのぼる、アー、ヨーホイ、ヨーホイ」との掛け声をかけさせたら動いた。この話は、福田晃編『日本伝説大系』（第八巻、みずうみ書房、一九八五年）による。

建立時に棟木に柳が用いられたとの昔話が各地に伝わる京都の三十三間堂と境内の柳。

同県飾磨《しかま》郡家島町坊勢の話では、柳の木の精がおりゅうという女になって木こりの嫁になり、二人の男の子を生む。三十三間堂を建てる棟木に柳の木が選ばれ、木こりが切るたびにおりゅうの顔がゆがみ、木が倒れるとおりゅうも死んだ。大勢で柳の木を引いても動かない。息子が「かかさんよう」と言って引っ張ると動いた。滋賀県高島郡高島町（現高島市）にも同様の話があり、杣師《そまし》（木こりのこと）が柳の根本にいた美しいお姫様を嫁にもらった。そのときお姫様からこの木だけは伐ってくれるなといわれた。三十三間堂の材として柳の木を伐ると、お姫様は消えてしまった。

同県美方郡美方町（現香美町）新屋の話では、八木谷のおりゅうという娘に、柳の木が男に化けて通う。京都の三十三間堂を建てるとき、その木が選ばれる。木挽《こびき》が切るが、一日では倒せず、つぎの朝には切り口がなくなっている。大勢の木挽が一日で切ると、切り口から血が出る。倒れた木はいくら引いても動かない。おりゅうが振袖を着て幣《へい》をもって先に立つと、いくらでも動いた。棟木をはつった木っ端は、三万三三三三体の地蔵につくり、今でも祭られている。

三十三間堂とは、京都市東山区にある天台宗の蓮華王院の本堂のことである。長寛二年（一一六四）後白河法皇の勅願《ちょくがん》によって法住寺の御所内に創建された。堂の長さ六四間五尺（約一一八メートル）、内陣の柱間が三三あるところから、通称三十三間堂とよばれる。江戸時代、堂の西側で大矢数（通し矢）が行われた。堂内には一〇〇一体の千手観音像が祀られている。

三十三間堂では、一月一五日早朝に楊枝御加持《やなぎのおかじ》とよばれる加持祈禱会が行われる。一月九日から秘法を修し、一五日の結願日に内陣を開放し、参詣した人に妙法院門跡が柳の枝で御加持の浄水を注ぎ清める。この浄水を授かると一年間頭痛が起きず、また記憶力がよくなると伝えられる。後白河法皇がこの堂の観音への信仰によって頭痛の持病を治したことに因んだ行事である。

柳に関する俗信

昔話は、柳と人々に関わることがらを面白く口伝えしているものであるが、それと同じように、物語になってはいないが、広く世間に支持されているものに庭木の禁忌・タブーがある。禁忌《きんき》とは、日時・方位・行為・言葉などについて、障《さわ》りのあるもの、忌むべきものとして禁止されていることをいう。住居の庭に植える樹木については、昔から禁忌というものが存在していた。民俗学や文化人類学の分野では、はやくから各地の庭木の禁忌について言い伝えを採集している。

鈴木棠三《とうぞう》編『日本俗信辞典 動植物編』（角川書店、一九八三年）には、民家の庭園や社寺の境内に用いられている植物が一〇〇種類ほど掲げられている。その中でこれを植えると悪いとされる種類は七〇種類ほどあり、そのなかにシダレヤナギも入っている。シダレヤナギ以外では、アオキ、アケビ、ウツギ、カツラ、サカキ、シキミ、シャクナゲ、タケ、チャ、ツツジ、ヒガンバナ、ブドウ、ヘチマ、ホオズキ、ヤマブキなどがある。悪いとも良いともされるものはアサガオ、ウメ、カシ、ナンテン、モクレン、モモなど二三種類、良いとされるものはアジサイ、オモト、サボテンなどわずか八種類となっている。

屋敷内に柳を植えるとなぜ悪いとされるのかその理由をみると、シダレヤナギは、

①病人が絶えない（秋田県・山形県）
②長く伸びる根が床下まで入ってくるので病人が出る（愛知県・愛媛県）
③貧乏になる・家が繁盛しない（石川県）
④寺院や神社に植える木なので民家には植えてはならない（静岡県・香川県）
⑤枝が垂れるから縁起がわるい（神奈川県）

となっている。

静岡県志太《しだ》郡では、柳は在家《ざいけ》（出家していない一般の人のことをいう）の屋敷内には植えない。新潟県南

魚沼郡では、一本柳は縁起が悪い。神奈川県・長野県・広島県・愛媛県上浮穴郡《かみうけな》では、枝垂れ柳の枝がしだれるのが縁起が悪い、禍《わざわい》がある。秋田県・広島県・愛知県・大分県・群馬県では、門前に柳があると家運が傾き、屋根より高くなると家が栄えない。

秋田県では、自分の家の屋根より柳が高くなるとその家に死人が出る。同県鹿角郡では、銀杏《いちょう》、桐、藤、葡萄《ぶどう》、柳は屋敷内には植えない。同県男鹿市では、家を新築するのに材料として柳を使わない。奈良県では、建築のとき柳を使うと夜間にプチプチと鳴る。香川県では、首吊りが出る。佐賀県では、柳が家の裏にあると幽霊がでる。秋田県・和歌山県・山口県では、柳の枝が地につくと幽霊が出る。鳥取県では、柳の木があるとその家の誰かが女難を受ける。柳の大木があると、大酒飲みができる。

上原敬二は『樹木大図説』（有明書房、一九五九年）のなかで、シダレヤナギは「中国でいうところの水樹であり、塘樹《とうじゅ》（堤の木のこと）である。並木、墓樹、堤樹に多く用い、個人の庭園にはあまり好まれない」という。個人の庭木とした好まれない理由を上原は、「この樹が特異な樹形（枝垂性）であること、生長が早いこと、水辺の連想が著しいこと、工作物、建設物に対する外形上の調和が難しいことに帰すると思う」と四点をあげている。

柳の禁忌について触れたが、これ以外にも柳の俗信について、前の触れた『日本俗信辞典』、柳下貞一著『柳の文化誌』（淡交社、一九九七年）、および私の調べたものを加えて紹介していこう。俗信とは『広辞苑』によれば、民衆の間で行われる宗教的な慣行・風習・呪術・うらない・まじない・幽霊や妖怪などの観念のことであり、このうちで実際に社会に対して害毒を及ぼすものを迷信といって区別することがある。

幸せを呼ぶ柳がある。鳥取県では、枝のよく下がる柳があると出世できる。転宅するときは、柳を神前

の木でまな板をつくると長生きするという。

は、七夕《たなばた》に往復とも無言で柳を拝みに行くとよい。長寿を願うのは人の常であるが、岡山県勝田郡では柳に立てると縁起がよい。宮崎県西諸県郡《にしもろかた》では、出征のときに枝垂れ柳を植えると無事に帰れる。大阪府では、七夕《たなばた》に往復とも無言で柳を拝みに行くとよい。長寿を願うのは人の常であるが、岡山県勝田郡では柳の木でまな板をつくると長生きするという。

男女の仲を結ぶ柳として、山形県新庄市では待ち人が来ないとき、柳の枝を手に持って回しながら「恋しきわが身を思いそめにしを今さら見そめしかいのなきものを」と三度詠むと待ち人が来るという。

豊作を占う柳がある。岐阜県吉城《よしき》郡では、柳の木で馬の尻を叩いて、畦道に立たせておくと稲がよく育つ。山形県最上郡では、柳の葉の白いのが多い年は豊作、少ない年は凶作だとする。大分県国東《くにさき》地方では、河柳の芽出ちのよい年は豊作、遅い年は不作とする。

安産や子供を守る柳がある。岐阜県の小島神社の子安の柳の葉は、安産のお守りとなる。群馬県では、子どもの夜泣きには「柳の下に鳴く蛙《かわず》、あの子泣かすなこの子泣かすな」と書き、枕の下に入れる。宮崎県では、正月一四日に柳の箸でご飯を食べた後、今年中に伸びたい身長の高さのところにその箸を置いておくと、その通りに伸びる。

病気を治したり、症状を軽くする柳がある。大分県南海部《みなみあまべ》郡では、正月一五日に餅の屑を柳の箸で食べると歯が疼かない。岡山県では、目疣《めいぼ》は柳の枝を結び、それが自然にほどけると治る。山口県では、歯痛には歳の数だけ柳の小枝を編んで地蔵様に捧げる。愛媛県上浮穴《かみうけな》郡では、歯痛のときは「天竺《てんじく》のりゅうしゃ川の柳の木、木は食うとも葉は食うな」と唱える。福岡県では、歯痛には柳の楊枝を使う。

大雪などの予測に関わる柳がある。山形県飽海《あくみ》郡では、河原の柳の葉が早く落ちると大雪、なかなか落ちないと雪は少ないと予想する。同県米沢市では、停車場の柳の葉が落ちると根雪になり、葉が落ちないうちは根雪にならない。岐阜県高山市では、柳の葉が早く散ると雪が早く降り、散り終わらないうちは雪は降らない。

落雷を防ぐ柳がある。宮城県仙台地方では、柳の枝を逆さに挿して、もし芽がでれば雷は落ちない。群馬県邑楽《おうら》郡では、家の入口で柳の木を焚くと雷様がその匂いを嫌って落ちない。

大水を予測する柳がある。群馬県では、河柳が下向きに咲けば大水が出る。新潟県・長野県・奈良県・岡山県では、河柳が真っすぐ伸びる年は洪水がある。新潟県では、河原の柳の下に蜂が巣をつくると水が出ない。

柳のことわざ

柳には、数ある樹木のなかでも、ことわざは多いほうで、細く長い枝の生態に関することわざがまずある。

「柳に風」は「柳に風と受け流す」あるいは「柳に受ける」ともいい、柳が風にしたがってなびくように、すこしも逆らわず巧みにうけながすことである。また相手の強い態度にも、少しも逆らわず、そのうえ屈服することなく、巧みに対応してうまくあしらうことである。雑俳に「いつ見ても柳に風の夫婦仲」(『如露評万句合集』(一七五八年刊の『未完雑俳資料』に収録されている)というのがある。

「柳にやる」も前の「柳に受ける」と同じ意味である。この言葉は、隠語《いんご》としても使われていることが『日本隠語集』(稲山小長男著、後藤柳兵衛版、一八九二年)にある。なお隠語とは、特定の仲間の間だけに通用する特別の語のことである。現在はみることができなくなった職業に、駕籠《かご》かきがある。駕籠は乗り物の一つで、古い時代には竹で、のちには木で作り、人の座る部分の上に一本の轅《ながえ》を通し、前後からかついではこぶものである。その駕籠を舁《か》く人のことを、駕籠舁《かごかき》と呼んでいた。その仲間うちでは、故意に駕籠を遅く進めることを、このようにいう。まけることをいう。もう一つは、監獄に拘禁《こうきん》されている囚人仲間が、時々服役をなまけることをいう。

「柳に雪折れなし」は、柳の枝は柔らかでよくしなうので、雪が積もっても折れることがないという意で、柔軟なものは堅剛なものよりもかえってよく事に耐えることのたとえである。また「柳に風折れなし」ともいう。俳諧『毛吹草』はこのことを「柳は風に撓《しな》う」と表現する。中国の『列子』に、「木彊《つよ》ければ、即ち折る」とあるが、強いものは強い力が加わったときには、ついには折れ痛む。むかし読んだ本のうろ覚えだが、剣道の柳生流の奥義に「降るとみれば積もらぬ先に払い返し、雪にも折れぬ青柳の枝」があった。つまり強い力が襲いかかってくることが予想できると、それを前もって枝をしならせて払い、いくら雪が降っても折れないようにするのが極意だというのだ。

柳の下でドジョウならぬ鯉か鮒を待っている釣人

「柳の下にいつも泥鰌《どじょう》はおらぬ」は、柳の木の下で一度泥鰌を捕まえたからといっても、いつも泥鰌がいるとは限らないという意で、一度まぐれあたりの幸運を得たとしても再度同じ方法で幸運が得られると思うのは間違いであることをいう。しかしながら、私の子供のころは小川で魚取りをしていたが、川岸に生えた柳の下は柳の根が川水のなかに揺れていて、ハヤやフナなどが、いつ行っても取れた。泥鰌はもちろんのことである。柳の下にはいつも泥鰌がいるというのが、私たちの子供時代のことわざであった。前記のことわざをもじった「柳の下には泥鰌が二匹いる」というのもある。同じ意味のことを「柳の下の大鯰《おおなまず》」といったりもする。

「柳の葉が落ちるとハゼ（沙魚）も落ち込む」は魚釣りの人のことわざで、釣魚としてなじみ深いハゼ（沙魚）は、夏のころには内湾や河口の浅瀬で生活しているが、柳の葉が落ちる秋になり、水温が下がってくると深みへと移動する。ハゼが特に美味とされる一一月中頃の沖釣りの頃合いをいうものである。雑誌『風俗画報』二二五号（一九〇二年）には、「沙魚《はぜ》の一番好季節は柳の葉の落ちつくした頃で、『俗に柳の葉がおちると沙魚も落ち込む』（略）と云う位で」とある。

「柳の下のおばけ」は、関東地方のたわむれ言葉で「さがっちゃこわいよ柳のおばけ」といい、失敗したこと、落ちぶれたことをいう。「さがる」を落ちる、だめになる意をかけてしゃれて云うことから出たことわざである。

越後の俚諺《りげん》に「杉と男の子は育ちがわるい、柳と女の子は投げても育つ」がある。男の赤ちゃんは弱々しく病気しがちであるし、杉苗も肥料を与え、苗床を乾燥させないなどの十分な手入れをしてやらないとなかなか育たない。一方、柳は生命力があり、枝を切って放置しておいても芽吹いてくるし、女の子は男の子とちがってあまり手数をかけなくてもよく育つというのである。

兵庫県赤穂地方の俗信に「柳の木を薪にすると燕《つばめ》が巣をつくらぬようになる」というものがある。

江戸期庶民が唄う柳の歌

江戸期の大坂や京あるいは江戸の町の庶民がうたった歌には、小唄《こうた》、端唄《はうた》、清元《きよもと》といった歌いかたがあった。小唄は室町時代の小歌の流れをひく江戸期の俗謡の総称であるが、また江戸末期に江戸端唄から出た三味線唄のことをいう。粋《いき》でさらっとした短い歌曲で、三味線は撥《ばち》を使わずにつま弾きをする。端唄は文化・文政期に江戸で円熟し大成した小品の三味線歌曲で、ここから歌沢《うたざわ》と小唄が派生しており、江戸端唄ともいわれる。清元は、浄瑠璃節の一つである。

江戸期の小唄は、芝居の役者や廓《くるわ》や花街の芸者などによって歌われたものがほとんどで、街の人が見たというか、感じていた柳が歌われている。したがって、柳の生態を歌うというよりは、柳から派生している観念を人の性情とむすびつけた唄が多い。

柳々《やなぎやなぎ》

柳々《やなぎやなぎ》で世を面白う　請《う》けて暮らすが命の薬　梅に従い桜に靡《なび》き　その日その日の風次第　嘘《うそ》も誠も義理もなし　初めは粋《すい》と思えども　日増《ひま》に惚《ほ》れてつい愚痴になり　昼寝の床の憂《う》き思い　どうした拍子の瓢簞《ひょうたん》か　仇腹《あだはら》の立つ好きぢゃえ。

これは、木村菊太郎著『江戸小唄』（演劇出版社、一九六四年）に収録されている上方小唄で、文化・文政期の上方の名優三世中村歌右衛門の作詞と云われている。歌の意味は、京都・祇園の芸妓ゆかえの女心を唄ったもので、「柳々〜義理もなし」までは、遊び女としてどなたのお座敷もつとめていたがという意味で、「初めは粋に思えども」以下は、歌右衛門は好い方ではないので、はじめは粋な人程度に思っていたが、逢う度毎に心を引かれ、昼寝の床の夢にまで見るようになってしまった。どうした拍子で、こんなに惚れてしまったやら、自分で自分に腹がたつほどである、というのである。

「柳々で世を面白う」…とは、まえのことわざのところで触れた「柳に受ける」ことをいい、お茶屋遊びにきたお客さんを、十分に楽しんでもらうため、客のいうことをすんなりと受け止め、逆らわず、その座敷を盛り上げるのが舞芸妓の仕事である。

千年の都である京には、花街《はなまち》（かがいともいう）が六つある。祇園甲部《ぎおんこうぶ》、祇園東《ぎおんひがし》、上七軒《かみしちけん》、先斗町《ぽんとちょう》、宮川町《みやがわちょう》、島原《しまばら》である。このなかで島原は現在廃《すた》れて、賑わっているのは島原以外の五つの花街で、京都の

「五花街」と呼ばれている。

花街はかつての花柳街《かりゅうがい》のことで、花柳の巷《ちまた》、色里、遊郭、狭斜《きょうしゃ》の巷、柳巷花街《りゅうこうかがい》などともいわれた。「花柳」とは中国の王勃《おうぼつ》の詩に「花柳一園の春」の句があり、桃の花の紅と緑の柳がそろうことで、美しさを形容していた。そこから転用されて美女、さらには芸者や遊女のことをいうようになり、さらにはその遊女などが集まっている華やかな地域、つまり遊里をもいうようになった。李白の詩に「昔長安に在り花柳に酔う、五侯七貴杯の酒を同じくす」とあり、遊里で遊んだことを描写している。

客をもてなすための遊女を置いていた店を遊女屋といい、時の権力者はそれを一定の区画に集めて街をつくらせて、人々が遊女屋で遊ぶことを公許していた。この街を遊郭といい、郭《かく》という文字通り塀、石垣、土塁《どるい》、堀などで、庶民の街とは区画を明らかにしていた。また遊郭を郭《くるわ》ともいうが、街が外回りをぐるりと土壁で取り囲まれていることからきており、もともとは城郭というように城の外回りの呼び方からきている。

京島原《みやこじまばら》は出口の柳

遊女屋がわが国で公認された最初は、天正一三年(一五八五)に豊臣秀吉が大坂の傾城町《けいせいまち》を許可したものである。遊女町として遊郭を形成したのは、天正一七年に豊臣秀吉が京において、京極《きょうごく》・万里小路《までのこうじ》を東西とし、冷泉《れいぜい》・押小路《おしこうじ》を南北とする二町四方の郭であった。「新屋敷」と称したが、万里小路通りに柳を植えて風致を作ったので、人々はここを「柳町」とよんだのである。万里小路は、現在の柳馬場《やなぎのばんば》である。慶長七年(一六〇二)には「六条三筋町(通称六条柳町)」に移され、さらに寛永一八年(一六四一)七月に京都所司代板倉周防守重宗の命で、京の町の南西の西本願寺の西に開発された朱雀野《すざくの》に移転となった。

この地の公称は西新屋敷であるが、島原の異名がよく知られる。これは寛永一四年（一六三七）から同一五年に肥前国（現長崎県）島原でおきた島原の乱からきた呼称のようで、『都名所図会』はつぎのように島原傾城町《けいせいまち》の名称のなりたちを記している。

寛永一八年に今の朱雀野へ移さる。島原と号《なづ》くることは、その頃肥前の島原に天草《あまくさ》四郎といふもの一揆を起し、動乱に及ぶ時、この里もここに移され騒がしかりければ、世の人島原と異名をつけしより、遂にこの所の名とせり。

島原の出入口はもとは東口一つであったが、享保一七年（一七三二）に西口が開かれた。京の町では江戸中期から祇園（現東山区）や北野（現上京区）の茶屋町にも遊女屋が認められるようになるが、これはあくまでも島原支配下の出稼ぎ地として黙許されたものであった。

花街はなくなったが島原の出口の柳は健在。

かつての島原は、日本最古の公許遊郭であり、縦横二町（約二二〇メートル）四方の周囲に溝が掘られ、本格的な郭であった。以来、元禄年間までは公認遊郭として非常に栄え、とくに江戸中期には数多くの文人や俳人の社交の場となり、島原俳壇がつくられるほど繁栄した。彼らの話し相手になり、俳句を詠み、文学などあらゆる教養を身につけた立派な太夫《たゆう》が数多く輩出した。

平凡社の『京都市の地名』（下中邦彦編、日本歴史地名大系第二七巻、一九七九年）によれば、正徳五年（一七一五）の幕府の改めでは、家数は傾城屋三一軒、揚屋《あげや》二一軒、茶屋一八軒で、そこに居住している者は太夫一八人、天神《てんじん》八五人、鹿恋《かこい》五八人、端女郎一六一人、禿《かむろ》二二七人、合計の傾城数五四九人であった。太夫は遊女の最高位で、置屋《おきや》から揚屋《あげや》への送り迎えは、新造《しんぞ》や禿《かぶろ》に男衆《おとこし》を供にする風習があった。なお揚屋は、太夫や芸妓をよびお座敷を揚《あ》げるお茶屋に相当する場所で、島原ではこう云われた。その島原の東口の正面にあたる大門《おおもん》の前には、柳町（新屋敷）・六条柳町当時からのしきたりとして柳の木が植えられており、これを「出口の柳」とよんでいた。

『都名所図会』巻之二における最後の図は島原の傾城町であり、右図に床几《しょうぎ》に遊女が三人腰掛けて休んだ後ろに柳を描き、出口の柳と注記している。

出口にて

傾城の賢なるはこの柳かな　其角

その出口の柳を唄った小唄がある。

みやこ島原出口の柳、浪花《なにわ》新町柳が無《の》うて、南の柳出口へ引いて貸そ、ヤレヤレこの柳、サアサ貸そヤレこの柳。

元禄期（一六八八〜一七〇四）から享保期（一七一六〜三六）ごろの京島原と、大坂の浪花新町の郭《くるわ》を唄った上方《かみがた》の小唄である。

浪花新町は、現在の大阪市西区新町橋の西にあった遊郭で、その発祥は寛永年間（一六二四〜四四）という江戸初期であり、「京島原の女郎に江戸吉原の張《はり》を持たせ、長崎丸山の衣装を着せ、大坂新町の揚屋で遊びたし」と唄われるほど、繁栄をきわめたところである。

この小唄は、大坂新町に遊んだ京の人が、新町の郭に柳がないのを見て、島原の南にある柳を引っこ抜いて貸そうという内容である。

島原は江戸中期の享保（一七一六〜三六）には衰えがみえはじめ、享和二年（一八〇二）秋に京都に来遊した滝沢馬琴が『羇旅漫録《きりょまんろく》』のなかで、「島原の郭《くるわ》、今は大におとろへ、曲輪《くるわ》の土塀なども壊れ倒れ、揚屋町の外は、家も、ちまたも甚だきたなし。太夫の顔色、万事祇園におとれり」と述べているように、新興の祇園・北野などの茶屋町の繁栄におされ、凋落していった。その理由を馬琴は、「京都人は島原へゆかず。道遠くして往来のわずらわしさゆえなり」と付け加え、町から遠く離れていて交通が不便なことをあげている。

そのほか、島原のある京の西部、現在のJR山陰線より西側には、常時人々が集まってくる場所、たとえば東山の清水寺、八坂神社、東福寺のような著名の社寺もなかった。祇園や先斗町《ぽんと》のように飲食街を伴なった盛り場もなく、遊びの島原一本鎗だけなので、飽かれたのであろう。

江戸吉原の見返り柳

浅野建二校注の近世諸国民謡集である『山家鳥虫歌』（岩波文庫、一九八四年）の巻之上・武蔵《むさし》にも、出口の柳の歌が収録されている。

色のよいのは出口の柳　殿にしなへてゆらゆらと

この歌は、島原の大門のところまで客を送って出て、また来てくださいと媚態を示している遊女を唄った歌であろう。

現在も近世の島原の面影を残しているものは、東入口で正門にあたる大門《おおもん》や旧揚屋の角屋《すみや》、松本楼、置屋の輪違《わちがい》屋などである。花屋町通に面した大門の門前の出口には植え替えられた何代目かの柳が残っている。

江戸の新吉原の見返り柳は、この島原の出口の柳を模倣したものである。

文化・文政期（一八〇四～三〇）の歌沢節には、新吉原の見返り柳を題材にした四世荻江露友詞・曲の、吉原の遊女と客との後朝《きぬぎぬ》（共寝した翌朝の別れのこと）を唄った江戸端唄につぎの歌がある。

堤になびく青柳の、結んで解けし縁《えにし》の糸、
引きとめられて見返りの、思わせぶりな捨言葉《すてことば》、
エエそうじゃいな、実《じつ》ほんにえ。

堤になびく青柳は、墨田川の日本堤から吉原の大門へとくだる衣紋坂《えもんざか》にあった柳の木で、遊女と一夜遊んだ客が朝帰りに後をふり返るあたりにあったので、この名があるといわれる。「青柳の、結んで解けし縁《えにし》の糸」とは、廓《くるわ》の遊女と結ばれた一夜の縁のことである。翌朝女に袖をひきとめられて、客は遊女を見返り、次の逢瀬《おうせ》を約束することを捨てぜりふという。

吉原の見返り柳は、現在、その後に植え継がれた柳と記念の石碑があり、近くに東京の夜の観光名所となっている松葉屋が残るだけであるという。平成二四年（二〇一二）一月一二日放映のＮＨＫ総合テレビの番組「ブラタモリ」は、現在の吉原を探索した番組であり、その場面のなかで吉原の見返りの柳を映し出していた。

前に触れた『山家鳥虫歌』の参河国（三河国＝現愛知県）で唄われていたとされる次の歌もやはり花柳界のものである。

柳の糸にとめられて　かへるもならず子がつなぐ

「柳の糸」は細く長くしだれた枝垂れ柳の枝のことであり、「かへる」に「帰る」と「蛙」が掛けられて

いる。枝垂れ柳の枝にとびつく蛙の姿を見て、足をとめ、懸命な蛙のしぐさから発奮したという平安時代の書家、小野道風《おののとうふう》の故事にもとづいた歌のようでもある。

しかし、ここまで見てきたように、遊郭・色里のことは柳町、柳里あるいは柳暗花明《りゅうあんかめい》と云われるように、柳との関わりが深い。そこからこの歌は、色里での歌だと解釈できよう。柳、つまり色里の遊女の深情けに引き留められ、さらには江戸語でいう「妓《こ》」（若い女のこと）の、遊女について世話をしている禿《かぶろ》（幼い女の子）が袖をつかんで遊女との仲をつないでいる様であろう。

ついでに『山家鳥虫歌』の河内国（現大阪府）での川端柳の歌をみる。

　何を嘆くぞ川端《かわばた》柳　水の出《で》ばなを嘆くかや

河川の水流《みずなが》れ近くに生育している柳が、水嵩《みずかさ》を増して盛んな勢いで流れ、木に当たってくる水流を嘆く意の歌ではあるが、別の面からみると、暗に男女の仲のままならないことを譬えている。常のときはおだやかな水流が河水の常であるが、時として激情ほとばしることがあるのが男女の仲である。

『山家鳥虫歌』はもとの歌を「何を嘆くぞ川柳　川柳　水の出端《でばな》を嘆き候《そろ》　嘆き候」（『異本阿国』の小歌）だという。これから後に、田峰盆踊や北安曇民謡のように「何をくよくよ川端柳、水の流れを見て暮らす」の意に転用された。そして明治後期の流行歌の「東雲節《しののめぶし》」としてよく知られた「何をくよくよ川端柳　こがるるなんとしょ　水の流れをみて暮らす　東雲のストライキ　さりとはつらいね」もその一類である。東雲節は明治三二年（一八九九）、名古屋の旭新地の東雲楼の娼妓《しょうぎ》（遊女のこと）がストライキを起こして廃業したことから起こった。ストライキ節とも云われる。

江戸期流行歌謡集の柳

少し時代はさかのぼるのであるが、近世でのあらゆる文化が醸成・爛熟したとされる元禄期（一六八八〜一七〇四）には、三味線の歌、箏《そう》（琴のこと）の歌も完成したし、前の時代までには見たことも聞いたこともないような多くの流行歌謡、流行浄瑠璃がうまれ、庶民の心を捕らえた。

そして元禄一六年（一七〇三）六月に、流行歌謡を集成した『松の葉』五巻が出版された。第一巻は室町時代末から江戸時代初期にかけての流行小歌、第二巻は元禄期と江戸初期の間の流行歌謡の長歌である。第三巻の端唄は全くの流行歌であり、第四巻吾妻浄瑠璃で、第五巻は流行歌の投節百首となっている。

藤田徳太郎校注『松の葉』（岩波文庫、一九三一年）から、柳が唄われている歌を抜き出してみよう。

○道で見たりとも忘れまい、枝垂柳《しだれやなぎ》の振《ふり》ぢやほどに（巻一・本手・三　腰組）

○さてもそなたの立姿、春の青柳絲桜《あおやぎいとざくら》、心がたよたよと（巻一・裏組・三　青柳）

○誰が始めし恋の道、いかなる人の踏み迷ふ、長《なが》の縄手の往《ゆ》き通ひ、四季折々の絶えせぬは、春は吉野の花桜木や、さの一節《ひとふし》も待ち顔なる、初音《はつね》ゆかしき鶯の、梅が香《か》を求《と》め青柳の、浮寝《うきね》の寝乱れ髪は、いつに忘りよぞ　合ノ手（以下略）（巻二・十三　四季）

○撓《しな》へや撓《しな》へ小笹《おざさ》も風に、其方《そなた》忍べば人が知る、あゝ他所《よそ》には科《とが》もない物を、見しよりも憧《あこが》るる、及ばぬ恋にいとゞ思ひしはいや増して、（中略）、情《つれ》なき君に見せたきものは、風に靡《なび》ける塩屋の煙、荻萩薄《おぎはぎすすき》まだも御座るよ、えい女郎花《おみなえし》、引くに靡かぬ草木もないに、見せたや庭の柳の絲の、柳の絲のえい風に靡くをの、叶わぬ浮世、雲に梯《かけはし》及ばぬ恋に、思い乱れて、えい何しよぞの、とかく浮世は気侭《きまま》がよいぞいの、勿論《もちろん》そうな、そりやさうさ。（第二巻・四十五　小笹）

○面白の花の都や、筆に書くとも及ばじ、東には祇園清水《ぎおんきよみず》、落ち来る滝の音羽の嵐に、地主《じしゅ》の桜は散《ち》り散《ぢ》りに、西は法輪《ほうりん》嵯峨の御寺《おんてら》、廻《まわ》らば廻れ水車の輪の、りせんせき（臨川堰）の川波、川柳《かわやなぎ》は水に揉《も》まるる、枝垂柳《しだれやなぎ》は風に揉《も》まるる、ふくら雀は竹に揉まるる、都の牛は車に揉まるる、茶臼《ちゃうす》は挽《ひき》木に揉《ぎ》まるる、げに真事《まこと》忘れたりよとよ、小利子《こきりこ》の二つの竹の、世々を重ねて打治《うちおさま》りたる御代《みよ》かな。
○枝垂《しだ》れ小柳《こやなぎ》、いとしの振りやな、ましてや心の中《うち》、呆《ぼ》け呆けて、情顔《なさけがお》なる君様を、仇《あだ》には憎《にく》かろ、さりとては。（補遺・（八）中島）
○千代の恵《めぐみ》よの、柳は緑花は紅《くれない》よ、人はたゞ情《なさけ》、それ梅は匂ひよの。（補遺・千代の恵）
以上七件のものがみられた。その内訳は、枝垂れ柳の枝の揺れ動くのを靡《なび》くとみて人の動きの情景にたとえたり、風情ある柳の枝に梅の香をもとめたりと、人々のあくなき欲望の対象としてもてはやされている。

二つの衣《きぬ》掛け柳伝説

前に触れた昔話とは違った系統で伝えられている柳の伝説がある。衣《きぬ》掛け柳といわれる伝説としてよく知られているものに、滋賀県の琵琶湖の北の小さな湖である余呉湖《よごのうみ》の湖岸のものと、奈良市の奈良公園内の猿沢池《さるさわのいけ》のものの二つがある。

余呉湖は滋賀県伊香郡余呉町にある小さな湖で、北東に平野が開けるほかは三方を山に囲まれた陥没湖で、生まれ方は琵琶湖と同じで、新生代第三紀にうまれている。琵琶湖の北端とは賤《しず》ケ岳で隔てられており、静かで水も清らかなため鏡湖ともよばれている。余呉湖の北岸にある川柳《かわやなぎ》の大木が天女の衣《ころも》掛柳《かけ》だと伝えられている。「近江国風土記逸文」（吉野裕訳『風土記』東洋文庫、平凡社、一九六九年）にはつぎのような話が伝えられている。なおこの話は、僧永祐が撰したと伝えられる『帝王編年記』（後光厳《ごこうごん》天皇の御代＝一三三八〜七四年刊）の元正《げんしょう》天皇の養老七年（七二三）の条に記されている説話だとされる。

奈良に都があったとき妥女が身を投げたという猿沢池。背後に興福寺の五重塔。手前の柳は何代目かの衣掛け柳。

伊香の小江

古老が語り伝えていうには、近江の国の伊香《いか》の郡余呉の郷。伊香の小江。郷の南にある。天の八女《やおとめ》がともに白鳥となって天から降り、江の南の津で水浴をした。その時、伊香刀美《いかとみ》という人が西の山にいてはるかに白鳥を見ると、その様子が普通とちがって奇異であった。それで、もしかすると神人《かみ》ではないかと疑って行ってみると、まことにこれは神人であった。ここで伊香刀美はたちまち愛情のこころがおこり、立ちさることができない。こっそりと白い犬をやって天の衣を盗みとらせると、いちばん若い娘の衣を入手したので隠した。天女はそれとさとり、姉の七人は天上に飛んで昇ったのに、妹の天女一人は飛び去ることができない。天への帰る途は長くとざされ、ついに地上の人となった。天女の水浴した浦を今も神の浦というのはこのことである。伊香刀美は天女の妹とともに夫婦になってここに住み、ついに男女の子供たちを生んだ。男二人に女二人である。兄の名は意美志留《おみしる》、弟の名は那志登美《なしとみ》、女は伊是理比売《いぜりひめ》、次女の名は奈是理比売《なぜりひめ》、これが伊香連《いかむらじ》の先祖である。

のちに、母がその天羽衣《あまのはごろも》をさがしとって、着て天に昇った。伊香刀美は孤閨《こけい》をむなしく守って嘆き悲しんでやまなかった。

近江の余呉の衣掛柳に天の羽衣をかけた人は、天から余呉湖へ水浴びにきた天女である。天女たちは人にそれと覚られ、中の一人が衣を奪われるが、それを発見し天へと帰っていく。天と下界を結び付ける役目を、この衣掛柳が果たしていたといえよう。

この天女の衣掛柳は枝が垂れない種類で、余呉町観光協会はマルバヤナギ（アカメヤナギともいう）としている。滋賀県では最大の柳で、幹の周囲三・九メートル（直径一・三メートル）、樹高一八メートル、樹齢約一五〇年で、地上すぐのところから二股に分かれている。

一方の奈良の興福寺の南のほとりにある猿沢池《さるさわのいけ》の柳は、余呉の柳とは違った展開をみせる。猿沢池は、天竺《てんじく》（古代のインドのこと）の獼猴池《みこうち》を模倣したものと云われることから、この名がある。『大和物語』（阪倉篤義・大津有一・築島裕・阿部俊子・今井源衛校注『竹取物語　伊勢物語　大和物語』、岩波書店、一九五七年）百五十につぎのような話が記されている。

むかしならの帝《みかど》につかうまつる采女《うねめ》ありける。貌容《かおかたち》貌美《いみ》じうきよらかにて、人人よばひ、殿上人などもよばひけれどもあはざりけり。そのあはぬ心は、帝をかぎりなくめでたき物になん思ひ奉りける。帝召してけり。さて後、またも召さざりければ、（采女は）限りなく心憂《こころう》しと思ひけり、夜昼心にかかりておぼえ給つつ、恋しくわびしくおぼえたまひけり。帝は召ししかど、こともおぼさず。さすがにつねにはみえたてまつる。なを世に経《ふ》まじき心地しければ、夜ひそかに出でて猿沢の池に身を投げてけり。かく投げつとも帝はえしろしめさざりけるを、事のついでありて人の奏《そう》しければ、聞こしめしてけり。いといたうあはれがり給て、池のほとりにおほみゆきしたまひて、人々に歌よませたまふ。柿本人丸、

わぎも子がねくたれ髪を猿沢の池の玉藻《たまも》と見るぞかなしき

とよめる。時に帝、

猿沢の池もつらしなわぎも子が玉もかづかば水ぞひまなし

とよみたまひけり。さてこの池に墓させたまひてなん、かへらせおはしましけるとなん。

采女《うねめ》（うねべともいう）とは人の名ではなく官職のことで、地方豪族の子女で後宮に入り、大内裏《だいだいり》の時や節会《せちえ》の配膳の役などを勤める女子のことである。この時の帝として文武・聖武・平城天皇の諸説があるが、柿本人麻呂とともに歌を詠んだということもあり、結局はどの天皇の時代なのか不明とされている。

采女が猿沢池に身を投げるとき、衣を池の岸にある柳に掛けたとされ、後世これを衣掛柳《きぬかけやなぎ》とよび、代々植え継いでいる。采女を祀った祠が猿沢池のほとりにある。『夫木和歌抄』は猿沢池の柳を詠った二つの歌を収録している。

猿沢の池のやなぎやわぎも子がねくたれ髪の形みなるらん　承明門院宰相

猿沢の池のうすらひ打ちとけて玉もをやどす岸の青柳　勝明法師

第五章　稲は柳に生ず

稲作可能な湿地は柳の生育地

私たちの住む日本列島は南北に細長くつらなる島国のため、実に数多くの植物が生育している。そのため日本人は長くて厳しい寒い冬が終わって、春が到来したことを、氷の解けはじめ、暖かな東風、水のぬるみ具合といった自然現象とともに、植物の生理にも目をむけて知ろうとした。それは蕗《ふき》の薹《とう》の出現であり、梅花のほころび、春の七草の葉っぱの伸長などであった。そして小川の岸辺では、水ぬるむ気配をそれとなく告げてくれる猫柳《ねこやなぎ》の花穂であり、枝垂れ柳の芽吹きも春の到来を感じさせる季節の配剤であった。

春とは、人びとが生活する周囲の植物たちが、寒さのなかでじっと隠忍自重していたつかえが解き放たれ、芽吹き、花を咲かせ、自らの生を精一杯活動させはじめる季節である。柳はそれらの植物のなかで、古くから春の到来とともに一斉に青い芽を萌えだし、花穂をつけるところから、生命力の象徴とみなされ、邪気をはらう呪力をもつとみなされてきた。そしてかけがえのない食糧を生産する百姓たちにとっての春は、稲の作付けの準備を始める季節でもあった。

稲の苗を植える場所は、耕して水を貯めた湿地状態のところである。わが国の水田は山の谷間の湿地に

稲作用の水が引き入れられる川の岸辺や、湿地帯が柳の生育地であり、最初の稲の栽培はそんな柳のあるところからはじまった。

作られた山田からはじまった。そこから、時代が進むにつれて水利技術が向上し、遠方から水を引けるようになり、沖積平野に水田が開拓されていった。沖積平野の米作りから上がる余剰でもって、山間の水を求めて山田を開拓していったのではない。

水田で作られる稲の生育に必要な水を引き入れる川の岸辺や、水田となるような湿地帯は柳の生育地であった。わが国の川畔に生育する柳には、大葉柳《おおばやなぎ》、立柳《たちやなぎ》、川柳《かわやなぎ》（別名を猫柳とか、えのころ柳という）、長葉川柳《ながばかわやなぎ》、絹柳《きぬやなぎ》、化粧柳《けしょうやなぎ》などがある。これらの柳類とともに、外来の柳として枝垂れ柳と行李柳（コリヤナギ）がある。

枝垂れ柳は、中国の長江（揚子江）中・下流域に住んでいた人々が、稲の種子や水田稲作技術とともに枝垂れ柳も稲作文化セットの一つとして日本に運んで来たことは、前の章で述べた。そして柳は、稲作をはじめるにあたっての農耕儀礼の祭の際には、神の依《よ》り給う樹として伝承されつづけてきた。

『万葉集』には稲作と関わりのある柳を詠んだ歌が収録されている。まず稲が最も成長する夏に、小山田といわれる山の谷間の傾斜地にある水田の湿地状態を保ち続けるための水を溜める池の堤に、柳を挿すことを詠った歌がある。

小山田の池の堤に刺す楊《やなぎ》成りも成らずも汝《な》と二人はも（巻一四・三四九二）

この歌の前半の、小さな山田の潅漑用池の堤に楊（かわやなぎ）を挿し木することは堤の補強のためであろうと、一般的には解釈される。

渡邊昭五は『田植歌謡と儀礼の研究』（三弥井書店、一九七三年）のなかで、この歌の小山田は谷の奥にある上流の三角田であるという。そして、「ここに依代《よりしろ》として山中から勧請《かんじょう》してきた柳が、蘆《あし》と同じように植えられて一年の稔りを念じて男女の歌垣《かがい》的機会が行われたのである。牛尾三千夫氏は、〈三角や円形の田は女性を象徴したものであろう〉と述べられている。扇が女陰、瓢《ひさご》が男根をかたどるのと同じで、その真中に三把《さんば》の苗をさすことは、男女和合を意味すること、と論じられた」という。

古代政権は水稲のみ評価

水田に柳を挿すことは水口祭《みなくちまつり》の神迎えの行為とみられる。水口祭は、稲作の農事をはじめるとき、苗代田の水を取り入れる入口に、このころ咲き始めるツツジや、柳等を挿し、焼米《やきごめ》を包んだものや、神酒を供えて田の神を祭り、秋の豊作を祈念する行事である。

水口祭に当たっては、一定の聖域をつくり、ここに樹木を依代《よりしろ》として立てて、天から神を招きおろす。このとき水口に挿されたツツジや柳が神の依代となる。依代は憑代とも書かれ、この場合は山の神が祭主の百姓に招き寄せられて、田の神として乗り移るものである。

稲の種類には、水稲《すいとう》と陸稲《りくとう》の二つがあった。水稲という種類は、水田といって水を溜めた沼地状態のところで栽培する稲で、現在普通にみられる稲のことをいう。一方の陸稲（おかぼともいう）は、焼畑や常畑のような水を溜めることのない状態で栽培する稲をいう。『万葉集』が編集される以前でも、この二種類の稲は存在していたが、当時の政治を司る人たちは水稲こそが稲だという観念のようであった。

『日本書紀』（宇治谷孟『全現代語訳　日本書紀』講談社学術文庫、一九八八年）の神代上（黄泉《よみ》の国）の一

書（第十二）には、保食神《うけもちのかみ》の死体から生まれた種々の食べ物の中の一つとしての稲について次のように記されている。

その神の頭に牛馬が生まれ、額の上に粟が生まれ、眉の上に蚕《かいこ》が生まれ、目の中に稗《ひえ》が生じ、腹の中に稲が生じ、陰部に麦と大豆・小豆が生じていた。天熊人《あまのくまひと》（神に供える米を作る人）は、それをすべて持帰り奉った。すると天照大神は喜んでいわれるのに、「この物は人民が生きて行くに必要な食物だ」と。そこで粟《あわ》・稗《ひえ》・麦・豆を畑の種とし、稲を水田の種とした。それで天の邑君《むらきみ》（村長）を定められた。その稲種を天狭田《あまのさなだ》と長田に植えた。

このように、稲といえば即ち水田に植える水稲だとしている。陸稲があることは、当時の上層部の人が知っていなかったのかと云えば、やはり陸稲のことは承知していた。陸稲は「おかぼ」とも呼ばれる稲の種類で、畑地で栽培される。生育する期間中には、水稲ほど多量の水分を必要としないが、水稲よりも収穫量がすくなく、品質も水稲に比べて劣る。

すこし時代は下るが、『延喜式』民部上・班田の条《くだり》に、

凡《およ》そ、山城・阿波両国の班田は、陸田・水田、相ひ交へて授けよ。

とある。つまり山城（現京都府南部）と阿波（現徳島県）の二つの国では、口分田《くぶんでん》に陸田《りくでん》（畑のこと）をまぜるというのであって、この二国以外の他の国では水田だけの班給《はんきゅう》（わかち与えること）で、稲作用として陸田を授けることはないという意味である。

この二つのことからいって、古代政権の人たちの意識は、稲は水田において栽培するものであって、陸田で栽培される陸稲はほとんど考慮に入れるものではなかった。

稲を栽培する田は、山の谷間につくられた谷田であり、そこは『日本書紀』の天狭田や長田というよう

に、谷の上流部にある狭い田や、等高線状に開いた長い田であった。それぞれの田に、水を供給するために築かれた溜池の堤（土手）は、柳等で十分な補強をする必要があった。

種籾の蒔付けと青柳の呪力

日本では祭を行う場合には、必ず樹木を立てる。生きた自然の木や枝はもちろんのこと、祭を営む場所には、清浄な飾りをつけた樹を立て、神霊をお迎えする。神の憑《よ》りつく樹木としては、一年中緑の葉っぱをつけている常緑樹、ことに榊《さかき》や松が樹霊信仰の対象とされてきた。ところが稲作の始まりのとき、田の神を祭るときには、落葉樹である柳、ことに枝垂れ柳が多く用いられる。柳が用いられるのは、枝を挿しておけばたちまち根付き、枝葉を茂らせることができる強い生命力によるものであろう。それとともに、大木で枝を枝垂れさせる樹木には神が宿るとの信仰が、古くからわが国にはある。神の宿る木として常緑樹を尊重するわが国の風のなかで、あえて落葉樹の枝垂れ柳を憑代《よりしろ》として水口祭のときに用いられるのは、その信仰が稲作の発祥地である中国長江の中・下流域で行われていたことを物語っていると考えられる。

開花したカワヤナギの枝。苗代の水口祭りのときは枝垂柳とともにカワヤナギの枝も立てられた。

さらに神招きをする特別な日には、その日にのみ許される男女の婚《こん》媾《こう》（夫婦の縁組）が行われる習俗があった。「あやかりの呪術」といわれ、男女の行為に五穀《ごこく》が感染して稔ると、先祖たちは信じたのである。五穀とは人が常食する五種類の穀物のことで、米、麦、粟、豆、黍《きび》または稗《ひえ》とされる。それだから歌の後半で、恋が成就して夫婦関係が成立しても成立しなくても、私とお前の二人は変わらず、秋の豊饒《ほうじょう》を祈ってまぐわい、一つになるのだと詠っている。

青柳の枝伐《き》り下し斎種《ゆだね》蒔《ま》き忌忌《ゆゆ》しく君に恋ひわたるかも（巻一五・三六〇三）

この歌は前の章で触れているのであるが、もう少し詳しく考えてみよう。

青柳とは、青く芽吹いた枝垂れ柳のことである。枝垂れ柳の青々と芽吹いた枝を切り、稲を栽培する田におろし、籾種《もみだね》を蒔《ま》いたというのが前半である。斎種《ゆだね》とは、神聖な種という意味で、苗代に蒔く籾種には、稲の穀霊《こくれい》が宿っていると考えられ、こういうのである。

「青柳の枝切り下ろし」についてはいろいろな説があり、吉井巌は『万葉集全注』（有斐閣、一九八四年）巻第十五のなかで、四つの説を紹介しているので、ここにそれを掲げる。

「田つらの堤をしげく行かよふに、柳のえだがはびこりなどしたれば、さはりとなるまゝ、枝きりおろすなり」（『管見』）

「枝きりおろしとあるからは、其枝を束ねゆふという義を、ゆたねまきとは詠める義ならん。物あつめ束ねる事ゆだねると云ふ也」（『童蒙抄』）

「田に便よき所に井をほり井の辺に柳をおほして其柳の枝を伐りすかしはねつるべというしかけ苗代の田ごとに水を汲み入るゝ事あり。これかならず柳にて他木を用ひず。このアヲヤギノ枝キリオロシといふも其事をいへる也」（『略解引用宣長説』）

「楊ノ枝ヲ伐リて、苗代の水口にさして、神を斎ヒ奉るをいふなるべし。今も田植る初メに、木の枝を挿シていはふことあり、是をさばひおろしと云り」（『古義』）

この四つの説にしたがって吉井は、「行き通うに邪魔なところに植樹するはずはなく、ユダヌは古代では他にまかせる意であり、はねつるべ云々も第三句へのかかり方は迂遠《うえん》であって、共に従えない。『古義』説の方向がもっとも適切であろう」と、『古義』説を支持している。

苗代に蒔く種は神から賜った神聖なものだと詠む歌に、権僧正公朝《きんとも》の「むらきみはあめのあなたの苗代に神のくたせるたねおろすらし」(『夫木和歌抄』巻第五・苗代)がある。「むらきみ」は邑君のことで村長《むらおさ》をいい、「あなた」は彼方のことで、あちらとか向こう・かなたの意である。歌の意は、村長は天のかなたにある苗代に、神が与えてくださった籾種を下ろす(蒔く)らしい、という意味である。天の彼方に苗代をつくることができないので、実際には天に近い山田の上の方の水源に近いところを苗代としたものであろう。そこに神聖な籾種を下ろす、つまり蒔きつけるのである。

苗代の水は種籾の蒔き付けから、本田《ほんでん》(稲を栽培する田。苗代は苗を育てる田で、苗を取り終わると、改めて普通の田と同様に苗を植える)へ移植するまでは、水が絶えると苗の生育に支障がでる。そこで、十分な水管理が必要となる。柳は湿地状態のところに生育する特性から水を生むとの考えがあり、苗代の水口《みなくち》に柳を立てることで、苗代田に絶えることなく水を供給できるようにと、祈ったのである。

田神の依代柳を立てた水口祭

現在のように水利が十分でなかった時代においては、苗代に種籾をまいたものの、その後は水を十分に賄うことができるのか、心配の種であった。前の歌と同じく『夫木和歌抄』巻第五・苗代に、そのことをしめす歌がある。

青柳の糸うち乱《みだ》るあら小田の苗代水は絶えしとぞ思う　　能宜朝臣

屏風に二月田の神まつる所

あら小田の苗代水の水上をかへすがへすも祈る今日かな　同

「あら小田」の「あら」には、ごつごつしているとか険しいという意味の「荒い」と、新しいとする意味の「新《あら》」がある。「荒小田」は荒れた田のことでこれだと苗代を作ることは困難である。したがって新しく開いた田の意味を意味する「新小田」となろう。新規に開拓した田は、稲が根を張る耕土《こうど》の下に、未だ十分に水を溜める粘土層ができていないので保水力が弱く、水口から水を流し込んでいても止めるとたちまち、干上がってしまう。

前の歌は、籾蒔きをしたときの水口祭の際、田の神の降臨をねがって立てた柳が根付いて、細く枝垂れた枝が風に乱れ、靡《なび》いているけれども、日照がつづいた今は苗代の水は干上がってしまっている予感がすると、能宣朝臣は詠んだのである。そして続いて次の歌で「神まつる所」を描いた屏風を見ながら、何度もなんども苗代水を取り入れる水上を、水が絶えないようにと、祈るというのである。詞書きの「神まつる所」には、前の歌のように水口を守護してくれるであろう田の神の依代の柳が立てられていることは当然のことであろう。

平安末期から鎌倉時代にかけては、新しく水田を開拓しても、水利工事の技術が未熟なため、谷川から水を引く上に、さらに天水《てんすい》つまり降雨による水の補給に頼らざるを得なかった。それだから能宣朝臣は、苗代をつくる農民になりかわって、繰り返しくりかえし苗代の水上の神に水が絶えませんようにと、祈り願ったのである。

稲の苗をつくる場合、水口や苗代の籾を蒔いた田の中に穀霊（穀物の精霊）の宿ることのできる樹木の枝などが立てられることが多く、そのなかには柳も各地で用いられた。長野県編集の『長野県史　民俗編』（長野県史刊行会発行）の第一巻から第四巻までに収録された長野県下における苗代祭りの様子を、本書の主題である柳を主として紹介する。

稲の苗を育てる田を、北信地方ではナワシロと呼び、東信・中信・南信地方では、ナワシロ、ネーマなどと呼んでいる。苗代も水苗代から保温折衷《せっちゅう》苗代に変わり、さらに近年は田植え機による機械田植えが普及し、苗は苗箱で育てられるようになり、この習俗が見られなくなったところが多い。保温折衷苗代は、稲をはじめは揚床《あげどこ》の畑の状態で育て、さらに保温のために油紙・ビニール布をかけて生育を良好にし、のちに覆いをとって水苗代と同様に灌水育苗する栽培法である。平成の現代ではこの栽培法もすたれた。

上田市・小諸市などの東信地方では、次の一三集落で、苗代の田の中に柳を立てることについて一一件の事例が集められている。
○田の真ん中に柳の棒（枝）を立てる（小県郡丸子町（現上田市）尾野山・同町長久保・小諸市菱野）

長野県下で苗代祭りに柳を立てる地域の分布図（長野県編『長野県史　民俗編』から有岡作図）

○柳を三本おっ立てた。（小県郡丸子町（現上田市）向井）
○二〇センチぐらいの柳の棒を立て、柳に芽が出ると苗があたるといった。柳の棒を六尺（約一・八メートル）おきに立てる家もあった。柳の芽が出ないものがあると、苗のできが悪いのではないかと案じられた。（北佐久郡立科町塩沢）
○柳またはつつじの枝をさした。（種籾

の）芽ふきのよいようにというおまじないである。赤い紙で作ったちいさな御幣《ごへい》をたてる家もあった。（南佐久郡小海町親沢）
○柳をところどころにさす。根がつけば陽気がよいといった。（小諸市与良）
○直径五・六分（約一・五〜一・八センチ）の柳の枝を一尺（約三〇センチ）くらいの長さに切り、戸隠神社のお札をつけて苗代の真ん中にさした。これはすずめ除け、害虫除けのおまじないと考えられた。（小県郡東武町（現東御市）西宮）
○柳の枝に米の粉で作った稲穂の形をさして家の中に飾る。穂はあわやひえの穂を意味する。（小諸市和田）
○苗代の両端に四尺（約一・二メートル）あるいは二尺（約六〇センチ）ごとに柳の枝をさした。（佐久市横根）
○三〇センチぐらいのねこ柳の枝を三本から五本、水口と稲の品種別の境にさした。（北佐久郡立科町山部）
○ケーカキボー（粥掻棒）を二本水口に立てる。ケーカキボーの頭を十文字に割ってカラスゴーを挟む。カラスゴーは碓氷峠の熊野神社で出している烏の絵のついたお札である。二本のケーカキボーの間には、柳の細木を五〜六本立てる。（北佐久郡軽井沢町発地）（粥掻棒は、正月の粥占《かゆうら》の神事にもちいる棒のことである。棒に粥の付着する仕方によって農作物の豊凶を占い、後に田畑にその棒を立てる）
○一月十四日に稲の花を飾った後の柳の太い所を使ってケーカキボーを作り、神棚に供えておく。苗代を作ったときケーカキボーを下げて苗代の水かけ口の両側に立てる。棒の上部に十文字の割れ目を入れ、稲の花を一つ挟んで立てる。（佐久市長土呂）

中信地方の苗代に立てる柳

大町市・木曽郡などの中信地方では、五二集落、二九件の事例が取り上げられている。

○苗代に柳の棒を立てる。（北安曇郡小谷村千沢、同村千国、同郡美麻村（現大町市）二重、同郡三郷村（現安曇野市）中萱、同村長尾、東筑摩郡麻績村西之久保、同郡四賀村（現松本市）保福寺町、松本市島立中村、同市寿赤木、塩尻市宗賀洗馬）

○柳の棒を三本立てる。（大町市社館之内、南安曇郡穂高町（現安曇野市）穂高、同郡豊科町（現安曇野市）細萱、同町飯田、同郡三郷村（現安曇野市）小倉、同郡梓川村（現松本市）北北条、同町下角、同郡波田町下波田、松本市浅間温泉洞、同市岡田伊深、同市里山辺下金井、同市芳川平田、同市今井下新田、同市内田、同市郷原）

○柳を三カ所に立てて拝む。（北安曇郡美麻町千見）

○柳の小枝を三本立てて田植えがすむまでおいた。（南安曇郡穂高町（現安曇野市）柏原）

○苗代の中央に長さ一尺くらいの若柳を三本立てる。（南安曇郡梓川村（現松本市）岩岡）

○苗代の中に柳を立て柳を目印に種もみをまいた。（木曽郡上松町吉野）

○ナベアシといって柳を三本苗代に立てた。なべの足は三本で、苗代に立てる柳も三本だからこう呼ぶ。五〇センチくらいの柳を立てる。（北安曇郡白馬村嶺方）

○柳の枝を立てる。田の神様の休み場だという。（北安曇郡小谷村奉納）

○柳の小枝三本をさした。柳は芽吹きがいいからといった。（南安曇郡穂高町（現安曇野市）新屋）

○柳のように早く芽をふくようにと水口に柳を立てた。（東筑摩郡四賀村（現松本市）西北山）

○柳の棒を三本立てて、そのうちの一本でも枯れると米がとれないといった。（松本市神紙林今村）

○苗が青く芽吹くようにと柳の棒を三本立てた。（松本市入山辺南方、同市神林川西）
○水口に柳の棒を三本立ててその上に草餅を載せて供えた。（松本市両島）
○柳の棒を立てて苗が息災に育つように祈った。（東筑摩郡朝日村西洗馬上組）
○一月十五日に柳で箸を作り、苗代を作るまでこの箸をつかって食事をするものだと云われていた。実際にはしまっておいて、苗代を作ったときナエマ（苗間）に箸をさした。苗の芽吹きがいいといった。（東筑摩郡山形村小坂）
○一月十一日に柳の枝をとってきて、一方は削りもう一方は十文字に割って、その間に小さく切った餅を挟んだ棒を二本作る。苗間をおこしたとき、この棒を水口の両側に立て、棒の上に平たい石を載せ、その上に焼米《やきごめ》を載せて田の神様に供えた。（松本市芳川平田）（焼米は、新米を籾《もみ》のまま炒り、搗《つ》いて籾殻をとり去ったもの。種籾の余ったものでも作られた）
○柳の枝か、一月十四日に作った粥掻棒《かゆかきぼう》を削りかけを水口に立てて、その上に焼米《やきごめ》を供えた。（松本市今井下波田）
○一尺くらいの長さのいきのいい柳の棒の上部を四つ割にしてコーゲをさし、その上に田作《たつくり》（正月の祝肴に用いられるゴマメの異称）の焼いたものを四〜五匹供えた。水口に供えた。（塩尻市北小野宮前）
○太い柳を四つ割にして焼米を盛って水口に供えた。（松本市和田殿）
○柳の枝へ紙に包んだ焼米をつけて水口に立て豊作を祈った。（木曽郡木曾福島町（現木曽町）下条）
○苗間をこしらえると、その水口に二つに割った柳の棒を三本立て、種もみの残りで焼米を作り、田の神様にといって供えた。この柳に根が生えないときは何か変わったことがありゃしないかといっ

昭和28年に撮影された大町市内の苗代に立てられた３本の柳の枝（『長野県史　民俗編』第三巻　中信地方）

昭和48年に撮影された諏訪市豊田での苗代に根付いた柳の３本の枝（同上書　南信地方）

水口祭	集落数
柳（棒又は枝）単独	73
柳と神社のお札	3
柳と餅	2
柳と焼米	9
桃と焼いた田作	1
柳と白米	1
柳の箸	1
柳と稲の作り花	2

長野県下において苗代の水口祭りの際に挿される柳の種々の姿。柳が単独で挿されるものが最も多く、その中で3本の柳を挿す集落数が32と最大である。また1本なのか、それとも複数なのか不明な記述のものがほとんどである。

た。柳は苗取りまでさしておいた。（松本市島内新橋）
○ワカドシに作った柳の粥掻棒（ケーカキボー）の頭の部分を十文字に割り、その上に餅を載せて水口に二本供えた。（南安曇郡穂高町（現安曇野市）穂高）
○苗代の中央に柳を三本立ててこれに根が出れば豊作だといった。（松本市中山埴原）
○柳の枝を三〇センチぐらいに切って三本田の真ん中に立てた。五本さす家もある。昔、日照りのときに水がなくても柳の枝で日蔭になった所だけ苗が枯れなかったので、以後苗代を作ると柳の枝を立てるのだという。（南安曇郡堀金町（現安曇野市）上堀）
○水口へ柳を削って頭を四つ割りにして立てる。（南安曇郡豊科町（現安曇野市）成相）
○三角の袋に焼米を入れて柳の枝につけて水口にさした。柳の芽吹きでその年の豊凶を占った。（東筑摩郡本城町八木）
○カンジョベーを柳の枝につるし、炒米《いりごめ》を紙に包んで木に挟んだものを一緒に水口に立てた。（東筑摩郡坂井村山崎）

南信地方の苗代に立てる柳

長野市・飯山市などの北信地方では、七集落の二件が取り上げられている。
○根がよく張るようにといって苗代に柳の棒を立てた。（西平）
○苗代に柳の棒を立てた。（蟹沢、広瀬、笠原、雁田、外鹿谷、坂城）
諏訪市・飯田市などの南信地方では、二〇集落、二〇件の事例が取り上げられている。
○水口に田の神をまつり、田面にはつつじ、柳、山吹などの小枝を二〜三本さしておく。（下伊那郡

豊丘村中平）
○タナボーといって柳の枝を水口に立て、白米のおひねりをおいた。（茅野市豊平南大塩）
○苗代を作り上げ、種まきする前に柳の穂枝三本を間をおいて立てた。水口祭りという（茅野市豊平南大塩）
○水口に柳の小枝をさした。（岡谷市長地中屋）
○苗代の真ん中に柳の木を三本立てた（上伊那郡中川村南田島）
○苗代の真ん中に柳の若末（若枝の先端のこと）の棒を三本立てた。これをセーマンボーと呼んだ。（上伊那郡中川村大草）
○苗代の中央に一尺くらいの川柳の枝三本を一尺五寸間隔で立てた。（諏訪郡下諏訪町下の原）
○三〇センチぐらいの柳の小枝をさした。保温折衷苗代になってから立てなくなった。（諏訪郡原村払沢）
○柳の小枝を四〇センチぐらいに切り、田の中に三本さした。保温紙を使うようになって行わなくなった。（伊那市美篶青島）
○柳の小枝を三本、苗代を四等分した形に立てる。（諏訪郡箕輪町上古田）
○苗代にもみをまくことを苗代しめといい、このとき柳の枝を三本、水口か短冊のところにさしておいた。（上伊那郡飯島町石曾根）
○水口の両側に柳の棒の先を十字に割って立て、豊作を念じた。（岡谷市西堀）
○水口に柳か桑の枝をさし立て、氏神様のお札を結び付けた。（諏訪市小和田）
○水苗代のとき、柳、ひのき、さかき、まゆみ、桑、桜などの枝を立てた。（諏訪市豊田文出）

○柳の枝をネーマ（苗代）のあぜに立てた。苗の芽吹きがよいよう、青だちがよいようにと行った。（伊那市小沢）

○一五センチぐらいの柳の小枝を苗代の中に三本立てる。この柳が根付けば苗の出がよいという。（上伊那郡高遠町（現伊那市）御堂垣外）

○柳の小枝を水口に三本、苗代の中央に三本さした。この柳にトンボがとまれば豊作だといわれた。根の出た柳は川端にさした。（伊那市西春近山本）

○苗代の水口に田の神様をまつり、その前に平らな石をおいて焼米を供える。焼米といっしょにメンコロ（猫柳）、梅、桜などの花を二〜三本供える。田の神は、野づら石の中からうまく立つようなものを拾って立てる。苗を取るときまで立てておき、川に納めたり、「田の神さんに返す」といって拾って来た場所へ返したりする。今は捨ててしまう家もある。（下伊那郡阿南町新野）

このほか長野県下における苗代祭りの際水口に立てられるものは、東信地方では、サカキ（榊）、ツツジ（躑躅）、戸隠神社のお札や同神社が授ける笹、虫よけの棒、田の神のお札、ヌルデの棒等であった。中信地方では、桑棒、ヌルデの木、田の神のお札、すず竹、ケーカキボー（粥掻棒）等である。北信地方では、棒、焼米を縛り付けた棒、花、萱《かや》、藁に太い棒をさしたもの、粥箸、真魚箸《まなばし》、戸隠の笹、神社のお札等である。南信地方では、山吹の花、コメツツジの花、キリシマツツジの花、イワツツジの花、萱、桑の枝、桧、榊、真弓、桜、木の芽、ヌルデ、ソヨゴ、新しい棒、ケーカキボー、青木、椹《さわら》、一位《いちい》、苗敷き様のお札、田の神様のお札、梅の花等である。

このように、稲作の最初の仕事である苗代作りにあたって農民たちは、鳥害や虫害を除けるため、日照の害の未然防止などとともに、籾の芽が早く出て、豊作になりますようにと田の神に祈るため、水口をはじめとして苗代の中に柳、樹木の花などをさしてきた。

水口や田の中にさす柳の枝や棒の本数は、三本の事例が二三件と最も多い。

『農業全書』の稲作と柳

本章の題名としている「稲は柳に生ず」という言葉は、宮崎安貞《やすさだ》がその著『農業全書』（土屋喬雄校訂『農業全書』岩波文庫、一九三六年）において記したものである。同書巻之二・五穀之類・稲第一は冒頭で、次のように稲とはどんな作物なのかを記す。

稲は五穀の中にて極めて貴き物なり。太陰《たいいん》の精にて水を含んで其徳《そのとく》をさかんにすと云ふて、水により生長するゆへ、土地のよしあしをばさのみ云はずして、先《まず》水を専《もっぱら》にする事也。稲は汚泉に宜《よろ》しとて、上に流水あるか、又は泉《いずみ》池《ち》塘《とう》など有りて、水のかけ引自由にて旱《ひでり》にも絶えず、また洪水などの災いもなく、殊に村里の濁水の流れ来る地を第一とするなり。

このように稲はその栽培に当たっての最重要事項は、水の管理の有ることをまず述べる。そして土の性質と田の良し悪し、稲の種類や種子について簡単に要点を述べる。そして柳について触れるのである。

稲は柳に生ずとて、楊柳《ようりゅう》のさかゆる歳《とし》が稲によきものなり。本朝《ほんちょう》にても農民の世話に梅田《うめた》、枇杷《びわ》麦とも云ふなり。考えてみるに此説大抵《このせつたいてい》たがわず。

『農業全書』は、稲は柳から生まれるというから、楊柳つまり枝垂れ柳がさかんに生育する年は、稲の作柄が良いものであるという。日本でも農民は梅の花つきがよい時は田、つまり稲の出来がよく、枇杷の実がよく成る年は麦の出来がよいといっている。宮崎が考えてみても、この説はたいてい間違いではない、とこのようにいうのである。

『農業全書』は「稲は柳に生ず」として、稲作農作業開始図に柳と梅花を描いている
(『農業全書』岩波文庫より)

宮崎は「稲は柳に生ずとて云々」として、この諺はあたかも日本での農民の間に言われているように述べているが、続いて「本朝でも農民の世話に梅田云々」と記している。この表現からいえば、「稲は柳に生ず」との諺は、水田稲作の源である中国の長江の中下流域の農民のものであった可能性が高い。しかしながら、現在の段階ではあの膨大な事例を記している諸橋轍次の『大漢和辞典』の稲の項にもなく、この諺に関する中国側の文献を見つけだすことができないままでいる。

枝垂れ柳は水辺の樹木であり、水が常に供給できていれば、隆々とした生育振りをするものである。稲もまた『農業全書』が冒頭で云うように、「水によりて生育する」性質をもっており、稲の栽培では「先《まず》水を専らにする事」が大切であるのだ。枝垂れ柳の生育に影響があるほど、水が不足すれば、稲にとってはきわめて重大な日照りとなり、作柄は半作もしくは収穫皆無となるおそれさえある。柳も稲もともに生育するには、水が大きく関わっていることから、『農業全書』はこのようにいったのである。

別の見方をしてみれば、前に触れた長野県下の各地で、苗代作りのとき、柳を水口や田の中に立てることから、柳は田を守ってくれる田の神の依代《よりしろ》と考えられており、柳が隆々と生育しているときは田の神の勢力も隆々としており、その勢力に守護された稲はしたがって作柄がよろしいともいえる。柳の樹勢が衰えたときは、何らかの事情で田の神が依代から稲田の守護をやめて去ったか、あるいは怠けていると考えたのであろう。神仏の守護に依存していた時代の見方の一つと考えてよいだろう。

「稲は柳に生ず」という言葉が、稲作のことわざとなったのは、宮崎安貞《やすさだ》が著した『農業全書』が全国的といっていいほど広く読まれたことによる。江戸時代前期の農学者であった宮崎安貞は広島の人で、福岡藩に仕えたがのちに退職し、みずから農業に従事しながら諸国の老農を訪ねて農業を研究した。

宮崎安貞が『農業全書』を著そうとした動機は、当時の農民が農業技術にうとく、貧窮に陥りがちであるのを救おうとしたものであって、名利はまったく度外視されていた。さらに当時は、わが国には農書らしい農書は流布していなかった。この『農業全書』以前のわが国の多くの農民は、なんら頼るべき指導書もなく、祖先伝来の経験に基づいて農業に勤しんでいたのであった。

『農業全書』はわが国最初の農書であり、しかも大いに時代の要求に適していたため、たちまち広く流布し、農書の代表となり、当時の農業技術の発展向上にきわめて大きな影響をあたえたのである。水戸黄門として著名な水戸藩主の徳川光圀がこの書を読んで、「是《これ》人の世に一日も無かる可《べ》からざるの書なり」と賞賛し、自分の藩内に勧めたのである。以後、諸藩でもこの書を農民に勧めるところもあり、その価値は広く知られ、わが国内に広く知られることとなったのである。

「農事図」に描かれた柳

「稲は柳に生ず」と『農業全書』は稲の項で記しているが、その項では稲と柳との関わりについて全く述べられていない。なぜ柳が稲を育むのか、その因果関係を文章で述べることは難しかったのであろうか。しかし、岩波文庫版の『農業全書』は、自序・凡例・農業全書叙・目録についで、「農事図」が収められている。

ここでの農事とは、水田稲作のことをいう。

①田ごしらえといって稲苗を植え付けるための準備作業と種籾《たねもみ》の播種《はしゅ》から、

②苗代の苗取り、

③苗の植付けと夏の田草取り、

④稲の刈取りと脱穀、

⑤籾擦《もみす》り・米の俵詰め・米の販売までである。

「農事図」が描写した稲作は、冬季に積雪がほとんどみられない西日本の、なかでも太平洋側の地域のもののようである。

このように「農事図」は一〇ページにわたり五つの情景を描写しており、その二つに柳が描かれている。一つは田ごしらえの場面であり、二つ目は田植え場面である。

柳が描かれた一つ目の場面は、二枚の水田があり、それぞれの田で違った二つの作業が描かれている。一つは牛に犁《すき》をつけた二組の農夫が田を耕しており、さらに二人の農夫が鍬を振り上げ、振り下ろして懸命に田を耕している。もう一枚の田では、準備の整った苗代に一人の農夫が籠にいれた種籾《たねもみ》を蒔《ま》きつけている。その畦《あぜ》には、農夫が次に蒔く種籾の俵をてんびんで担いで運んで来ている。種籾は発芽を促すため俵に入れ、蒔きつける一週間位まえから池などに浸けていた。ここでは水に浸していた発芽寸前になった俵を運んできているのだ。

稲作の始まりとなる農作業を描いた最初の図の右側には三分咲きの梅の古木が描かれ、図の中央の田の畦にはたくさんの枝を垂れた二本の枝垂れ柳の大木が描かれている。枝は線が引かれているだけなので、季節としてはまだ芽吹きがみられない時期のものである。枝垂れ柳が芽吹き以前に、苗代には種籾を蒔くものだということを図示したものと考えられる。『農業全書』は田の土を耕すにも時期があり、巻之一「農事総論」・耕作第一において「古語にもいへるごとく一年の計は春の耕《たがやし》にあり」といい、春の耕しを最も良好とした。そして「春の耕しは冬至より五十五日に当る時分、菖蒲《しょうぶ》初めてめだつをみて耕し始むる物なり。菖蒲は百草に先立ちて生ずる物なれば、是を目当てとする事也。このほかその所の草木のめだちに時分時分の目つけ心覚えすべし。すべて田畠共に一村の内にしても所により陽気の遅速《ちそく》ある事」という。

同書は田を耕しはじめる時期は、文章では菖蒲の芽出ちの時期であり、「農事図」においては梅が咲きはじめた時期であるとした。さらに苗代に種籾を蒔くとき、稲作を守護していただく田の神の依代としての柳が必要なことを、「農事図」に柳の大木を二本描いて示したのである。

百姓著『農業図絵』と柳

『農業全書』の「農事図」と同じように苗代の種籾を蒔く時期を、梅と柳を描いて農民に知らしめた図書に、加賀藩（現在の石川県・富山県を領有）の百姓の土屋又三郎が享保二年（一七一七）に著した『農業図絵』があり、いま日本農書全集第二六巻（農山漁村文化協会刊、一九八三年）に収められている。

田植えは稲作の重要な作業で、秋の豊作を柳が見守っている（『農業全書』岩波文庫より）

著者の土屋又三郎は加賀平野（金沢平野）の真ん中で、祖父の代から加賀藩の農事に関する重要な役（十村職）を継いできたが、元禄七年（一六九四）農政担当の奉行が罪に問われたとき連座の罪がとがめられ、投獄された。のち許されたが十村職は解任され、平百姓に格下げされた。又三郎は自分の代に失墜した家名を上げようと、農業に関する著作にかかり宝永四年（一七〇七）に農書『耕稼《こうか》春秋《しゅんじゅう》』を著している。『農業図絵』はその『耕稼春秋』を図に示して説明したものであろう。

『農業図絵』の「種籾池より上《あげ》て快天《かいてん》に苗代に蒔《ま》く」図では、農家の近くに作られた苗代田に農夫が一人はいり、種籾を蒔いている。蒔いた種籾が鳥や獣に荒らされないようにと、苗代田のまわりは笹竹や麻がら（大麻から樹皮をはぎとった茎の部分）を立てて垣をつくり、また二〜三メートルの木を立ててそれに麻糸を張り巡らせ、鳴子をつけたり鳥脅《とりおど》しを下げている。そして下方の農家の横には、花を咲かせた梅の木と新芽が萌えはじめた枝垂れ柳が描かれている。稲の生育に関わりをもつとされる梅と柳が一緒に描かれることで、秋の豊作への願いが込められているとみてよかろう。『農業図絵』と『農業全書』の「農事図」との間では、枝垂れ柳の芽吹きについての整合性はない。『農業全書』の「農事図」第三図の右側に描かれた田では田植えが行われている。田植えは苗代で育成した稲の苗を本田《ほんでん》に移し植える作業である。田植えは、早いところでは五月半ばころからはじまり、遅いところでは七月はじめころまで行われた。図では山裾の田であるのか、右端には岸があり、盛んに葉っぱを繁らせた三本の柳がある。菅笠をかぶった七名の五月女《さおとめ》が、そろって後ずさりしながら稲苗を田に植え付けている。畦《あぜ》にはお茶を入れた竹筒(現在の水筒の代わり)をもつ女性がおり、喉の渇いた五月女にお茶をふるまっている。いま植えている稲の苗が、隆々と繁茂する柳のように、葉を繁らせ、株数を増やし、秋には豊かな実りが得られるようにと、畦岸にある柳を依代《よりしろ》としている田の神への稲の守護を願っている図だといえよう。柳以外の樹木は描かれていない。

田植えと柳

田植えは稲作農家にとってもっとも重要な作業であった。田植え時にも、田の神の降臨を願うことが行われてきた。稲苗を育てるための苗代を作るときにも、水口に柳やつつじなどの依代となる木の枝を挿し、水口祭りをおこなって田の神の降臨を願ってきた。年々の秋の実りは、他界からのまれびと神の祝福によってもたらされるとの信仰があった。稲種を蒔くときと同じように、苗を植える田植えのときも田の神を迎えるのである。

田の神は柳に宿ると考えられたのだろうか、江戸時代中期の画家彭城百川《さかきひゃくせん》(宝暦二年=一七五二年没)は「田植図」(東京国立博物館蔵)で、五枚ある田のうちの一枚で田植えの有様とともに、大きな枝垂れ柳を一本描いている。図に描かれた柳の大きさを根元に立っている人と比較すれば、幹は人の胴回りと同じくらいで、樹高は五メートルくらいもあろうか。画面の右下に根を据えた柳は、中ほどより下の枝は切り取られて無い。画面左手ではいましも田植えの最中の田の中に、柳はびっしりと枝葉を繁らせた梢を差しかけている。

笠をかぶった九人の五月女は腰をかがめ、懸命に苗を植えている。同じ田の中で五月女たちの背後では六人の男たちが、太鼓を鳴らし、歌を唄いながら、ひょうきんな動作で囃したてている。田の畦には烏帽子《えぼし》を被った男が、踊っている。画面の左下隅には、赤い鳥居の上方だけが赤松などの樹木に囲まれているので、鎮守の社であろう。

この画の柳は隆々と枝葉を茂らせており、俗に柳の勢いが盛んなときは、稲作は上々といわれているので、柳に乗り移った田の神に歌舞を捧げながら加護を祈ると同時に、早乙女たちの働きを励ましている有様を描いたものであろう。

備中国（現岡山県西部）では、田の神のことをサンパイとよんだ。『俚謡集』に収められた備中国川上郡の田植歌に「三ばいもり木は何々、卯の花栗の木萱の箸」という歌詞があり、田植えの時には水口に卯の花（ウツギ）、栗、そして萱《かや》で作った箸を立てたのである。

田植えを行うには、まず水がなくてはならない。田植えをする四〜五日前には、稲を植える田の面を均《なら》すために、田に水を引き入れて代掻《しろかき》をする。水は川が近ければその水を堰《せき》止めて水位をあげて引き込むか、上流に設けてある溜池から引いてきた。梅雨どきの降雨を利用することも行われ、そんな田は天水田《てんすいでん》と呼ばれ、降雨量の少ない年には稲をつくることができず、豆や蕎麦《そば》が植えられた。『万葉集』巻八の秋相聞には、川水を引き込む歌がある。

尼、頭句《はじめのく》を作り、并《また》大伴宿禰家持、尼に誂《あつら》へて末句を続《つぎ》て和《こた》ふる歌一首

左保河の水を塞《せ》き上げて植ゑし田を（尼作る）
刈れる早飯《わさいひ》はひとりなるべし（家持続ぐ）（一六三五）

奈良の都に流れこんでくる左保川の岸に柳があったことについては前の章で述べたが、ここでは関係ない。単に川を樹木の枝や土で塞《せ》き、水かさを増して田に水を引き込む事例としてとりあげた。

田植え時だけでなく、秋の収穫まで絶えることなく、稲が必要とする水を供給できる水源地をもっていれば秋の豊饒が約束されるのである。その判別は、水がわき出る湿地帯であり、絶えることなく流れる谷川であった。そしてそこには、葦《あし》や柳、菖蒲《しょうぶ》、菅草《すげくさ》、ミズナガシワ（シダの一種）等々が繁茂していた。

田植歌が唄う柳

田植えを行う時期は、菖蒲の花が教えてくれた。菖蒲が湿地帯に可憐な花を咲かせるときは、山では栗の木から垂れ下がった白い花が見られ、また時鳥《ほととぎす》の鳴き声が里まで聞こえるようになっていた。栗の花は尾状花で、枝先から垂れ下がるため、秋のよく実った稲穂を連想させ、豊饒の象徴となっていた。苗代に種籾をおろしてから三十三日目の苗を、本田に植え付ける時期が到来しているのである。

広島県の西部地方の田植えは、上流の特定された自然灌漑の、狭長田《さながた》に三把《さんば》（三束《さんたば》のこと）の苗が植えられ、それによって始められるのであった。この三把の稲苗にこの地方でいう「サの神」と呼ばれる神（稲田の神とみられるが、正体は不詳）が降臨し、秋の稔りを祈念する農民にこれを約束し、再びもとの神の世界に帰っていくと考えられた。そして自然灌漑の田圃から稲苗三把が神に捧げられ、この苗のことを前に触れたように備中地方ではサンバイと名付けられるようになった。サンバイ様は神の名ではなく、そ

の依代の名であり、正月のカドマツサマ（門松様）と同じ命名のしかたである。

田植えを始めるにあたっては、秋の豊作を願うための神事としての意味も田植えの行為はもっており、田植の作業をしながら歌が唄われた。これが田植歌といわれるものである。田植歌は稲作に関わる神ばかりでなく、農民たちの日ごろの欲求を歌い上げることによって、発散していくという一面もあった。

清少納言の『枕草子』の「賀茂へまゐる道に」の段（二二六段）には、歌をうたいながら田植えをしている描写がある。


賀茂へまゐる道に、田植《たう》うとて、女のあたらしき折敷《おしき》のやうなるものを笠に着て、いとおほう立ちて歌をうたふ、折れ伏すやうに、また、なにごとするともみえでうしろざまにゆく、いかなるにあらむ。（以下略）

田植えは前にかがんで苗を植え、苗を植えると苗間だけ後ろへとさがっていく。植えた苗の前へと進むと、せっかく植えた苗を足で泥の中に踏み込むおそれが多分にある。したがって田植えは、植えたところには足を踏み込まないように、後へと下がっていくのである。

近世の俳句に、田植歌を早月女《さおとめ》が歌う姿を描写したものがある。

笠はみな哥《うた》にかたぶく田植かな　松葉

頭に笠をかぶった早月女が畦の音頭取りにあわせて歌をうたいながら、一斉に同じ動作で田植えをしている。ここでは多分、後ずさりした直後、稲苗を田の土にさしこむために頭を下げる動作となった。何人かの早月女が一斉に苗を植え、頭を下げるので笠もそれにつれて傾くというのである。

古代から稲作農民たちは、田植えにあたっては秋の豊饒を神に祈りながらも、日々の農作業の辛さ、楽しさ、上の人たちへの訴えなどを言葉として、歌として唄ってきた。ほとんどの地方において田植時に唄われていた歌は失われたが、安芸国山県《やまがた》郡（現広島県山県郡）新庄辺《あたり》で古くから行われてきたものが、江戸時代末期の文化年代（一八〇四～一八）に書き留められ、『田植草紙』の名で文献として残され、『中世近世歌謡集』（日本古典文学大系44、岩波書店、一九五九年）に収録されている。『田植草紙』の「昼哥《ひるうた》四はん」にはつぎのように柳を唄った歌詞（九三番）がある。原文は読みづらいので漢字などすこし改めて記す。

おもふ柳を門田《かどた》へこそな
枝も栄へる　門田へこそな
柳植えまい　柳はし垂れ　わるいに
森のなびきが　吉野へどうと靡いた
森のこかげでしのびあおうや

水田の畔に亭々と立つ柳の大木。稲の生育状況を見守ってくれているのだろうか（奈良県生駒市高山）

門田《かどた》とは、門《かど》の前つまり門の直前にある田のことで、その家にとってはもっとも重要な田である。枝垂れ柳の枝が栄えて垂れ下がるように、いま植えている稲の苗は、秋にはよく実った穂を垂れるようにと、めでたい柳を門田のそばに植えようよ。しかしながら、家の中には柳は、植えるのをやめよう、枝が垂れて陰気になり、家運がかたむくから……。吉野の歌詞は、大和国の吉野のことであろうが、不明である。「靡《なび》いた」は稲の穂波が、どうっと靡いたともとれる。最後の句は、これまでの歌詞とはまったく関係のない意外な文句であるが、森の木陰で忍び逢って、秋の豊饒を祈念するための和合をしようではないか……と、堂々と衆目がある中で唄うのである。実際は歌の中だけではあるが、その歌詞によって稲の魂に、人の男女の生殖行為を遷《うつ》し乗せようとしたものであったと考える。

渡邊昭五は前に触れた『田植歌謡と儀礼の研究』で、この歌は「しだれの悪い柳を植えるより、思う柳を苗代の水口に美々しく飾りつけて……、敬虔な祈りを捧げたとした現今田の神迎えの習俗を謡ったと解釈する」としている。

『俚謡集』に収められた田植歌には、楊枝が唄われる。

○苗代の小柳は楊枝によいものやら、けずりほそめて楊枝によいものやら（広島県安佐郡の田植歌）

○門のわきの小柳は、やふじ（楊枝）木によいとな、けずり細めて、やうじ木によいとな（島根県邇《に》摩《ま》郡の田植歌）

○しだれ小柳は楊枝木によいとな、けずり細めて楊枝木によいとな、ヤーレ

小柳やなぎはしんだれやすいよ、ヤーレヤーレ、柳はしんなれやすいよ（島根県美濃郡の田植歌）

はじめの歌は、苗代にあるしだれ柳の小木は楊枝をつくるのに良いのだと、賛美する。苗代は稲の苗を育成するところだから、田植歌との関わりがあるが、なぜ苗代のしだれ柳が楊枝作りによいというのであろうか。ここでの楊枝は、現在のように歯に挟まった食べ物をせせる爪楊枝ではなく、歯や口の中をきれいにする房楊枝のことである。喜多村信節の随筆『嬉遊笑覧《きゆうしょうらん》』（文政一三年＝一八三〇年自叙）は、楊枝の長いものは一六指（約三二センチ）、短いものは四指（約八センチ）といっている。房楊枝は、頭部をつぶして房状の繊維としたものである。

稲との関係から云えば、田植えのときに植え付ける稲苗の本数は三〜五本を一つの株とするのだから、そのわずかな本数の苗が、楊枝の房のように数を増加し繁茂してほしいものだとの願望がありそうだ。さらには、枝垂れ柳と唄われるのは、その樹の形態から豊作の秋の稲の垂れ下がった穂を想いうかばせるもので、稲苗を植えながら秋の豊作を願っての予祝の意義があるのであろう。

稲生育期の水の必要性と雨乞

村中（集落）の農家での田植えがおわると、筆者が生まれた岡山県美作《みまさか》地方では「代《しろ》みて」といって一日農作業を休んだ。「代みて」の代《しろ》とは苗代のことで、「みて」は「みてた」の省略語である。「みてた」とは、終わったとか完了したことを言う美作地方の方言である。集落全体の田植えが終了すると、かつては休む月日を決められていたが、機械田植えになって村中（集落）全体で休むということはなくなった。これは全国的にもほとんど変わりないと考えられる。

田植えが終わって一〇日くらいたつと、本田に植え付けられた稲の苗は根付き、緑色が増して盛んな生育を始め、まず一回目の田草取りが行われた。水田には稲がよく育つようにと、青草や樹木の若葉などいわゆる刈敷《かりしき》が施されており、肥料分が多く、稲以外の雑草も数多く生育している。雑草の繁茂がはげしいと、稲は養分をとられて稔りが悪くなるため、雑草を取り除いてやる作業が田草取りである。田草取りは、水田の中で生育して稲の生育に必要な肥料分を吸収して、稲の生育に大きな影響を与えるヒエ、セリ、ナギ、ヒルムシロ等の雑草を除去する作業である。

水稲を栽培する水田では田植え時には水を湛《たた》えておくが、苗を植え付けてから三週間ほどで分蘖期《ぶんけつき》（稲の根に近い茎の関節から枝分かれをはじめる時期のこと）に入り、五週目、早稲《わせ》種ならおおよそ六月半ばで幼《よう》穂《すい》分化期にはいる。この分蘖期の二週間ほどのうちに、一度田の水を落とす。根に空気を送りこむためである。そうしないと、根腐れがおこりやすく、秋の収穫量が減少する。この水抜きを「中干《なかぼ》し」という。

幼穂分化期から出穂《しゅっすい》期にかけての六週間ほどは、田に水の補給を欠かすことができない。田の水量が不足すれば、二〇～四〇％ほどの収穫量しか見込むことができない。したがって、梅雨明けの暑さのなかで田草取りをしながら、天に降雨を祈ることになる。『万葉集』巻十八には旱《ひでり》がおこり二十数日間、降雨がなく、六月一日になって雨雲の気配があるのを喜んで詠んだ歌がある。

　天平感宝元年閏五月六日以来《このかた》、小旱《こひでり》起こりて、百姓の田畝やや凋《しぼ》める色あり。六月朔日に至りて、忽《たちまち》に雨雲の気を見つ。よりて作れる雲の歌一首

天皇《すめろぎ》の　敷きます国の　天《あめ》の下（中略）　雨ふらず、日の重なれば　植ゑし田も　蒔《ま》きし畠も　朝ごとに　しぼみ枯れ行く　そを見れば　心を痛み　緑児の　乳乞《ちちこ》ふがごとく　天《あま》つ水　仰ぎてぞ待つ

（以下略）（四一二二）

この歌は、当時越中国守であった大伴家持が詠ったものである。

このような危機に対処するために、溜池とその水を引く溝は、大きな川から水を引くことができないので、多くを天水《てんすい》つまり降雨にたよる稲作栽培には欠くことのできない施設であった。長く旱が続くと、溜池の水が干上がることになる。そのときは雨乞が行われる。古代の雨乞の回数について松尾光は「文献史料にみる古代の稲作」（武光誠・山岸良二編『古代日本の稲作』雄山閣、一九九四年）の中で、次のような頻度で行われたことを記している。

『日本書紀』、『続日本紀』によれば、大化元年（六四五）より延暦十年（七九一）までの一四七年間の祈雨・祈止雨の記事は七三例ある。そのうち七〇例が祈雨記事である。文武天皇元年（六九七）からの九五

年間で、降雨を祈った年が三四回。三年弱（二・七九年）に一度雨乞をした。当然のことながら、四月〜七月の四カ月に、祈雨記事七〇件中の六八件が集まっている。

『日本書紀』や『続日本紀』は日本の正史であり、当然に国の行事として行われたものが記されている。国の行事として祈雨つまり雨乞をおこなった場所は、はじめは大和国の丹生川上《にうかわかみ》神社・山城国の貴船《きぶね》神社の二つの神社に幣《へい》を奉り、宮中の大極殿で読経するのが常であった。丹生川上神社は奈良県吉野郡にある神社で、三社に分かれている。上社は川上村、中社は東吉野村、下社は下市町にあり、古来より水神・雨乞の神として信仰されてきた。貴船神社は京都市左京区貴船町にある神社で、水神の神として信仰されてきた。

平安時代の貞観八年（八六六）五月に、平安宮の南にあった神泉苑《しんせんえん》で天台座主安恵によって請雨経法の祈雨がおこなわれてからは、もっぱらこの場所で雨乞がされるようになった。降雨は雨を司る竜王に祈るのである。中国道教で池は竜王の住むところだといわれるところから、神泉苑には天長元年（八二四）に善女竜王が勧請された。竜王と水との関わりをもつ柳が池の周囲に植えられていたことは前の章で触れた。雨乞をするときには、水と縁の深い柳を頭につけて竜王・龍神を礼拝して行うのである。

稲作に必須の河川と柳

水田に植え付けられた苗がよく根付き、青々とした緑の葉を茂らせるようになると、山田の畔の柳も勢いよく生育し、稲の茂り具合を見守ってくれている様子が、『夫木和歌抄』巻第三・春部三・柳に収録されている。

小山田の岸の柳もうち映えて引くしめ縄にかけぞあらそふ　　隆裕朝臣

苗代の水口祭のときに挿した柳とは違っているようだが、田の畔に青々とした葉を茂らせている柳には、その田を見守る田の神の依代の印としてしめ縄が張られており、相当に成長している稲を見守っているとみたものである。

さらには、五月雨《さみだれ》の季節となって、稲に水をもたらしてくれる降雨もあるが、降りすぎて洪水となったり、山地からの土砂が水田に流れ込むなど災害が起こることもある。前の歌と同じ『夫木和歌抄』巻第三・春部三・柳に次の歌が収録されている。

川柳供物を枝にかけ留めて岸越す水のほどぞ知らるる　　民部卿為家

山田に水を注ぎつづけてくれる恵みの谷川も、五月雨を集め、いまは奔流となった。普段は川底をおとなしく流れ下っている水なのに、降り続く雨で川はあふれ返って畦を越しかけている。このままだと、まだ脆弱な苗状態の稲は衰弱するし、なによりも畔が崩れては困る。田の神、水の神への供え物を手近な柳の枝にかけて、一心に畔の岸を水が越さないでほしいと祈っている歌である。

むかしは土木技術が未熟なうえ、工事用具も鋤《すき》、鍬《くわ》、槌などで、土砂の運搬は人が背負う籠か二人掛りでかつぐもっこなどであった。川から水田に水を引いてくる堤もこれら原始的な道具を使った人海戦術で、人の手ですべて築かれていた。梅雨どきの大雨などでは、堤防がよく破壊された。

菅江真澄の「津軽のをち」（『菅江真澄遊覧記3』東洋文庫、一九六七年）には、堤を破壊から守るため犠牲となり、のちには神として祀られた人が記されている。

藤崎にでると、福田の神という社があった。その由緒を問うと、黒石（現黒石市）ほとりの堺松というところに、堰八村といって、田に水をひく堰が八つ流れてそこにある。そこに見張小屋を建て、番人の士をおいて守らせていたが、たいそう荒い水のために押し流されて、いつも守りきれなかった。

そこで堰八太郎左衛門という堰守の士が、「世に人柱というためしがあると聞いている。そうすることが水を治めるのによいであろう」と、天に祈り、地に誓って慶長一四年（一六〇九）己酉四月一四日、剣のような井杭の先をわが腹につきたて、「さあ、うて」といって、井杭とともにうたれ埋められた。そしてそこに堤をきずき柳を植えたのちは、全然いささかの水害もうけることなく、広い田面に水をひくことも容易になった。その太郎左衛門の霊を神として斎《いわ》い祭り、堰八明神と称え、福田の神とか堰神とも申し奉っている。

堰《せき》とは、用水を取り入れるため水をせき止めたり、水路の水位・流量を調節したりするために、水路の中や流出口に築造した構造物のことをいい、水はこの上を越して流れる。堰が切れる（壊れる）と、そこに溜まっている水が一度にどっと流れだし、下流に大きな影響を与える。

堤とは堤防のことで、堤防の補強のためにここでは柳を植えたのである。堤防は堰八太郎左衛門の人柱と補強の柳で無事に大水を防ぎ、これで堰八村の農民たちは一安心したのであったが、菅江真澄はさらに後日譚を記している。

それによれば、当時領主から五〇〇〇刈の田地をこの社に寄進された。慶長・天和（一五九六〜一六二四年）の五〇〇〇刈は、「津軽のをち」を著した寛政九年（一七九七）のいまでいう一万刈のことで、五〇人役にあたる。つまり五〇人が一日で刈り取るほどの作業量の稲ができる広さの田だというのである。さらにその後、事情は不明ながらも、この田地は領主に召し返されたので、福田の堤神の社は荒れ放題に荒廃した。また雨も激しく降り続いて、堤は崩れ、堰は破れて、それからは築いても築いてもむかしのようにはならなかった。農民たちはこれを心配して、役人に訴え出たので、福田の神の祟りであろうと驚かれ、田地をもとのように堰八太郎左衛門の子孫に与えて正保二年（一六四五）に社も再建されたという。

河川の治水と柳

水田は大雨が降ればよく侵食された。水の流れがよいようにと、傾斜地を階段状にして水田がつくられているせいもあるし、谷川には堤防などをつくる余裕もなかったので、水を流すだけの水路という感があったためである。さらには、谷田の上流部の山は、樹木がほとんど生育していない草山か、あるいははげ山であった。平成の現在の里山の植生を見て推し図っては、当時のことが想像できない。近世の里山は、日々の燃料採取や、住居修理用の木材調達のため、樹木の茂る山はほとんどなく、あっても若い松林やナラ等がまばらに生えているだけで、大半は草山や崩壊地・はげ山となっていた。

樹木のない山では降雨があると、急激に谷川の水嵩《みずかさ》が増え、普段はおだやかな水流のところが激流となって谷田を襲い、土砂を田の中に押し流したり、畦を壊したりして耕地としての使用を不可能にしたのである。谷田に水を引く水路などの工事は、そこで耕作している農民の負担となっており、領主が公費で負担することなどなかった。貧乏な農民たちには、水田を守ための施設の必要性は感じていたが、永続的な治水工事などは経済的にもすることはできなかった。

稲を栽培する田に水を引く河川工事には、柳がよくつかわれてきた。その事例を、享保五年（一七二〇）に甲斐国（現山梨県）の小林丹右衛門が著した『川除仕様帳《かわのぞきしようちょう》』（『日本農書全集　第六十五巻』農山漁村文化協会、一九九七年）から、柳に関わる部分を抜き出して紹介する。

川除《かわのぞき》とは、河川の治水のことである。この書籍は山梨県東山梨郡石和町《いさわ》（現笛吹市）在住の八田家に所蔵されているもので、同町には笛吹川が流れている。甲斐国には、西から甲州盆地に流れてくる暴れ川の釜無川を治める甲州流の治水法があった。大川の治水は、洪水の高さを基準として、堤防地面より上になる洪水を上水、それより下を下水と分けて考えられていた。

平地の田は上水からは大きな被害を受けることはほとんどないので、むかしは堤防をうしろに下げて敷地を広くとり、高さは低く築き、前に竹林や欅《けやき》・柳等の樹木の林を仕立てた。大水対策としては竹木の林が効果的であった。竹木林は平地で広い場所があれば、洪水が川土手を掘り込んでも竹や樹木の長い根が尾のようになり、水の当たりが弱くなる。そこで川に応じて、林を広くとれば満水でも堤防の大破は避けられる。そのためにむかしは、堤防を築くには前に空き地をとり、そこに竹木を植え、それより前の川の面に荒水を切るように棚牛《たなうし》や尺木《しゃくき》垣《がき》を仕立てたのである。なお棚牛とは、切り破風《はふ》のような三角形を連続した水防施設のことである。

川岸を流水がえぐり取るのを防ぐ方法の一つ・蛇篭。

さて、『川除仕様帳』に記載されている堤防を植物で補強する方法では、堤防の土手に大木があれば、枝を落として立てておくか、幹を樹高の半分に切っておく。枝のある大木に風が当たると木の根が緩んだり、木が根こそぎ倒されて土手が切れたりする。堤の土手は竹木は一切ないようにする。これも堤防と同じ理由で、土手が破損するからである。

川除《かわのぞき》（治水）ハ川水除くべきにては之無《これなく》、川瀬を陸に川筋をすぐに直すを専らとす。然《しか》ルによって、先《まず》川除は水底を平に強く堅メ、水上にては只《ただ》水の力をぬき、水足押え候様ニ仕候へバ、其所よどミ、向の瀬忽然と早々出候ニ付、此方の川除上下に石砂溜り、深き所も埋れるもの也。随へハ、水能《みずよく》船をうかべ順すれハ帆よく風にまかすと申すごとく、川除平かなれバ川水又平かニ成、おのづからはゞ岸を遠浅に成候。左候得ハ川除ハよわよわとおこつり候様ニ相見へ候得共、柳の枝に雪折ハなしと申すごとく、勝利各別におぼへ候。

治水というものは、川水が堤防からあふれて洪水となるのを防ぐのを主眼とするのではなく、川底を平にし、川筋を直すことに本来の目的がある。こういうのである。流れをゆるやかにすれば、自然に川の流れが緩やかになる。これによって柳に雪折れがないように、川水を穏やかに受け止めて、治水は成功するというのである。

小川で流れの緩やかな川での治水法では、

小川ニて水のろき川ハ水当り候所へ尺木垣《しゃくぎがき》を結《むすび》、或ハ柳端口《やなぎはぐち》に土手築べき也。右端口の柳根付候へバ、以来川除不仕《いたさず》物也。是又、川はゞ狭く川中へ出候事可為無用事。

尺木垣とは、蛇籠《じゃかご》に柵杭《さくぐい》を立てる水防施設のことである。石川など杭の打てないところにつかう。蛇籠は、竹を割ったものや鉄線を長々と編んだ籠の中に石を詰め込んだもので、一つの構造物となっている。尺木垣は、枠が長々と連続しているもので、岸沿いに蛇籠をおき、長さ六尺（約一・八メートル）の間に四本打ち込み、これに二列に竹を割って裏に石を詰めるというものである。武田信玄が創案したもので、主として小さな川に用いられたと云われる。蛇籠は、丸く、細長く、粗く編んだ籠の中に、栗石や砕石などをつめたもので、河川工事の護岸や水制などに用いる。籠をつくる材料により、竹蛇籠、粗朶《そだ》籠、鉄線蛇籠等がある。

柳端口《やなぎはぐち》は、堤防を築くとき、堤防の斜面を補強するため、柳の枝と土を交互に屋根を葺くように重ねた施設のことである。端口は羽口ともいわれ、堤防の傾斜面のことである。こうしておくと、春になると柳が芽を出し、やがて柳の根がはびこり、柳林ができあがり、堤防が強固になるのである。

以前ＮＨＫテレビを見ていたら、アフガニスタンの農業支援に日本から赴任していた中村哲さんが、遠方から砂漠の中を通って水を集落に引くための水路を造成するとき、水路の両側に枝垂れ柳を植え、水路の岸を補強している様子を放映していた。彼の国でも水路保護のため柳を活用しており、水防技術には共通性があるのだろうと、その時は理解していた。のちに雑誌に記された中村氏の話では、中村氏は日本の近世の農業土木の技術を応用したものであった。水との関係が深い柳を用いた土木技術は、降雨量の多い日本独自のもので、砂漠地帯に住む人たちには考えつかない技術であった。

堤防を築くときは、地形《じがた》を平らにならし、上水が堤防の上をむらなく溢れるようであれば、そのままにしておくことが肝心である。上水が溢れるからといって、むやみに土手に石積みなどして、上水を止めようとするのはよろしくない。万一土手の石積みが大水で切られたときには、また元の瀬に帰ってしまうものである。

それではどうするのかということになる。

　先《まず》、河原には指置《さしおき》、打柳《うちやなぎ》・ふせ柳、葭《よし》などを植、草などはやし置、自然と地形高く成、田地にも開発仕《いたすに》、能《よき》時分ならバ土手石積仕候共能《よく》見合、先、越水《えっすい》させて吉。

まず河原はそのままにしておき、打柳《うちやなぎ》や伏せ柳をしたり、葭《よし》などを植えたり、草を茂らせておく。打柳とは、太めの柳の枝を土に打ち込んで植えるものである。伏せ柳は、細い柳の枝を畝《うね》をたてて伏せ、植えることである。このようにしておくと、自然に地形が高くなり、田地に造成することができる。その時分になれば、土手に石積みしてもよい。よくそのことを見合わせ、まずはじめのうちは、堤防の上を越水させておくのが吉である。

打柳や伏せ柳の植え付けの時期は、春は一月から二月のうち、秋は八月から九月・一〇月ぐらいまでがよい。打柳の大きさは、三〜四寸（〇・九〜一・二センチ）周りから五〜六寸（一・五〜一・八センチ）周りまでの太い柳の枝を、二尺四〜五寸（約七二〜七五センチ）に切り、一日乾かしておく。それを挿そうとする場所に穴開けの道具をつかって穴をあけ、その穴に一尺五〜六寸（約四五〜四八センチ）ほども打ち込んで踏み付けておく。あまり太い柳は、芽をふくことはできても発根させることが出来ないので枯れてしまうものが多い。ただし、深く打ち込めば地中に湿り気があるので、日照《ひでり》のときでも枯れない。伏せ柳は、どんな枝でも三尺（約九〇センチ）ほどの長さに切って、一日干して葱《ねぎ》を植えるように畝《うね》をたてて伏せこむのがよい。

このように河川での治水には、柳がよく用いられていた。

荒廃山地の修復と柳

「河を治めるためにはまず山を治めよ」とむかしから云われてきた。江戸時代の里山は、家庭燃料とする薪炭の原料、建物材料としての木材、塩田での製塩の燃料、たたら製鉄の燃料などのために、山地の樹木は伐採され、ほとんどの山ではわずかな樹木が生育しているにすぎなかった。また、田畑の肥料とするためや、農耕用の牛馬の飼料用等とする草山が里山の大半を占めていたのである。

備前岡山藩では、慶安三年（一六五〇）ごろ藩政に参与していた熊沢蕃山《くまざわばんざん》は、藩内の山林の大部分が荒廃し、大雨があるたびに多量の土砂が流失し、下流の田畑に甚大な被害を与えるのを憂い、藩主池田光政に建白し、承応元年（一六五二）岡山郊外の半田山、竜の口山など諸山に苗木を植え、伐根の採取を禁止した。さらに明暦元年（一六五五）には赤坂、津高、御津のはげ山に対して藩の費用で、山巻工、石巻工を施工した。はげ山での治山工事のはじまりである。

はげ山での治山工事の工法には、山腹《さんぷく》工と渓間《けいかん》工のふたつの種類がある。山腹工は、山のはげた部分や崩壊地を整地して、まず土砂が流失していくことを防ぎ、最終的には樹木を生育させて林を復活させるための工法である。渓間工は、山腹から流れ下る土砂や、大雨ごとに山をえぐっていく谷川の勢いを緩め、土砂を山地部分にとどめて下流に影響を及ぼさないようにする工法である。

柳を用いた治山の工法の事例を、中村徹著『山を治める――大阪営林局治山史』（林野弘済会大阪支部、一九八六年）からすこし紹介する。

明治四一年（一九〇八）における護岸工事のなかの柳柵工事である。この工事は細く小さな渓流に沿い、傾斜がきわめて緩やかな山脚に施設し、山脚の決壊を防止する工事である。長さ三〜四尺（〇・九〜一・二メートル）の雑木でつくられた杭を打ち込み、これを長さ六〜七尺（一・八〜二・一メートル）で、元口直径が七〜八分（二・一〜二・四センチ）の柳の枝を編んで柵を作っていくものである。この柵で作設当初は物理的な働きで山脚の土砂の崩壊を止め、その後は編んだ柳の枝が芽を出して茂り、柳林になってくれるため、生育する柳の根が山脚の土砂を緊縛することによって以後の崩壊を防ごうとする工法である。

山地の荒廃した渓流を復旧するために作られた小さな堰堤（治山ダム）とその根本に植えられたカワヤナギ。

大正時代（一九一二〜二六）に東京市有林や山梨県の萩原山で施工された柳筋《やなぎすじ》工は、長さ一尺（約三〇センチ）、直径一・五分（約四ミリ）の柳の枝を、土と互層《ごそう》（土の上に柳の枝を置き、その上に土を被せ、また柳の枝をおき、さらにその上に土をかぶせたもの）にして、積み重ねた筋である。筋《すじ》は、降雨が流下する場所を一か所に集中させないため、山腹に等高線に沿ってつくった階段状のものをいう。降雨が集中すると、そこに雨裂《うれつ》ができ、そこを源にして土砂の流出が激しくなり、谷ができるからである。雨裂は、水が集まって流れることで地面が侵食されてできる裂け目のことで、はじめは小さいが長年のうちには巨大な谷となる。雨裂とは原始的な川の始まりの地形のことである。

ここでも柳が芽を出し、柳の繁茂を期待しているのである。

これも大正時代に施工されたものであるが、愛知県では山腹に高さ六尺（約一・八メートル）ごとの等高線に沿い、生の松丸太やその他の樹木の丸太の長さ五〜六尺（約一・五〜一・八メートル）、末口直径二寸（約六センチ）の杭を、少なくとも半ば以上地中に埋め込み、柳の枝で柵を編んでいる。

このほか、治山工事にはいろいろな工法があるが、それらを長年にわたって施工し、現在の樹木が繁茂する里山が生まれてきたのである。

それはそれとして、柳と稲の関係に戻ることにする。

上原敬二著『樹木大図説』によれば、東北地方殊に仙台地方では、水田の盛り土の中に柳の元と末を逆に挿して雷避けとする習俗がある。それは同地方にある「雷様と百姓」の伝説によるものだという。樹を逆に挿し、もし芽が出ればその樹には雷は落ちないということを雷が約束したので、その証しを示すため柳を用いて挿すのだという。

所変われば習俗もかわり、落雷のあった場所に塚をきずくところが秋田県南秋田郡五城目町にある。前に触れた菅江真澄の「ひなの遊び」（『菅江真澄遊覧記　5』）に、それが記されている。菅江真澄は秋田の寒苗《さむなえ》（秋田県南秋田郡五城目町山内《さんない》）に宿泊していて、その翌日に田の中道を歩いていてその塚を見たのである。

道のかたわらに小高く、葦《あし》が塊のように生いたった塚がある。これはこのあたりで落雷があると、そこに鋤鍬《すきくわ》をたてず、塚を築いて雷神を祭り、田の神として齋《いわ》い、あるいは柳を挿したり、ほかの木を植えて、そこをいなうるいの塚というところもあった。

なお、「いなうるいの塚」とは、秋田県五城目地方の方言で、詳しくはわからないが、稲潤《いなうるう》の塚のことではなかろうか。雷神によって田の稲に十分な潤《うるお》い、つまり水を十分に供給されることを約束してくれた証《あか》しの塚だと祀ったのであろう。

この地方では雷が鳴るとき、光った稲妻により稲がのび、よく実ると信じられていた。そしてもし、田に落雷があれば、そこは神聖な場所として耕作せず、そこに塚を築き、田の神として祀った事例は東北地方に特に多い、と同書の解説は記している。わたしも子供のとき、大人から雷の稲光は空中の窒素を稲が吸収しやすいようにしてくれるので、雷の多い年は稲がよくできるのだと聞いた覚えがある。

第六章　柳から生まれるもの

柳箱（筥）は奈良時代から調度品に

柳は原産地の中国をはじめ、日本、中近東、欧米などの生育地では幹、枝、葉っぱ、花のすべてが実用に役立てられている。とくに枝、木皮は材質が柔軟で、強靭なところから、家具、調度や工芸品として用いられてきた。

わが国の古い柳材の使用例としては、縄文時代前期には福井県三方郡三方町の鳥浜貝塚から石斧《せきふ》の柄などにつかわれた柳が出土している。

また、弥生時代になると土木用の杭材として西岩田遺跡・山賀遺跡（大阪府）、板村遺跡・四箇周辺遺跡（福岡県）などで多数用いられている。

柳を使った製品がわが国の文献にはじめて出現するのは、『続日本紀』巻九の養老六年（七二二）十一月十九日の条《くだり》である。太上天皇《だいじょう》（七二一年に薨《ほう》じられた元明《げんめい》天皇のこと）の一周忌にあたり、次のことが行われた。

華厳経《けごんぎょう》をはじめとする四種のお経をあわせて四〇〇巻写し、潅頂《かんじょう》幡《ばん》八首、道場幡千首、象牙を用いた漆塗りの机三六、銅《あかがね》の椀器一六八、柳箱《やなぎばこ》八二を造った。

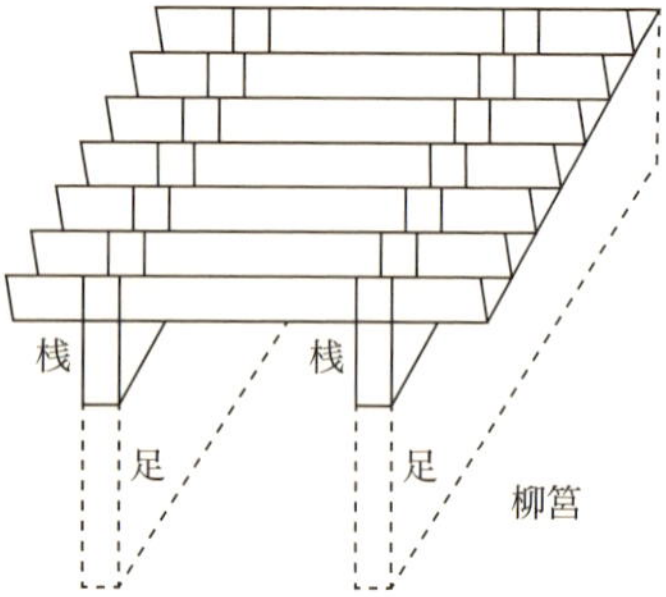

『貞丈雑記』に記されている柳筥のかたち。三角の柳の木片を紙よりでとじて作る。古くは短い桟であったが、後世は桟を長く（5寸くらい）として足をつくる。

幡は「ばん」といい、仏・菩薩の威徳をしめす荘厳具《しょうごんぐ》であり、供養の法要や説法などの際に寺の境内に立てたり、本堂に飾る旛《はた》のことである。

柳箱《やないば》（柳筥とも記す）は、伊勢《いせ》貞丈《さだたけ》が著作し天保一四年（一八四三）に刊行した有職故《ゆうそくこ》実《じつ》書の『貞丈雑記《ていじょうざつき》』八の調度の項は、柳の木を五分（約一・五センチ）ほどの広さで三角に削り、いくつも寄せ、平らにならべて簀子《すのこ》のようにして、紙縒《かみより》で二か所を編んだものであるとする。なお紙縒《かみより》とは、紙を細く切り、指先でひねって糸のようにしたものをいい、こよりともいう。

三角の木片は、白木のままである。柳の材は、白く清浄なので、好まれたのであろう。木片の数が半《はん》（奇数）のものは吉事に用い、重《ちょう》（偶数で丁ともいう）のものは凶事に用いるとされている。柳筥《やないば》は、長さも幅も上に乗せるものの大小によって決まるので、長短は不定である。足は二本、折敷《おしき》のようであって、刳《く》り抜いて差し込むのではなく、紙縒で結《ゆ》いつける。折敷は四方を折りまわして縁《ふち》をつけたへぎ製（杉または桧をうすくはいだ板で作ったもの）の角盆または隅切盆《すみきりぼん》のことをいい、食器や神饌《しんせん》をのせるのに用いる。柳箱（筥）と記されるが、箱ではなくて、台のようなものである。

『貞丈雑記』は、「ある人の言に近代用いる柳筥《やないば》は、柳箱《やなぎばこ》（筥）の蓋である。足はすなわち柳箱の蓋の桟《さん》である。野宮宰相殿（定基卿）のもとに、古《いにしえ》の柳箱をみたところ、蓋も身もあり。三角の木を紙縒で編んでつくった物であった。その蓋は世に用いられる柳筥《やないば》という物である」と、柳箱《やなぎばこ》（筥）と柳筥《やないば》の区別を記している。

つまり柳箱《やなぎばこ》（筥）は、物を入れることを目的として柳の木を三角にした細く長い木片を編んで仕立てた蓋つきの入れ物である。後世、蓋の足を高くして台として用い、これを柳筥《やないば》とよんだのである。ややこしいことになっている。

『枕草子』の時代には、柳箱《やないばこ》（筥）は底と蓋のある入れ物として用いられていたことが、「内裏《うち》は」の段に記されている。

内裏《うち》は、五節《せち》の頃こそ、すずろにただなべて、見ゆる人もをかしうおぼゆれ。（中略）山藍《やまあい》・日かげなど、柳筥《やないばこ》に入れて、かうぶりしたる男など持てありくなど、いとおかしう見ゆ。

葉の汁を青色の染料とする山藍《やまあい》（トウダイグサ科の多年草。山野の陰地に自生）や、日蔭のかずら（ヒカゲノカズラ科の常緑シダ植物。山野のじめじめした所に生育）などを柳筥にいれて、昇殿を許される位階である五位に叙せられた男が持ち歩くなどは、大変滑稽《こっけい》なものである、と清少納言は評したのである。

『貞丈雑記』は、この柳筥《やないば》には何を乗せるのか、乗せる物の定めもなく、烏帽子《えぼし》、冠、経文、書籍、硯《すずり》、筆、墨の類、何でもふさわしい物を乗せるとされている。進物なども随時乗せることもあると記す。

箱の蓋も柳筥という

いつの時代から柳箱《やなぎばこ》（筥）の蓋が独立し、柳筥《やないば》と呼ばれるようになったのかは不詳であるが、兼好法師の『徒然草』第二百三十七段は、柳筥《やないばこ》の上に物を乗せる場合の乗せ方を記しているので、鎌倉時代末期のころはもう分離していたのであろう。

柳筥《やないば》に据《す》うる物は、縦様《たてさま》・横様《よこさま》、物によるべきにや。「巻物《まきもの》などは、縦様に置きて、木の間《あわい》より紙ひねりを通して、結《ゆ》ひ附《つ》く。硯《すずり》も、縦様に置きたる、筆転ばず、よし」と、三条右大臣殿仰せられき。

勘解由小路《かでのこうじ》の家の能書《のうじょ》の人々は、仮にも縦様に置かるる事なし。必ず、横様に据えられ侍りき。

文中の「据える」は、乗せておくの意である。縦様の置き方とは、並べて組んである細い三角に削った柳の木と直角になる置き方をいい、横様とはそれに平行になるような置き方である。三条右大臣殿は巻物や硯は縦様に置き、勘解由小路の人たちは横様に置くという。用いる人によって様々なので、決まった置き方がされていなかったことがわかる。

『延喜式』十七・内匠寮《たくみりょう》には、「年料柳筥一六八合（一尺六寸以下一尺以上）、料柳一〇三連（山城国進之）、織筥料生絲一二斤、巾料布調布一丈、浸柳料商布一段、長功三三六人、中功三九二人、短功四四八人」とある。合《ごう》とは一つになることを意味しており、柳筥でいうと蓋《ふた》と身と合わさったものをいう。連《れん》は連なったものや編んだものを数えるのにいう語であり、生絲（生糸）とは練らない糸のことである。『延喜式』では紙縒《かみより》ではなくて、生糸を使って綴じていた。朝廷で年間に必要とされる柳箱（筥）は一尺六寸（約四九・五センチ）以下で一尺（約三〇・三センチ）のものが一六八合、つまり蓋付きの柳筥が一六八個であったのだ。

内匠寮で用いられる柳筥用の柳の木片は、山城国（現京都府南部）が税として納めたものである。『延喜式』の主計上には、左右の京・五畿内とよばれる山城・摂津・大和・河内・和泉の国々から物納租税の調《ちょう》について記されており、その中に「三丁柳筥一合、長二尺二寸、廣二尺、深四寸」とある。丁《ちょう》は律令制では二一歳以上で六〇歳以下の成人男子のことで、労働奉仕をする「庸《よう》」の単位である。したがって、左右京および五畿内の国々では、成人男子の三人分の庸の代わりに、柳筥一合を納めればよかった。つまり当時は、成人男子三人分の労役と、長さ二尺二寸（約六七センチ）、幅二尺（約六〇センチ）、深さ四寸（約一二センチ）の大きさの柳筥一合が釣り合うほどの値打ちがあったのである。

このほか『延喜式』の神祇四・主鈴・中宮職・縫殿寮・内蔵寮・主計上・内膳・造司寮に柳筥がみられ、楊白筥《ようしろばこ》と記されたものもある。楊もやなぎのことである。中に収められたものは、主として帛《はく》（絹の布のこと）や絲《いと》、鏡などといった神への供え物、甜物菓子《あまいもののかし》、花、御服などである。

正倉院には数多くの柳筥が納められている。図録によれば形は、長方形、角形、丸型である。麻糸を使い、縁は柳の板がそえられ、柳の皮を巻いて漆が塗られている。そのなかの被蓋造《かぶせふたづくり》円形柳筥は、直径二四五ミリ、高さ五五ミリの筥で、使われている柳はコリヤナギ（漢字では杞柳）で、皮をむき、割り、幅と厚みをそろえ、表は麻糸で織られ、蓋・身とも内側は網代《あじろ》に編まれた精緻な容器である。

近世の山城国（現京都府）の地誌を述べた『雍州府誌《ようしゅうふし》』は七・土産の柳筥においてつぎのように記している。漢文なので意訳しながら紹介する。

柳筥は、諸品物を載せる台である。

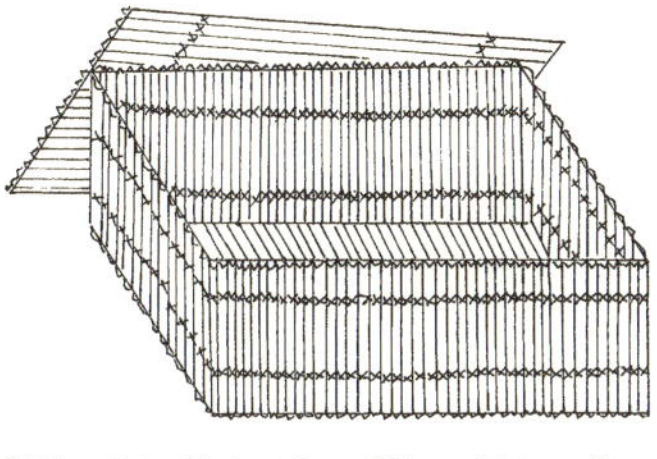

柳箱は細い枝を三角に割り、編んで作った四角な箱である。

あるいは柳筥《やなぎばこ》という。およそ柳の樹の麁皮《あらかわ》を削ると、すなわちその木色が潔白である。故にはじめて柳を用いる。今のところは檜木を用いるといえども、総じて柳筥と称する。小片木となし、紙捻《かみより》をもってこれを連ねて編み、座の下の左右に木脚を編みつける。およそ、編木の数、吉事用は陽数のゆえ五・七・九・一一の式とする。凶事は陰数を用いるゆえ六・八・一〇・一二の式とする。およそ大小、長短あるといえども、陰陽の定数に過ぎない。檜物屋《ひのきものや》がこれを造るが、あるいは木笏《きのしゃく》や浅沓《あさぐつ》をつくる家でも、これを造る。一説には、古いむかし、板に割ることを知らなかった頃、木の枝を切り、これを連ね並べて編んだので、大小はその用途にしたがい、そして物を載せる台とする。それゆえ、木を編むに定数がないという。

柳筥は、柳の木の荒皮を削りとって造ったもので、大きさは用途によっていろいろである。柳の木肌が白く潔白なところから、柳の木が用いられることになり、近世には檜を用いるようになったが、これも柳筥というのである。

柳筥は、現代では伊勢神宮において二月の祈年祭と一〇月の神嘗祭《かんなめさい》のときの幣帛《へいはく》の容器とするものと、式年遷宮用に用いる神宝を納める神聖な容器として造られている。皮を剥いた柳の肌はなめらかで白いため、その清浄な材質感が好まれ、信仰の用具として発展したものと考えられる。神嘗祭は、その年の秋に収穫された新しい米を大御饌《おおみけ》として、お祀りしている神に奉る祭儀のことである。

杞柳《こりやなぎ》細工物を生み出す豊岡

コリヤナギ（杞柳）はヤナギ科のシダレヤナギなどと同じヤナギ属の樹木で、柳細工に使用され、つくられる製品は杞柳《きりゅう》細工とよばれている。杞柳《こりやなぎ》は、川岸などの湿地に自生しているものを採取していたが、安定した材料確保のために栽培されるようになった。

杞柳《こりやなぎ》は葉の形により、大葉種（広葉または丸葉）と中葉種、細葉種の三種類がある。大葉種は、葉と茎は共に大きく、枝は粗く、収穫量は少なく、品質は劣るが、水害地や低湿地に耐える力が強い。茎の色により、白茎、赤茎、青茎に分けられる。中葉種は、品質はよいが、収穫量が少なく、水害地などに弱い。細葉種は浸水や病虫害などに弱く、収量も少ないが、枝が細長く、小枝があまりないので、細工にもっとも適している。兵庫県豊岡地方でコリヤナギをホソバコリヤナギと呼ぶのは、この名に因んだものである。コリヤナギは江戸時代には、兵庫県内の日本海へと注ぐ円山川《まるやまがわ》の河畔で栽培されていたので、但馬柳（豊岡市）ともよばれて有名であった。明治以降は藩制度の廃止とともに、独占・専売としていた豊岡藩の縛りが解け、豊岡から苗木をとりよせ、各地で栽培と製品作りが行われた。

宮内悊《せつ》は論文「柳筥考—柳筥にみる伝統技術の継承と発展」（『デザイン学研究』80号　日本デザイン学会、一九九〇年）のなかで、「今は豊岡市、長野県中野（千曲川）、岐阜（長良川）、土佐（四万十川）、それに戦後苗木と技術が移入された宮崎市で輸入品に抗して細々と生産が続けられている」と述べる。

兵庫県豊岡市における杞柳《きりゅう》細工の歴史は古く、奈良時代につくられた「但馬国産柳箱」が東大寺の正倉院の御物として残されていることから、一二〇〇年以上の歴史があると、地元では考えられている。豊岡

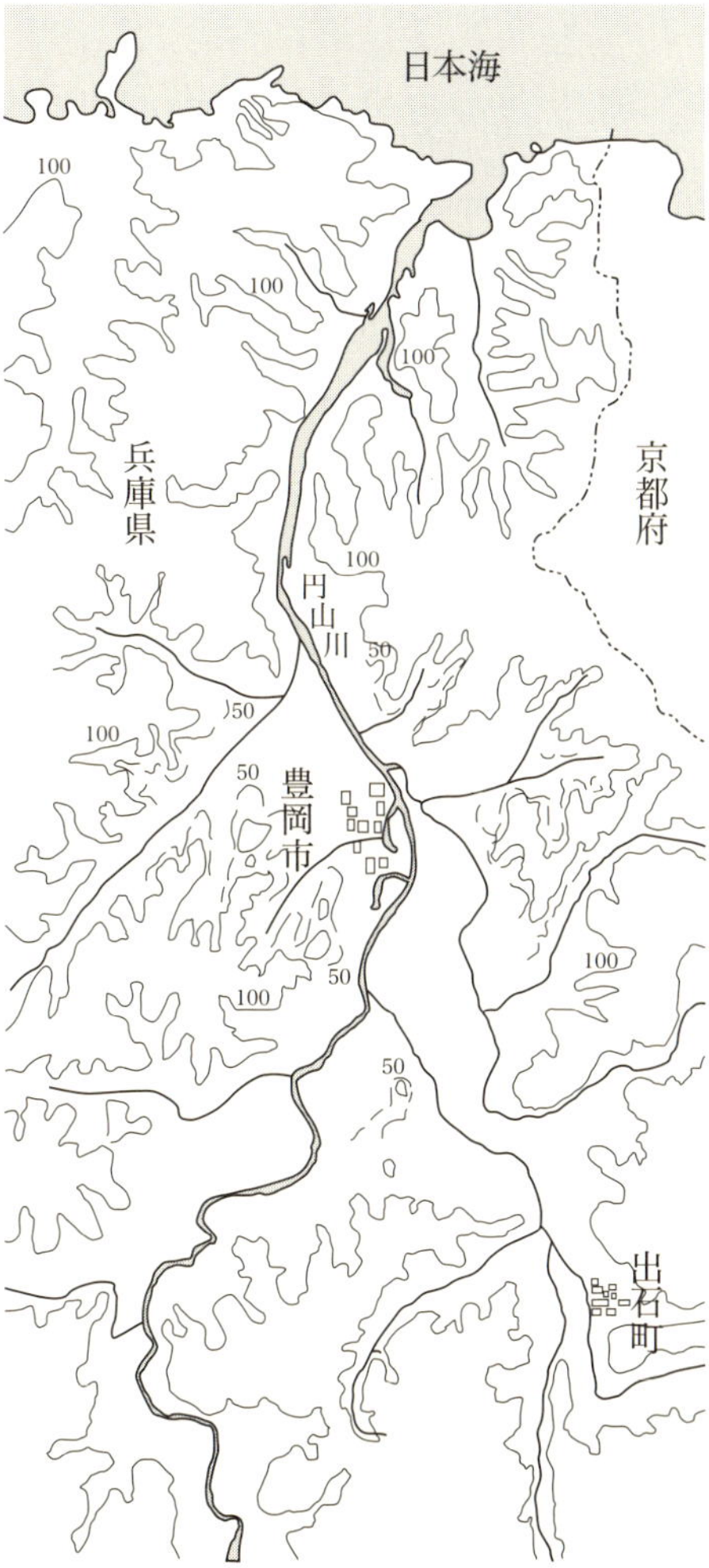

コリヤナギを栽培し、数多くの柳製品を作ってきた兵庫県豊岡市の地形。円山川の流れが緩やかなことと、河口部が狭いため大雨のときは浸水され易い。

市は日本海の海岸から一五キロの内陸にあるが、海面との高低差は約二メートルという低い標高である。このため但馬地方を北に流れる円山川は、豊岡盆地に入ってよどみ、蛇行して流れ、荒原《あわら》とよばれる湿地帯を形成していた。この荒原地帯は、杞柳《きりゅう》細工の原料となるコリヤナギ（行李柳、杞柳とも記される）の栽培に適していた土地であった。

コリヤナギは、ヤナギ属の落葉低木で朝鮮半島から中国東北部にかけての地域が原産地である。日本でも古くから栽培され、柳細工の材料とされている。枝は細く真っすぐに伸び、花序や細長い葉は対生する。似たヤナギの仲間にイヌコリヤナギがあるが、こちらは葉の幅がひろい。イヌコリヤナギの材は柔らかすぎて、行李等の細工には適さない。使えないという意味で、「イヌ」との冠がついたとの説がある。

この杞柳《こりやなぎ》を利用して、柳製品がつくられることになる。豊岡鞄協会のホームページによると、杞柳産業のおこりは「但馬地方では、但馬開発の祖と伝られる天日槍命《あめのひぼこのみこと》によって杞柳製造技術が伝えられたとの伝承がある」とされている。天日槍命とは『広辞苑』によれば、記紀説話中にあって朝鮮半島の新羅《しらぎ》国の王子で垂仁朝にわが国に渡来し、兵庫県の出石《いずし》にとどまった人だという。そんな古い時代に、兵庫県の日本海側にあたる但馬地方に、杞柳の加工技術が朝鮮半島から伝えられていたのである。出石は平成の大合併で豊岡市出石町となったが、円山川の支流出石川流域の町で、豊岡まで約一〇キロという近さである。ここの出石神社の祭神は天日槍命で、但馬国の一宮として尊崇されている。

杞柳《こりやなぎ》の製品をうみだす仕事が、産業として豊岡地方に確立したのは、豊岡が城下町となった影響大きい。『豊岡市史　史料編下巻』に収録された『但馬新聞』の明治四三年（一九一〇）八月二八日付けの「城崎郡に於ける物産沿革」は、「城崎郡に於ける杞柳栽培・柳行李製造起源詳からざるも、今を去る三百二十余年前、天正年中既に之を栽培製造し、後寛文年間に至り漸く此事業の盛況を呈せらるものの如し」と述べている。天正年間（一五七三〜九二年）は、織田信長により将軍義昭が追放され室町幕府が滅亡してから、関白豊臣秀吉が朝鮮出兵を命じた頃までである。その頃に、豊岡では杞柳《こりやなぎ》が栽培され、その材を使った製品がようやく評価されはじめたというのである。

江戸時代へと時代がかわり、徳川四代将軍家綱治世の寛文年間（一六六一〜七三年）に、杞柳産業が盛んになったという。寛文八年（一六六八）には京極伊勢守高盛が丹後国から豊岡に移封され、豊岡藩主となった。京極氏は土地の産業として杞柳の栽培ならびに製造販売に力を注いだことから、これが盛況となったのであった。これより先の寛永一三年（一六三六）、豊岡市森津の成田広吉が江戸で武家奉公しているとき、門前にあった枝垂れ柳の細い枝を用いて飯行李《めしこうり》を作った経験を生かし、帰郷ののち自生している杞柳《こりやなぎ》を使った柳行李《やなぎこうり》を製造していた。

実用性高い保存容器の柳行李

柳行李は、通気性がよく、大容量のものが納められ、耐久性も優れていたので、生活の向上にともなって衣服などの保存容器として実用性が高く評価された。さらに交通手段の発達にともなって人の往来が頻繁になり、縄掛けすればすぐにでも運搬用具となり、また落としても壊れにくいこと、蓋の被せ方で収納量が調節できることから、柳行李は運搬性の利点が認められ需要が増大していった。

行李《こうり》とは中国語で、他国への使者を指していたが、いつの間にか旅人や旅をさすようになり、さらには旅の荷物のことをいうようになった。日本語の行李もほぼこの変遷をたどったようだが、日本ではさらに旅の荷物を入れる箱という意味ももった。行李は竹や柳、藤の蔓などで編んでつくられた、軽くて通気性のよい蓋つきの箱である。

柳行李には、尺荷《しゃくに》行李、文庫行李、薬屋行李、小間物行李、帖《ちょう》行李、行李かばん、軍用行李、永尺《ながじゃく》行李、大荷《だいに》行李、大馬《おおま》行李、袈裟《けさ》行李、裃《かみしも》行李、飯《めし》行李がある。

薬屋行李は越中富山の薬屋が置き薬を背負い、得意先をまわるのに使われたことで有名である。小間物行李も、目貫《めぬき》（刀剣類の柄《つか》にすえる飾り金具）や小間物（化粧品などのこまごました品物をいう）を行商するために使う行李をいう。帖行李はおもに商家で使われ、商人が大福帳（帳簿）やソロバンを入れて持ち歩いて、仕事に使っていた。行李かばんは、明治一四年（一八八一）に兵庫県豊岡市で生み出されたかばんで、手にさげて使う行李である。軍用行李は、軍隊が荷物の運搬用につかった。

柳行李は明治のころまでは骨柳《こつごうり》と呼ばれ、庶民にはなくてはならない収納器具であった。柳行李は通気性と吸湿性を兼ね備えていたので、シミや結露を防ぎ、柳に含まれる成分が虫食いを防ぐこと、丈夫で長持ちすることから、日常的に衣類の整理を保管に多く使われた。現在のプラスチックの衣装ケースのような使われ方や、普段の箪笥《たんす》代わりや、小さな行李には生活雑貨などが納められた。柳行李でも、小さなものは弁当箱や旅行用の小物入れなどがあり、多種多様の使い方がなされていた。

柳行李をつくる豊岡市の杞柳《こりやなぎ》は、円山川沿いの湿地に生育しているものがまず使われた。円山川の洪水が運んできた肥沃な土壌で育つ杞柳《こりやなぎ》の細い枝は、材にねばりがあって折れにくく、水を吸わせると柔らかく扱いやすくなり、一方乾燥すると固く締まって丈夫になるという性質をもっていた。杞柳の材は長くても二メートルほどで、枝先に向かって細くなるという特徴がある。通常は樹皮をはいで枝の芯の部分を用いる。

明治末期に農商務省山林局が調査した『木材の工芸的利用』は、「こりやなぎガ各地ニ栽培セラルヽニ至リシモ其ノ産額ハ兵庫県ト他ノ諸県全体ト匹敵スベク」と述べ、兵庫県内の豊岡の産額が格段に多いことを記している。なお『木材の工芸的利用』とは、明治末期、当時の農商務省山林局がわが国における木・竹資源の有効利用を図るため、国内で利用されている数百種の木・竹製品について、原材料の性質、処理法、製造法などを詳細に調査した結果を編纂して明治四五年（一九一二）大日本山林会から刊行したものである。明治末期の杞柳《こりやなぎ》の産地は、兵庫県が第一位で全国産額の過半を占めていた。ついで岐阜県、高知県で、そのほか栃木県藤岡付近、茨城県取手付近、宮城県、北海道に産した。品質は兵庫県城崎郡を最上とし、岐阜県・高知県以下の産は、城崎郡産に比べると、色沢ならびに成長がおとり、折れやすく、また芽の跡が黒点となるものがあった。

柳行李製作の発展と衰退

杞柳細工《きりゅう》に使う杞柳《こりやなぎ》の栽培は、砂質土壌で水はけのよい肥沃地に、畦間《うねま》約四五センチ、株間二〇〜二五センチに植え付ける。生長が早いので、明治期には半年または一年で全部の枝を採取していた。現在は萌《ほう》芽《が》して二年経過した三年目の、約二メートルに成長したものを用いる。

杞柳《こりやなぎ》は、脇芽が伸びないように摘み取りながら、真っすぐで長い枝を育てる。晩秋に葉が落ちたら刈り取り、枝が乾燥しないように、根元を土に埋めた状態で越冬させる。三月中旬〜下旬になったら、湿った田圃に二〜三本を束ねて仮挿ししておく。仮挿ししてから一か月くらい経つと根が出て新芽が出始める。こうなると樹液が梢までのぼるので、樹皮の中に水分が含まれることになり、樹皮を剝きやすくなるからである。芽が出はじめたらすぐに抜き取り、二又になった金属の棒で柳を挟んで表皮をはぎ取る。

表皮を剝いた後には樹液のぬめりがあるので、川のなかでこすり落とす。川で洗ったものは、太さ、長さ、真っすぐなもの、歪んだものなどの選別をして、二〇〜三〇本を一束として先端をしばり、風通しのよい場所につくった稲架のようなものに掛けて乾燥させる。十分に乾燥させないと、製品にしたとき縮んで緩みがでてくる。八月上旬の土用が過ぎるころまで乾燥させる。乾燥は晴天の日を選んで行い、決して雨に当てないようにする。雨に当たると斑点ができ、使用不能となる。一日中乾かした後、次の日に半日乾かす。貯蔵は湿気が少なく、風通しのよい倉庫等を用いる。

柳行李の製作材料は、杞柳《こりやなぎ》、むくげ（木槿）、孟宗竹、藤、麻糸である。杞柳は行李の主材料で、むくげは側《がわ》に用い、孟宗竹は縁の材料で、縁の取り付けに藤が使われる。麻糸は側を編むのに用いられる。むくげは、インド・中国原産のアオイ科の高さ三メートルくらいの落葉大低木で、わが国では庭木、生垣として広く栽培されている。枝は繊維が多く折れにくい性質があるので、この性質が行李に活用されていた。

竹林はむかしから豊岡地方にはたくさんあった。柳行李を編むときに使う麻糸もまた、古くから但馬《たじま》麻《あさ》苧《お》として全国的に知られるほど多量に生産されていた。豊岡地方ではこのように、柳行李を生産する材料を地元で容易に手に入れることができた。明治期における柳行李の製作法は、杞柳を水で潤《うるお》し（冬は一晩、夏は一時間）て軟らかにして折れることを防ぐ。つぎに二筋の麻の経糸《たていと》を張っておき、行李の大きさに従い適当とする長さの枝を交互に異なる方向より挿入していく。ただし二筋の経糸は、行李の中心となるようにする。それを編板の上にのせ、定規で押し付けながら、手工により枝を交互にとってその間に麻糸を通しながら編んでいく。すべて麻糸は乾燥したものを用いる。湿った糸は滑って編みの具合が悪い。

編み上がったものは十字形となり、左右の袖をヤマ（山）、上下をコバといい、ともに行李の外側となる部分である。なお杞柳《こりやなぎ》が潤っているときに、ヤマの部分をコバの傍らより折り曲げてくせを付けておく。これに割った藤で縁竹《ふちだけ》をつけて製品となる。

豊岡地方では冬季は積雪のため農業ができなかったことと、耕地となる適地が狭小で新田開発の余地が少ないなどの自然の制約により、余剰労働力があった。この農業余剰労働力が、副業として生計の助けとなる杞柳《きりゅう》製品の生産を駆り立てたのであった。『豊岡市史　下巻』（豊岡市史編集委員会編、豊岡市、一九八七年）によれば、現在の豊岡市市域となっている地域を含めた城崎郡の柳行李製造高は明治一六年（一八八三）には二一万四五〇〇個、同二五年（一八九三）には四一万二三三四個という大量のものであった。

その後、日清戦争で軍需品として飯行李・大行李（軍用行李）などの大量需要があった。日露戦争でも需要が増大し、明治三八年（一八九六）の城崎郡の杞柳製品の製造高は一四七万二四三二個に達していた。軍用行李需要の増大に杞柳の生産量は城崎郡だけではまかなえず、他の地域から相当量が供給されるようになった。例えば大阪府でも供給していた。大阪施政研究場が昭和二六年（一九五一）ごろまとめた『阪神大都市圏の土地利用』は、「蓮根と共に湿田利用の特産コリ柳も見逃せない」という。そしてコリ柳の栽培地やその面積について、「コリ柳は安威川の流域低湿地に栽培されている。明治二〇年頃三島村の篤農家が但馬から種苗を購入試作したのが特に日露戦争に際して軍用行李の需要が増大し、原料高騰の結果拡大したものである。現在玉島村（現茨木市）二六町、富田町一〇町、茨木市一二町、総計四八町歩に達し、豊岡市を中心とする但馬地方へ移出され、そこで製品として加工されている」と、記している。大阪府の淀川北部地域の湿田の栽培作物として、明治末期あたりから、昭和二五年ごろまで蓮根とともに重要な作物となっていた。

昭和期にいたっても戦争が杞柳《きりゅう》産業に大きく影響しており、太平洋戦争のころは軍需一色となった。そして戦争末期から終戦直後にかけては、食糧不足のため、杞柳《こりやなぎ》の畑は食用作物に代わり、また戦争で製品をつくる職人の数も減り、杞柳産業は一時期混乱を呈した。昭和二二年（一九四七）ごろから買い物籠が作られるようになり、その後色彩豊かな塗装も行われ、人気がえられて再び息を吹き返した。

安価なプラスチック製品の普及により杞柳製品の需要は激減した。急激な需要の減少から伝統的な柳行李の製作技術保有者はただ一人になったことがあり、豊岡市では平成四年（一九九二）に国の「伝統的工芸品」の指定を受け、後継者の育成と新たな振興事業の試みを開始した。

柳枝を歯磨きに使う房楊枝

楊柳の材から作られたものに楊枝《ようじ》がある。楊枝は歯の垢《あか》を取り除いて、清潔にするために用いられた道具のことで、もとは楊《かわやなぎ》を用いたからこういわれる。『広辞苑』によれば、楊枝はインド・中国に始まり、わが国でも平安時代から仏家などに用いられ、房（総《ふさ》）楊枝、爪《つま》楊枝などがある。『閑吟集』には男とデートした女が柳の下で待っていてくれ、人に見とがめられたら「楊枝切るとおっしゃれ」とあるように、柳で作られていた。『閑吟集』は枝垂れ柳を楊枝に切るとしているが、ヤナギ科の樹木はみな楊枝につくることができた。

自分でつくる楊枝は柳の小枝を一五センチくらいの長さに切り、一方をたたいて繊維だけにし、片方は細く削り、縦に使った。ことわざに「楊枝一本削ったこともない」とあり、不器用で不精者のことを評したのである。

房《ふさ》楊枝の祖先は歯木とよばれ、仏教では毎朝歯木で歯の汚れをとり口腔《こうくう》内を洗いそそぎ、その後に仏に敬礼する習慣があった。平安時代の上層階級で行われていたが、いつしか一般庶民もこの習慣がうまれ、仏を敬う儀礼は消えたけれども、この習慣のみは連綿として続いている。毎朝食前に口腔を清潔にすることは、食後に歯ブラシで歯をみがく目的からは外れているが、毎朝仏を礼拝するという仏教の信仰習慣と、礼拝の前には歯木で汚れをとるという伝統によるものである。

江戸時代後期の随筆『万国新話』二（森島中良著、秋田屋大右ヱ門刊、一七八九年）には、このことを「隋書に曰《いわ》く、真臘人《しんろうじん》（カンボジアのクメール族）毎旦澡洗《まいあさぎょうずい》の後にて、楊枝を以て歯を清め、経文を読誦《どくじゅ》して後、またまた澡洗《ぎょうずい》し、それより食を喰ひはべり、楊枝を以て歯を浄め、又経を読むとなり」と、仏教信仰と口中の清潔さの関連を解いている。そして柳を用いることは、「風（身体のしびれる病）を除く」として奨められた。『高麗大蔵経』第十八（台北・新文豊出版公司、一九八二年）に収録されている『増壱阿含経』二八の聴法品《ちょうほうぼん》には楊枝の効用として、「人の楊枝の施すに、五つの功徳あり。如何《いかん》が五と為すや、一は風（病気のこと）を除く、二は涎唾《よだれつば》を除く、三は生蔵を消し得る、四は口中が臭わず、五は眼に清浄を得る」と述べる。

経典は楊枝の効用をこのように記しているのだが、仏教が伝来してからはるかな年数を経た江戸時代の寺の和尚と楊枝の関係を記した小話が、安永四年（一七七五）に刊行された「新口花笑顔《しんこうはなえがお》」（武藤禎夫校注『安永期　小咄本集　近世笑話集（中）』岩波文庫、一九八七年）に楊枝と題されて収録されているので紹介する。

旦那寺《だんなでら》へ行って馳走になり、懐中から楊枝を出して使ふのを、和尚が見て、「ハテサテ、在家《ざいけ》といふものは、自堕落《じだらく》なものだ」「なぜそうおっしゃりますへ」「ハテサテ、さかなを食った口へ使ふ楊枝も、こんな時に使ふ楊枝も、やっぱり

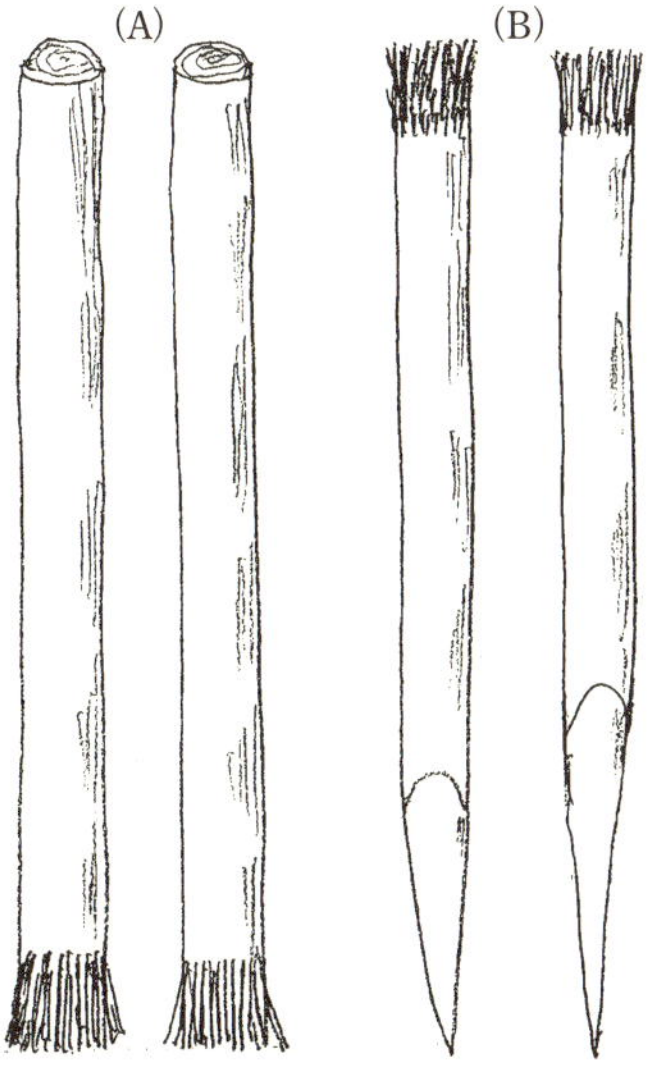

房楊枝には、一方を繊維だけの房状にしたもの（A）と、房の反対側を細く削り歯間をさせるようにしたもの（B）があった。長さは一定しない。

同じ楊枝を使ふとは、あんまりじゃ。精進《しょうじん》の楊枝は楊枝と、また、常の楊枝は楊枝と、二本づつ持っていたがよい。わしがたしなみを、みやっしゃい。これ、楊枝が二本あるは」

旦那寺は檀家の所属している寺のことで、在家とは出家せず在俗のままで仏教に帰依する者をいう。自堕落はふしだらのこと。精進とは、精進料理のことで、魚肉を使わず菜食中心の料理をいう。ここの和尚は、寺では生臭つまり魚食をしないとされているのだが、一本の楊枝でもって生臭ものを日常的に食べていることを白状している。

房楊枝の種類

「柳で作った楊枝をつかうと歯が疼かない」という伝承がある。京都の三十三間堂は柳の棟木の伝説で知られているが、ここでは「楊枝浄水加持会《かじえ》」といわれる「柳の加持」が行われている。ここでの楊枝は、歯の掃除をする房楊枝ではなくて、本物の柳の枝のことである。柳の枝（つまり楊枝）をさした浄水を信徒の頭上にそそぎ、頭痛を軽減あるいは消失させるとともに、無病息災、悪病除去を願うものである。お寺で渡される頭痛お守りにも柳が入っているという。

前に触れた『木材の工芸的利用』によれば、房楊枝は江戸時代には大名の各家においてそれぞれ他の大名家とは異なる形のものを作らせて使用してきた。あえてこれが紊《みだれ》ることがなかったという。明治維新の後は、この習慣がなくなったけれども、今なお（明治末期のこと）旧式のものを使用する向きもあるという。そのほかは、花柳《かりゅう》社会または旅館などで使われるだけである。なお花柳社会とは、いろざと、いろまちといわれる遊女屋の社会のことである。

明治初期に東京日本橋小網町の猿屋で調査されたものによると、房楊枝には両房貝形楊枝、両房角形楊枝、両房歯裏楊枝、小形房楊枝、御所楊枝という種類があった。

江戸時代の楊枝を売る店の屋号はほとんど猿屋といった。猿が大小の刀を腰に差し、袴《はかま》をはき、楊枝をつかっている人形を看板にしていたからである。それは日本猿は歯が白いから、楊枝の看板にしたというのが『人倫訓蒙図彙《じんりんきんもうずい》』（元禄三年＝一六九〇年刊）の説である。京都の猿屋はとくに有名で、浅井了意《りょうい》の『東海道名所記』には、つぎのように紹介されている。

粟田口、むかし粟田の関白におハせし所なれバ、此近辺を粟田口といふ。町の右のかたに、猿屋の楊枝とて、名物なり。楊枝ハみな柳なれども、こと更に、河内国の玉越の里ぞ、楊柳ハいたりてやハらかなる。この猿やハ、たまこしの里のものかとや。

このほか、柳を製造販売する専門店が、京都では四条京極から祇園町、江戸では浅草寺境内などにたくさんできていた。楊枝木の名産地として、豊前国（現福岡県）の立石村、河内国（現大阪府）の玉串村などが知られていた。

『江戸名所図会』巻六の浅草寺の条《くだり》の挿絵に、「楊枝店、境内楊枝を鬻《ひさ》ぐ店多し。柳屋と称するものをもて本源とす。されど今は其屋号を唱ふるもの多く、竟《つい》に此地の名産とはなれり」と記している。江戸の楊枝店は繁盛し、とくに明和年代（一七六四〜七二年）には、柳屋と名のつく店が美女を売り子にして評判をとったという。これは明和二年（一七六五）のこと、当代の美人画浮世絵師として知られた鈴木春信がはじめた華麗な多色刷の浮世絵、つまり錦絵に美女たちをとりあげたことが評判を生んだのである。

楊枝売りの柳屋に美女あり

春信が描いた明和三人娘は、谷中笠森稲荷《やなかかさもりいなり》の水茶屋鍵屋の笠森お仙、浅草観音堂の表参道大和茶屋の蔦

江戸の浅草寺境内で楊枝を売る店。柳屋が最初であるが、当時は柳屋の家号が多くあり、ついにこの地の名産となった（『江戸名所図会』巻之六、近畿大学中央図書館蔵）

屋およし、それに浅草奥山の楊枝見世屋の柳屋おふじであった。この三人娘のなかで、最も人気の高かったのは笠森お仙であった。

江戸時代後期の狂歌師で戯作者の太田南畝《なんぽ》（別号の一つに蜀山人あり）の明和六年（一七六九）の稿の「半日閑話」は次のように、笠森お仙と柳屋おふじを比較している。

童謡「なんぼ笠お仙でもいてう娘にかなやしよまい。どふりでかぼちゃが唐茄《とうな》子《す》だ」という詞はやる。

いてふ娘というのは、柳屋おふじの仇名《あだな》である。柳屋が銀杏《いちょう》の木の下に店を構えていたからである。かぼちゃが唐茄子だというのは、どっちも同じ物なので、似たりよったりだということである。そして、二人を比較するとお仙はおふじに敵《かな》わないというのだから、おふじの方が上となる。しかしながら、南畝は註で「実は笠森の方美なり」と、お仙の方に軍配をあげている。

楊枝より娘柳で売れるなり
顔へ穴あけて楊枝を十本買ひ
舐めたのはないかとなぶる楊枝店

こんな川柳も詠まれており、当時の評判がわかる。楊枝はとぶように売れたのであろう。

『木材の工芸的利用』には、ヤナギ属の木による房楊枝の製造法は記されていない。柳が各所に植えられたり、生育していたにしても、庶民が日常的に使用する房楊枝なので、その需要に応えるだけの原材料の調達が難しかったのであろう。それだから、大量の需要に応えるため、山野に自生して林を形成しているドロノキを使用している。ドロノキは北海道ではドロヤナギと呼ばれている。

ドロノキはヤナギ科ハコヤナギ属に属し、ポプラの仲間である。北方系の樹木で、日本海側は兵庫県、太平洋側は静岡県以北の本州と北海道に分布している。大陸では朝鮮半島からウスリー・アムール方面に広く生育している。生長すると直径一メートル、樹高三〇メートルに達する。川沿いの砂地や川の中洲の上、低い河岸段丘などに多い。材質は無味無臭という大きな特徴をもっているので、日用品の柳箸、楊枝、マッチ棒、マッチ箱などに使われる。

ドロノキを使った房楊枝の製造法は、幹を小切《こぎ》り、割り、粗削りをして、大形の薬缶《やかん》に湯を沸騰させておいたものに入れ、先だけを煮て柔軟にし、小町針を植えたもの（長さ一寸二分＝約三・六センチ）を六〇〇本～一二〇〇本（三分（九ミリ）の間隔をもって三寸（九センチ）に五寸（一五センチ）の面積に植え立てしたもの。房の長いものは針を多くし、短いものは針を少なくする）でまず頭に房をつけ、竹の棒ではさみ、風通しのよいところで陰干しする。牛皮で揉み、竹べらで磨いて仕上げをする。日光に直接さらすと、房の部分は折れて毛がなくなる。

祝い膳に使う柳箸

柳は食事用具の箸にも作られる。柳箸といい、現在でも新年の雑煮などを食べるときの祝い箸として用いられる。純白で清浄感がある柳箸は正月の雑煮、七草粥、小豆粥、桃の節句や端午の節句、食い初め、結婚式などに祝い箸として使われ、各地の社寺も吉事や神饌を盛り付けるときは柳箸を使う。柳を箸として使うのは、材質がしなやかで粘り気があって折れにくいうえ、軽くて削りやすいからである。折れにくい柳製の箸を使うのは、箸が折れると不吉だとされるからである。足利七代将軍義勝が落馬して死んだのは、正月に使った箸が折れたことが原因だという言い伝えによるものである。

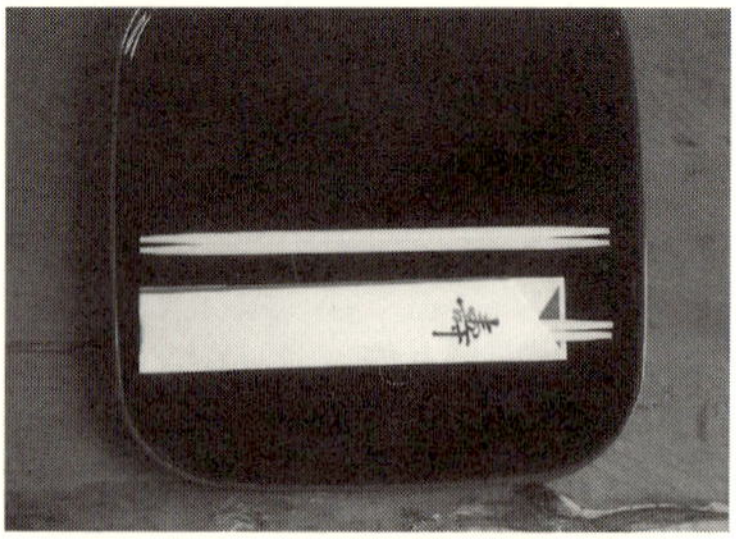

柳箸は両細の白い箸で、新年の雑煮を食べるときなど、祝いごとの膳に使われる。

向井由紀子・橋本慶子共著『箸』（ものと人間の文化史102、法政大学出版局、二〇〇一年）は、「仏教では、柳は一切樹木の王、仏に供える最高の聖木とされている」という滋賀県大津市の石山寺の鷲尾副座主の談を記している。柳は仏に供える最高の木であり、その上にきわめて生命力の強い樹木であり、邪気をはらう霊木であるところから、新しい年の始めを祝う正月三が日の祝い膳の用具として使われる。祝い箸の長さは、末広がりの縁起で八寸（約二四センチ）が普通である。

柳箸の形は丸くて両細《りょうぼそ》のうえ、中ほどが太いので孕《はら》み箸といって子孫繁栄を願う気持ちを込めた形であるとの説を前掲の『箸』はとっている。祝い箸、雑煮箸、孕太箸《はらぶと》、また、太さも太いため太箸《ふとばし》といもわれる。『箸』は、両端が細いのは、「お節料理を取るのに箸先として両端を使うためといわれる」としているが、実用的にはそうであろうが、もともとは神仏との共食《きょうしょく》といって、神祭りや仏祭りをしたあとの直《なお》会《らい》の際、人が使わない方の細い部分をつかって神仏が食事をするのだと言われている。

七人の名の揃いたる柳箸　　森　譲治

太箸にまづ海のもの山のもの　　今田博子

太箸を入れる箸袋に使う人の名前を記し、一年の無病息災を祈願する風があり、最初の句はそのことを詠ったのである。池田弥三郎の『私の食物誌』（河出書房新社、一九六五年）には、「正月に折口信夫先生の茶の間に集まり、先生が皆のために用意してくださった柳箸で心づくしのお節料理をいただいた。箸は一度用いたら折ってしまう風習があるが、先生は銘々の柳箸の包み紙に、いちいち名前を書いてくださって、また翌年の元日の膳に取り出してこられた」とある。

柳箸は元来は柳の材で作るのを本位とするが、前掲の『木材の工芸的利用』によれば、東京においては一般に広葉樹の材を使った箸を柳箸といい、針葉樹の材を使った箸を杉箸というとしている。そして柳箸はミズキ（水木）、サワグルミ（沢胡桃）、ドロノキ（泥の木）（一名ドロヤナギ）で作られ、ミズキは重目《おもめ》、ドロノキは中目《なかめ》、サワグルミは軽目《かるめ》という。杉箸は、スギ（杉）、トウヒ（唐檜）、ツガ（栂）、モミ（樅）、シラベ、ヒバ（檜葉）、アカマツ（赤松）、ヒノキ（檜）、エゾマツ（蝦夷松）、トドマツで作られる。ミズキは古来これを勝木《かつのき》といい、箸材として由縁があり、材質が軟らかく白く、肌濃《こまや》かにして粘りがあってスギよりも折れにくい。サワグルミは材軟らかくて折れやすく、木目はミズキに及ばず、雑煮箸に限られる。ドロノキは軟らか過ぎ、用途はサワグルミと同じである。

酒と関わり深い柳樽

柳の材で作られるものに柳樽《やなぎだる》がある。『広辞苑』は、「胴が長く手のついた朱塗りの酒樽、結婚などの祝い事に用いる、柄樽《えだる》または角樽《つのだる》の類」とする。『日本国語大辞典』は、「柳」は酒のことをいうのだとして「酒を入れた樽の意」だといい、「柳の白木で作り、たがを二つかけた柄付きの平たい酒樽。婚礼などの祝儀に用いる。祝って『家内喜多留』の字を当てることがある」とする。『角川古語大辞典』は「酒樽の一種」だとする。

前に触れた『貞丈雑記』巻七・酒盃は次のようにいう。

柳樽と云は、柳の木にて作りてる手樽《てだる》の事也。今はひの木（檜）さわら（椹）の木などにて平《ひら》くたらひ（盥）の如く作りたるを柳樽と云。古《いにしえ》の柳樽とは大に違《ちがう》なり。古《いにしえ》柳を用ひし事は、柳木はやはらかなる木にて、水気にあへば木ふやける也。樽にして酒もらぬ故に、柳を専《もっぱら》用ひし也。

正徳二年（一七一二）の自叙のある寺島良安著『和漢三才図会』は、「桶《おけ》に似て矮《ひく》き者を扁樽《ひらたる》と名づく。其《それ》に両手有る者を柳樽と名づく」と記している。

『貞丈雑記』は柳樽とは柳の木を用いて、手で提げられるようにつくった樽のことだとまずいう。今は、檜や椹《さわら》などで、底が浅く平たいタライのように作ったものを柳樽といい、むかしのものとは大変な違いであると、形がまったく異なっているとする。

この二つの文献からみると、柳樽の形状説明に少し食い違いがみられるが、直径よりも胴の方が長いものから、胴が短く平らに見えるものに変わっている。材料も当初は柳の材で作られていたが、今は檜や椹《さわら》などの針葉樹へと変わったのである。

柳樽の語源について本田忠憲《ただのり》の随筆集『塵泥《ちりひじ》』（文化三年＝一八〇六年刊）十二によれば、ある説に柳樽は松永弾正久秀が製作しはじめたと言い伝えられているけれども、この松永よりも以前の旧書などに柳樽の名が見えるので、この説は信じ難い。また一説に、柳樽は河内国柳川より出るところの樽の名を号するという。これも拠り所があるように見えるが、おそらくは受け入れ難いことである。忠憲が思うに、柳樽は伊勢山岡の説の如く、柳の木をもって作ることからの名であるへし、と『貞丈雑記』の説に同調している。

柳樽は店開きや婚礼などに重用され、とくに結納のときには他の縁起物の品々と一緒に贈るしきたりが現在まで続いている。その際に縁起を尊んで柳樽のことを家内喜多留《やなぎだる》と書くのが普通となった。家内喜多留とは、嫁取り、婿取りということによりその家の人が増える祝いであり、それも長く続いて家の内に喜びが多く留まるという意味である。

『御たのみの記』(神宮司庁編・発行の『古事類苑』器用部一・飲食具四に収録の文献名にみえる資料名で、著者名も刊行者名も不詳。現存するか否かも不明)も柳樽は、本式では柳の木で作り、柳がない時は杉でつくるのもよいとする。しかしながら、柳樽というものには寸法についての定法がないので、格好よくつくることであり、手の短いものは見苦しいという。樽には書き付けをすることはない、注文のときは柳幾荷と書き、樽の字は書かない。人に差し上げるときには、樽の口を人の左へ向けて置くこと、樽の手は縦になることと記している。

『日本国語大辞典』は前に触れたように柳樽の「柳」とは酒のことだとし、『広辞苑』は柳樽そのものが酒の異称だという。柳の酒は、中世、京都の柳屋という酒造屋で醸造された銘酒であり、柳樽のことともいう。柳樽を贈ることができなくて、代わりに贈る金銭を柳代《やなぎしろ》という。

柳の食具・調理具や家具等

これまで触れてきたもののほか柳の木を使ったものに、食具や調理具とされる俎板《まないた》(俎とも真名板《まな》とも書かれる)がある。柳俎板《やなぎのまないた》と呼ばれ、柳の材は色が白く清潔感があることと、毒がないというところから俎板《まないた》の良材とされた。

江戸時代初期の俳諧書『崑山集』(良徳(令徳)編)には柳まな板を詠った次の句がある。

見渡せば柳まな板やさくら鯛

ご飯を茶碗によそう道具に飯杓子《めしじゃくし》があり、これも柳材で作られていた。雑誌『大日本山林会報　第四一〇号』（大正六年一月号、大日本山林会）に所載の正木信次郎の「宮島細工の現況並其の将来」によれば、当時柳材の杓子は兵庫県の篠山地方で作られていたことがわかる。

現今我邦に於て飯杓子の製作をなせるは、

1　栃木県今市町（主として山毛欅《ぶな》より製作し主に東京に移出販売する）
2　大和国下市町（主に杉を以て製作する）
3　丹波国篠山町（主として柳にて製する）
4　豊前国英彦山（主として朴《ほおのき》を以て製作する）
5　安芸国厳島町（主に朴・栓《せんのき》・いものき・桜より製作する）

「いものき」とは、ウコギ科ウコギ属の落葉高木のコシアブラのことで、この木の材は白色で、そのうえ柔軟なので細工用に使われる。

そして飯杓子の特徴をつぎのようにあげている。

1　原料木の選択のよろしきため臭気が飯に移ることがないこと
2　工作が巧妙で飯が杓子に付着せず洗浄のとき飯粒がすこぶる落としやすいこと
3　杓子の製作が上手で飯櫃《めしびつ》の隅の飯を残さないよう綺麗に取れること

飯杓子は食事用にもちいるものであり、清潔感がなければならず、材色が白いうえ毒をもたない柳が用いられたものである。

食品を包装する具として柳経木《やなぎきょうぎ》がある。経木とは、杉・檜・松・柳などの木を紙のように薄く削ったもので、むかしはこれに経文《きょうもん》を写したことからこの名がある。折り箱に作られたり、菓子などを包む材料や菓子折りに敷いたりされた。現在はビニールや紙にとって代わられた。

柳の材を使ったものではないが調理道具に柳の名称があるものに、刺し身包丁の一種で柳の葉のように細身の柳葉包丁（略して柳刃）がある。

家具には、柳箒《やなぎぼうき》、柳張板《やなぎはりいた》、柳裁板《やなぎたちいた》、柳下駄《やなぎげた》（駒下駄ともいわれる）がある。張板《はりいた》は洗った布や漉《す》いた紙などを張って乾燥させるための板のことである。裁板《たちいた》は布や紙を裁《た》ち切るときに台として用いる板のことである。張板も裁板も、柳材は材質が精緻《せいち》であり、布や紙を傷める気遣いが少ないことにより用いられた。下駄の材料は、桐を第一とし、栓《せん》の木、杉、沢胡桃《さわぐるみ》、山桐《やまぎり》、椹《さわら》、欅《けやき》、朴《ほお》の木、栗、松等が使われ、柳も作られたがその量はわずかであった。駒下駄は台も歯も一つの木を刳《く》って作られた。

家具ではないが、多くの地方で三三年忌や五〇年忌の弔いあげに柳の幹や枝を塔婆《とうば》とする柳塔婆がある。葉がついたままの木標なので、梢《うれ》付き塔婆ともいう。これが根付くと墓の死者が成仏するか神となるとされ、位牌は寺か墓地に納める。柳は生まれ変わりの転生《てんしょう》の象徴・呪具《じゅぐ》として重く用いられてきた。

趣味の遊具として将棋盤や碁盤がある。どちらの盤も、用いられる材料は榧《かや》、銀杏《いちょう》、桂《かつら》が用いられ、このほかに柳、栃《とち》、檜、楓《かえで》が用いられる。前に触れた『木材の工芸的利用』では、盤は日向（現宮崎県）産の榧を最上としており、柳の盤は下級品とみられている。

柳でつくる弓と矢

いまは作られることはほとんどないが、武具として楊弓《ようきゅう》、楊盾《やなぎのたて》、柳の矢、柳箙《やなぎのえびら》などがある。

楊弓は遊戯用の小弓で、もと楊柳で作られたのでこの名がある。楊弓は長さ二尺八寸（約八五センチ）、矢は九寸二分（約二八センチ）、的は三寸（約九センチ）、射手《いて》と的の距離は七間半（約一三・六メートル）

を常式とする座敷での遊びである。伝説では、唐の玄宗皇帝が楊貴妃と楽しんだといわれる。日本にも古い時代に渡来し、室町時代には宮中の七夕の七遊の中に加えられ、年中行事の一つとされていた。なお、七遊とは、蹴鞠《けまり》、楊弓、楽《がく》、郢曲《えいきょく》、和漢五十音、和歌、七盃飲である。江戸時代から明治にかけて民間でも盛んに行われた。とくに徳川四代将軍家綱（在職一六五一〜八〇年）のころよりは、商人や通人の必須の芸とされていた。神社の境内や盛り場などには、料金をとって楊弓を遊戯させる場が開店し、美女を店頭において客を呼んでいた。ところが、ひそかに売春させる者もあったので、明治一九年（一八八六）ごろから取り締まりが厳重となり、漸次廃絶した。

柳の矢は、平安時代初期につくられた律令細則『延喜式』の二十三・民部には「凡《およそ》兵部寮は箭《や》を造《つくる》。柳の箆《の》四百廿隻《せき》」とある。これについて江戸時代中期の有職故実書『四《よ》季草《ときぐさ》』（伊藤貞丈著、刊行年不詳）一・射芸は「柳を矢の箆《の》に用いる事」で次のようにいう。

按《あん》ずるに、柳の木にて矢《や》箆《の》を作る事、木性志《きのせいし》なやかにして、軽くして宜《よろし》かるべし。是《これ》を造るは、兵部寮のつかさどり成べし。それを隼人司《はやとのつかさ》の官人受取て用いるに、油を絹に付て拭《ぬぐう》成るべし。柳箆《やなぎの》、燥《かわ》けば折れやすかるべきに依て、油を付て潤す成べし。唐土の矢を見し事ありしに、是も柳の木を削りて、箆《の》にしたる物也。根の方ほど少細し。是にては矢行宜しかるべし。唐土にても、柳のみ用るにあらず。竹を用る也。此方にても、古《いにし》へ柳のみにはあらず。竹箆《たけの》の事、日本紀に見へたり。今は竹箆のみ用て、柳箆をば知りたる人少き故、これを記す也。やなぎとは、矢の木といふ事なるべし。

箆《の》とは、矢柄《やがら》のことで、矢の幹にあたる。『古事類苑』兵事部からの孫引きであるが、『本朝軍器考』四・弓矢は「箆《の》ハモト箭竹《やだけ》ノ名ニテ、箭幹《やがら》ノ事ニアラズ。然《しか》ルニ我国ノ俗、箭幹ノ事ニ箆《の》ノ字ヲ用ヒ、乃《の》と謂《い》フナリ。箭《や》ニヨリテ加良《から》ト云ヒ、能《の》と云フベキ故実アレバ、其文字ヲ分チ用ヒシニヤ」とある。矢柄の多くは篠竹《しのだけ》で作られる。
平安時代には兵部寮で柳の矢柄《やがら》がつくられ、隼人司が受け取っていた。柳の矢柄は乾燥すると折れやすいので、絹布に油をつけて潤いをもたせるのだという。どうも実戦用の矢ではなく、儀式などのときにつける飾り用として用いられたのではなかろうか。

民間療法の柳の薬

柳を材料とした製品の作成をみてきたが、柳も人びとの病を癒す薬とした用いられていた。
鈴木棠三編『日本俗信辞典　動植物編』（角川書店、一九八二年）に収録されている柳の薬用部分を紹介する。

歯痛のとき、群馬県では柳の芽を患部に挿すと痛まないといい、福岡県では柳の楊枝を使うとする。また、群馬県では、傷には柳を巻き付ける。福井県では火傷《やけど》には柳の木の黒焼きを粉にして水でつける。熊本県では、挫傷には柳の葉を煎じて飲む。愛知県では、口角炎には柳の木の泡をつける。茨城県では、胆石には柳の枝を一握りほど煎じて飲むと、小便とともに胆石が出て痛みが治る。高知県では、百日咳、脚気、神経痛、リュウマチなどは柳の木の皮を煎じて飲む。東京都では、子供の原因不明の熱には柳の木の皮を土瓶で煎じて飲む。愛知県では、疱瘡《ほうそう》や麻疹《はしか》の熱には柳の芯を煎じて飲む。

民間療法を江戸期の書から紹介する。

○痔疾は柳の枝を煎じて洗う（『和方一万方』）
○痔瘻《じろう》は、荒布、柳の種、落髪、以上三味黒焼き等分、細末にして胡麻の油でつける（『和方一万方』）
○風邪は柳の皮をきざみ、生姜を少し入れて煎じて用いる（『諸国古伝秘方』）

○通風の蒸薬は、柳の皮（荒皮をけずり去ったもの）一斤（一六匁＝六〇〇グラム）、煮和《にやわ》ぎた時、熱いうちに直ぐ布に包み痛み腫れた上にあてて蒸す。冷えれば又煮て取り替えるとよい。白虎歴節といって四肢の節々が虎に咬まれたように激しく痛み腫れるときには此の方で止む（『妙薬博物筌』）

○ほくろを取るには、アカザの葉（中ぐらい）、柳の種をそれぞれ黒焼きし、この二味を水で練り、モチ米一〇粒を二味の中に入れ、紙でその器の上を封じ、日に乾かすこと半時ばかり、米のよくよくほとびるを待って、その米をほくろの上に一夜つけておく（『和方一万方』）

○白禿（頭部黄癬）は、柳のミドリ（ヤドリギまたは柳の若芽）、ネズミモチの葉を等分とり、以上二味、黒焼き細末にして胡麻の油でついてつける。後に毛が生えてくる（『和方一万方』）

○漆瘡（うるしかぶれ）は、柳の葉を煎じて洗う（『経験千方』）

○魚の中毒は、柳の木の根の皮を水で常のごとく煎じて用う（『秘方録』）

○火傷は柳のヤドリ（ヤドリギの類）実にならず木にしわいつきたるを取り、黒焼きにして胡麻の油にといてつける。但し、爛《ただれ》たるはそのままひねりかける。また最上垂柳の枝を黒焼き、一味細末にしてつける。乾いたものは胡麻の油にといてつける（『和方一万方』）

○打撲傷は、柳の渋、すこしばかり用う（『和方一万方』）

○顔の腫物には、柳のの葉に塩を入れ煎じてあらう（『経験千方』）

○乳房の腫痛に、柳の甘肌、細末にして、濁酒をモルミ（醸造した濁酒の内容物）とともにあわせてつける（『和方一万方』）

江戸時代末期の正徳二年（一七一二）の自序のある寺島良安が著した図説百科事典『和漢三才図会』は、巻第八十三喬木類において柳の薬用を説明しているが、李時珍の『本草綱目』から引用されたものであり、中国で用いられている内容である。

『和漢三才図会』が柳の薬用とする部分は、柳絮《りゅうじょ》と柳枝である。柳絮は、種子のまわりにある綿毛のことである。柳絮は吐血《とけつ》、喀血《かっけつ》にはこれを服用するとよい。金瘡《きりきず》の出血はこれで封じると直ちに止まるという。薬用はこの二つで、それ以外に毛織物に織り、羊毛のかわりに寝布団《ねぶとん》をつくるのによく、柔軟で涼しく、小児を寝かせるのに大変よい、とする。

柳枝は、風邪を治し、腫れを消し、痛みを止める。浴湯、膏薬《こうやく》、歯の薬とする。柳の若枝を削って楊枝をつくり、歯をすすぐと大変よい。およそ諸卒腫《しょそつしゅ》（諸種のにわかに生じる腫れ物）、急な痛みには、酒で楊柳の白皮を煮て、温めてこれをのばして貼ればすぐ治る、という。

柳の薬用部分および薬用効果

岡田稔監修の『新訂原色牧野和漢薬草大図鑑』（北隆館、二〇〇二年）は、カワヤナギ（川柳）・タチヤナギ（立柳）が薬用となるとしている。そして、川柳の項で、ヤナギの種類は多く、類似種としてネコヤナギ（猫柳）や立柳などがあり、いずれも薬効は同じであると、柳類が薬用となることが述べられている。また、ヤナギ科ハコヤナギ属のドロノキ（泥木）（白楊ともいわれる）も薬用とされる。そしてこの泥木の項では、シダレヤナギ（枝垂柳）も泥木と同様に用いられると記している。

ドロノキ（泥木）から薬用成分や、その用い方について同書をもとにして紹介しよう。

ドロノキは日本では北海道および兵庫県以北の本州に生育し、外国ではサハリン、朝鮮半島、中国、ウスリー、アムール、カムチャッカに分布し、あまり高くない山の明るい場所に生える落葉の高木である。

薬用とする部分は、枝、樹皮、葉である。薬用成分としては、サリシン、ポプリンの配糖体、精油が含まれている。サリシンは体内でサリゲニンとグルコースに分解、サリゲニンはさらに酸化してサリチル酸となる。このサリチル酸には多くの作用が知られており、局所刺激作用、殺菌作用、中枢神経系の麻痺《まひ》、解熱作用、血圧降下、尿酸の排泄増大、鎮痛などの作用がある。その他、肝細胞にも働き、胆汁の分泌を促進する。消炎、利尿、鎮痛、解毒などの効果があるとして、黄疸《おうだん》、肝炎、乳腺炎、リウマチ、高血圧、歯痛等に用いられる。使用法は、各部位を水で煎じて服用する。枝垂れ柳も同様に用いられる。

カワヤナギ（川柳）は北海道から九州、朝鮮半島、中国東北部に分布し、水辺に生える落葉の大低木、あるいは小高木である。雌雄異株である。

薬用とする部分は、樹皮、根、葉、花である。薬用成分として配糖体のサリシンのほか、サリチル酸、タンニン等を含む。タンニンを含み、収斂《しゅうれん》、解熱、利尿などの作用がある。枝は消炎、利尿、鎮痛、去《きょ》風《ふう》の効果があるとして肝炎、黄疸に用いられる。葉は清熱、利尿、解毒の効果があるとして乳腺炎、尿白濁、高血圧症に用いられる。花は止血作用があるとして吐血、血便、血尿などに用いられる。根は利尿、去風薬として水腫、排尿痛、黄疸、リウマチなどに用いられる。樹皮、根皮からコルク皮を除いたものは消炎、鎮痛、去風の効果があるとしてリウマチ、黄疸などに用いられる。

タチヤナギ（立柳）は北海道、本州、四国、九州、サハリン、ウスリー、中国東北部から北部、朝鮮半島に分布する。平野の水辺に多く生える落葉小高木で、雌雄異株である。

薬用とする部分は、樹皮と細根である。七〜八月の夏季に樹皮または細根を掘りとり、水洗いしてから細かく刻んで、陰干しにする。薬用成分は、安息香酸の誘導体であるサリシンのほかタンニンを含有する。日本では、民間で解熱、収斂、利尿剤に用いる。用い方は、樹皮または根を乾燥したものを一日量五〜一五グラムに水三〇〇ミリリットルを加え、三分の一の量まで煮詰め、三回に分けて服用する。枝垂れ柳や川柳も同様の目的で用いられる。

『中薬大辞典』の柳の薬

草根木皮を古代から薬用として用い続けてきた中国では、二〇世紀に入ってからの新中国成立の後、毛沢東の提唱により、さらに新しい薬材の発掘と研究が中国全土ですすめられてきた。そして広大な中国のすみずみまで散在する膨大な量の古今の資料を収集、検討、さらに科学的な面でアメリカ、日本などの資料を参考として『中薬大辞典』がとりまとめられた。この辞典の編集は一九七五年に着手され、一九八五年に完成した。日本語版は、上海科学技術出版社と小学館の共同編集で、小学館から四巻本として『中薬大辞典』として昭和六〇年（一九八五）に出版された。

同辞典によると、薬用とされる部分は、根（柳根《りゅうこん》という）、枝（柳枝《りゅうし》という）、柳絮《りょうじょ》、虫穴《むしあな》中の屑（柳《りゅう》屑《せつ》という）、皮（柳白皮《りゅうはくひ》という）、葉（柳葉《りゅうよう》という）であり、ほぼ樹木全体が薬用とされている。なお、ここでいう柳はヤナギ科の植物である垂柳《すいりゅう》（和名ではシダレヤナギという）のことだと、説明されている。

同辞典は「木部はサリチンを含む」とする。前に触れた『新訂原色牧野和漢薬草大図鑑』はサリシンだとしており、記述に食い違いがあるが、salicin をどのような発音で読んだかの違いで、日本ではサリシンを標準としており、同辞典が採用しているサリチンは、本書では以下サリシンと記す。一八二六年、エドワードストン神父によってサリックスアルバ（柳の一種）から薬効成分として salicin サリシンが分離された。柳のラテン語が salix サリックスであるところから、この名がつけられたのである。

同辞典はサリシンの薬理をやや詳しく記している。「サリシンは希塩酸あるいは硫酸とともに煮ると加水分解し、サリゲニン（サリチルアルコール）とブドウ糖になる。サリシンは苦味剤になるが、これは胃

枝垂れ柳の枝は中薬では「柳枝」とよばれ、肝炎や熱傷の治療などに用いられる。

に局部作用を起こし、吸収されたあとは一部がすぐに加水分解を起こし、サリチル酸に変化する（解熱及び止痛）。サリシンからサリチル酸への変化は恒常的なものではないので、臨床時にサリシンをサリチル酸の代わりに用いることはできない。濃度四～一〇％のサリゲニンは局部麻酔剤として用いることができ、ほとんど無害である。」薬として用いても無害というところに、大きな特徴がある。

薬効や主治のついても触れられているが、省略して、柳を用いた病の臨床治療例をいくつかひろって紹介していく。

柳枝《りゅうし》（枝垂れ柳の枝）を使った急性あるいは伝染性肝炎の治療では、「葉の付いた柳枝二両（一両は四匁＝一五グラム）（乾燥品の場合は一両）に水一斤（一六〇匁＝六〇〇ミリリットル）を加え、三〇〇ミリリットルになるまで煎じ、一日二回に分けて服用する。急性肝炎（主に黄疸型）二五三例における有効率は九六・三％で、与薬期間は平均二八・五日であった。主な症状が消えるまでに要した期間は、食欲不振三・七日、悪《お》心《しん》嘔吐《おうと》二・七日、腹部の腫れ七日であった。ほとんどの患者が服用後短期間で上腹部の脹満感が消え、食欲が増進し、消化系の症状もそれとともに好転し、尿の色もうすくなり、尿量も増加した」。

柳枝を使った熱傷《やけど》の治療では、「新鮮な柳枝を黒くなるまで焼く。このとき焼きすぎて灰にしてはならない。そのあと研《す》って細かい粉末にし、ふるいに掛け、香油で調えてうすい軟膏状にする。それを一日一～二回患部に塗布し、包帯を巻かず空気に触れるようにする。薬を取り替えるときは前の薬をふき取る必要はない。与薬後約三～四時間で患部は徐々に乾燥し、かさぶたが生じ、それにつれて痛みが出てくる。このとき乾いた薬の上に香油を塗って潤し、決して前の薬をふき取ってはいけない。小さな面積の熱傷（II度）に三例に応用したところ、効果があり、三～一四日で全治した」。

柳根を使った歯痛（歯茎が剥がれて歯が痛むもの）の治療では、「柳のひげ根五～七銭（一銭＝一匁。約一九～二六グラム）を、豚の精肉二～三両（七・五～一一・三グラム）をとろ火で煮た汁で煎じ、服用する」。

柳絮《りょうじょ》による治療では、「金瘡《きんそう》（刃物による切傷）の出血が止まらないときは、柳絮で傷口を封じる。吐血の治療では、柳絮を多少にかかわらず、あぶ（焙）って乾燥させ、ひいて細かい粉末にし、温めて重湯で服用する」

柳皮（樹枝または根のコルク質と木質を除いた靭皮《じんぴ》の部分）による治療では、「婦人の急性乳腺炎による腫れの治療は、柳の根皮を削り取り、よくついて火で温め、絹の袋に入れて温湿布し、冷たくなったら取りかえる」。

柳葉による高血圧症の治療では、「新鮮な柳葉〇・五斤（三〇〇グラム）に水を加えて煎じ一〇〇ミリリットルとする。（注・同辞書には何グラムの水を加えるのか記述なし）二回に分けて服用し、六日で一クールとする。三八例の観察では、一クールを経ると二八例は正常値に血圧が下がり、八例は下がるが（拡張期圧の下降が一〇ミリ水銀柱以上）まだ正常値にまで回復しておらず、二例は変化がなかった。血圧が正常値まで下がった事例中一九例を半月後に観察したところ、そのうちの一三例は治療効果が確かであった。半数以上の病例のめまい、頭痛、不眠、多夢、夜尿、口の渇きなどが明かに減滅した」。なお柳葉は、乾燥品の四・九三％のタンニンが含まれ、新鮮な柳葉一キログラムにつきヨウ素を一〇ミリグラム含むが、これは普通の食物の数千倍にあたる。

枝垂れ柳の樹皮。西洋ではこの皮の煎汁の苦さから逃れる工夫をつづけ、ついにアスピリンの製造を達成した。

柳の成分からアスピリン

中国や日本でも柳を使って病を治療してきていたが、古代インド、ヨーロッパでも既に古代ギリシャ・ローマの時代から、葉の裏が白い柳のセイヨウシロヤナギの樹皮に解熱作用があることが知られていた。シロヤナギは、ユーラシア大陸に分布し、欧州では川岸などの水辺で普通にみられる柳である。西洋医学の父とよばれるギリシャの医師ヒポクラテス（前四六〇年頃〜前三七五年頃）は、痛みを和らげるために柳の皮を噛んでいたと記録されており、柳の樹皮を鎮痛・解熱に、葉を分娩の痛みの緩和に用いたといわれている。木下武司は『万葉植物文化誌』の「やなぎ」の項で、「セイヨウシロヤナギこそ、約百年前に出現した史上初の合成新薬アスピリンのシード源であり、その誕生に二千年以上を要した画期的なものである。ローマ時代のもっとも尊敬される医師の一人ベダニウス・ディオスコリデス（四〇年頃〜九〇年頃）の著した薬物書『薬物学』にセイヨウシロヤナギの葉・樹皮の煎じ薬は耳痛に著効があると記している。肉食の欧州人にとって、通風・リウマチ・神経痛は誰もが経験する苦痛であり、長い歴史を通じてもっとも求められた薬は痛み止め薬であった。また歯痛・耳痛あるいは分娩痛などの痛みも欧州人には耐えられないものであり、ディオスコリデス以来、セイヨウシロヤナギほか数種のヤナギ葉や樹皮が痛み止め薬であった」とする。

中世ヨーロッパでは薬草売りの女性たちが、柳の樹皮を煮てその苦い煎じ汁を、痛みを訴える人びとに分け与えていたが、籠をつくる柳が緊急に必要になり、柳を伐採さることが禁じられるようになったため、この自然の特効薬はやがて忘れられていった。

一八三〇年、フランスの薬学者アンリ・ルルーがサリックスアルバ（柳の一種）の樹皮から薬用成分を分離し、柳の学名であるラテン語のサリックス salix から、その物質をサリシン salicin と命名した。しかし、サリシンは実際には純薬として使われることはなかった。サリシンは内服できないほど苦かったのである。欧州人は苦味が苦痛である。一方、日本人の味覚は五つあるとされ、それは辛・酸・甘・苦・鹹《かん》である。そして「良薬は口に苦し」とするほどで、良い薬ほど苦いとされてきた。代表的な苦味の良薬に、熊の胆《い》や黄檗《きはだ》の樹皮がある。

中国の古来からの医学でも、苦味のある薬は五臓の心《しん》に作用し心《しん》の熱を静める作用があるとされ、この作用は苦味以外には得られないとするように、苦味こそが薬だとしているのだから、欧州人の苦味嫌いは理解できない。実際にもサリシンや柳の樹皮エキスの苦味は、日本人の感覚からみればとるに足らないものだという。しかし、それが新薬を作りだす動機となっていた。

一八五三年にはフランスの化学者がアセチルサリチル酸の合成に成功した。

ドイツにあるバイエルン社の化学者フェリックス・ホフマンは、リュウマチに苦しむ父を救いたいと研究に没頭し、一八九七年にサリチル酸をアセチル化することで、副作用の少ないアセチルサリチル酸、のちのアスピリン（aspirin）を生成することに成功した。アスピリンは、一〇〇年以上たった現在でも使用されている医薬品である。アスピリンは、柳の樹皮に含まれていた薬用成分を使って合成された薬である。現在、解熱、鎮痛剤、抗リウマチ薬として広く用いられている。

柳の木炭は黒色火薬原料

柳の特殊な使いみちに黒色火薬の原料がある。黒色火薬は火薬類のうち、もっとも古くから使われてきたもので、中国では七世紀にその原形が発明されたという。一八八六年にスエーデンの化学者で工業家のアルフレッド・ノーベルが発明したダイナマイト及び無煙火薬に至るまでの間、ほとんどの発射薬や爆発薬として用いられた。

黒色火薬の材料は硝石《しょうせき》、硫黄および木炭の三種類を混合したもので、木炭のため色が黒色となるところからこういわれる。

黒色火薬に使われる木炭は、柳から作られたものが最良とされる。柳の木炭の作り方を「鹿児島県火薬製造書」（明治七年＝一八七四年六月写し、日本文化研究所蔵、ＵＨ九〇―四四（文書の保存記号））に記されているものを意訳しながら紹介する。

野生の柳の若木（六〜七年生）を春先に伐採し、皮を剝いで天日で乾燥し、四〜五年蓄えたものを太さ、長さをそろえて、炭焼き窯に入れ、松薪を燃料として木炭にする。良質の木炭は、切断面が紫色の光沢を示す堅い炭である。湿気を含まない新しい炭を砕き、炭の粉として使用した。麻の表皮を剝いだ残りの木質部（麻殻《あさがら》という）を木炭としたものもよいとされている。

天文一二年（一五四三）に種子島に鉄砲が伝わると、武士たちは武器として強い関心をもち、日本でも鉄砲の製造をおこなった。天正三年（一五七五）五月、織田信長は長篠設楽原合戦で、三〇〇〇挺の鉄砲の三段撃ちをおこなっているので、このとき信長は最低でも九〇〇〇挺の鉄砲を使った計算となる。しかし、その膨大な量の火薬は自家製ではなく、手中に収めていた貿易都市堺の商人から手にいれていたようである。

戦国時代の動乱がおさまり、平和な江戸時代となった。それ以後明治期に至るまで、幕府を除いた各藩のなかで最大の所領をもつ加賀藩（金沢藩ともいう）は、強大な軍事力を保有していた。川越重昌の「火薬の発達」（『日本史資料総覧』東京書籍、一九八六年）によれば、一大名でありながら、幕府がもつ量と同じ火薬量を保有していた。

廃藩置県時に、（加賀）藩には五六〇トンの火薬、約五五〇〇箇の大砲火薬、約九五〇万放の小銃弾薬があり、この火薬量は幕府が江戸湾防衛のために作った品川台場に必要とした洋式火薬五二五トン（一四万貫）に匹敵する量であり、一藩がこのように大量の火薬を保有するものは他にはなかった。

その火薬は加賀藩内で作られていたのであるが、金沢大学名誉教授の板垣英治は、硝石は五箇山（現富山県）で、硫黄は領有していた富山県新川郡立山地獄谷の自噴の硫黄泉から採取されていたという。そして「加賀藩の火薬　III」（『日本海研究　第四一号』金沢大学日本海研究所、二〇一〇年）のなかで、つぎのように加賀藩の火薬製造用の木炭は麻木であったことを明かにしている。

これまでに火薬の製造に必要な「木炭」についての史料は全く得られなかったが、本史料により加賀藩では「麻木」を木炭の材料としていたことが初めて明かになった。他の資料には「柳の枝」（例、鹿児島藩）「麻木（麻骨）」の例が記載されたものがあるが、本藩の場合は不明であった。「麻木蔵」は麻木を乾燥して保存するためのものである。「灰焼所」は麻木を熱い灰に埋めて炭化させた場所（炭化炉）である。細い枝（木質部）を炭化するためには、穏やかな条件下で蒸し焼きする必要があるために、木灰に麻木を埋めて過熱して炭化した。

ここで板垣がいう史料は、石川県編・発行『石川県史資料　近代編（2）』（二〇〇一年）に収録されている明治一八年（一八八五）発行の『加賀国石川郡村誌　第九〜一五巻』のことである。柳の枝を使った鹿児島藩の資料は、日本文化研究所（現日本国際文化センター）が所蔵している明治七年（一八七四）六月に写された『鹿児島県火薬製造書』のことで、これについては前に触れた。

明治一三年には柳を火薬用とするので、相当の対価をもって政府が買い上げる旨の通達が出されたことを東京都編『東京市稿』市街編第六十三（臨川書院復刻、二〇〇五年）は記録している。

丁第百拾三号　　四月十五日（明治十三年）

柳木ノ儀ハ火薬製造ニ必用ノモノニ付、砲兵工廠官員毎際派出、相当ノ代価ヲ以テ買収相成候條、川側或ハ流作場等ニ従来有之柳木無益ニ伐採不致《いたさず》漸次繁殖ヲ謀候様郡内へ告諭スベシ。此旨相達候事。

（明治十三年　東京府布達全書）

これによれば、柳木は火薬を製造するうえで必要なものであるから、火薬の製造に関わる砲兵工場の役人が毎年派遣され、相応の代価をもって買い取るというのである。それだからむやみに柳木を伐採しないように、育てて繁殖させるようにと、通達している。実際に柳がどのように買い取られ、木炭に焼かれ、火薬となったのかは、詳らかではない。

第七章　近世の江戸と京の柳

江戸名所柳の井

江戸は天正一八年（一五九〇）に徳川家康が入府するまえから、城下町形成の工事が始まっていた。慶長七年（一六〇二）、家康は征夷大将軍に任ぜられ、江戸は実質的な日本の首都となった。それ以前、関東の中心であった小田原の繁盛は江戸へと移り、名実ともに関東の首府として確固たる地位を固めてきた。慶長三年（一五九八）八月、三縁山増上寺が日比谷から芝に移転した。増上寺は徳川家康が江戸入府のときは貝塚にあったが、その後日比谷に移っていた。そのころは「ヤヨス河岸の南日比谷町にあった」と『江戸名所図会』はいい、このあたりをひびや町というのは、むかしは潮入《しおいり》の地であって、漁師が海中に枝付きの竹をたてならべて、魚の入るのを待ってこれを取る、これをひびという。今も海苔をとるのにこのひびを用いる。ひびのせきをする者の住居の地だから、ひびや丁といった。後に芝口より移されても、ひびや町と号していたが後に芝口と改められた、とする。

増上寺には八つの名水井戸があった。その一つ翠柳《やなぎ》の井は、文昭院（徳川家宣）御廟の西北のうしろにあり、増上寺十景の一とされ、その名や由来も古い。もとは楊柳の根の側から、水が流れ出ていたから名付けられたものである。柳川の水も、もとはこの井より流れていた。増上寺が未だ移転しない先から、老樹は方丈の北西の築山のところで栄えていた。方丈をいまのところに引っ越しした後は、井もうずもれてしまった。

『江戸名所図会』巻之三によると、尾州公御館と伊井家の間の坂を清水坂といい、清水谷もこのあたりのことである。現在の麹町八丁目へ出る坂下までも清水谷の内だという。ここにある井は柳の井と名付けられているが、「清水流るる柳陰」という古歌の意によるものだとする。同図会の「柳の井」の図は、四角い六〇センチ

桜田の御堀端にある柳の井（柳の水とも）（『江戸名所図会』巻之三、近畿大学中央図書館蔵）

ほどの石に囲まれ、中ほどの樋《ひ》から水で迸り出る井を描き、上方に枝垂れ柳の大木を描いている。「柳の井」図の次の伊井侯の藩邸表門の前にある「桜の井」は、石垣のもとにあり、亘《わた》りが九尺（約二・七メートル）もある大きな井戸で、水を汲み上げる釣瓶《つるべ》の車が三つある。湧きだしてくる水量がよほど多かったのであろう。

桜田の御堀端《おんほりばた》番屋の裏にある若葉井《わかばのい》は、柳が植えられているので柳の水ともいわれ、『江戸名所図会』巻之三は「清冷《せいれい》な甘泉なり」と記している。柳の水から湧き出た水は江戸城（現在の皇居）の堀に流れこんでいた。

同図会巻之三の「筋違《すじちがい》八ツ小路《しょうろ》」の図は、左図に神田川に架けられた筋違橋が描かれ、神田川に沿った石垣作りの土手には、上流の昌平橋までの間に大木の柳が四本見られ、昌平橋のたもとにも柳が見られ

る。神田川の右岸側にある御門は高札場とされ、高札場の土塁には形のよい松が並び、端っこにも柳が見られる。
翠柳橋《やなぎ》は、御成門の内一丁（約一〇七メートメル）余の正面にある。これは柳の井より流れ出る水で、川を翠柳川《やながわ》と名付けられている。それから橋の名ともされた。

植えられた柳原堤の柳

柳原堤は三代将軍家光治世の元和元年（一六一五）の秋、神田台を堀割り南流していた江戸川を東に導いて浅草川にそそぎ、今の神田川の流路としたときに作られた。『江戸名所図会』は、「それまでは神田川の隔てもなく、この川の南北ともおしなべて柳原といわれる広原であった」とする。柳下貞一著『柳の文化誌』（淡交社、一九九五年）によると、長禄二年（一四五八）太田道灌《どうかん》が江戸城の鬼門除けのため、厄よけの柳を一〇町（約一〇九〇メートル）四方に植樹した森の中に、守護神として京都伏見稲荷大社を勧請《かんじょう》分祀《ぶんし》した。そこから柳原の名がうまれた。

神田台の掘割りは松平正綱が堀普請を奉行し、阿部正之が土手普請の奉行をしている。同年一一月二五日には、家光が自ら工事の巡視をしている。このとき作られた土手が柳原土堤で、駿河台以西の堤防等となった。土堤は筋違橋から浅草橋へ続き、長さは一〇町（約一一〇〇メートル）ばかりであった。当時神田川の南北両岸とも柳はなかったが、柳原とよばれる広場であったという。太田道灌植樹の柳は一五〇数年前のことで、寿命の短い柳は枯れ、あるいは薪材料に伐採利用され、尽きていたものであろう。しかし、地名だけは残っていた。享保初年（一七一六）八代将軍吉宗がここを訪れ「柳原というのであれば柳を植えよ」との鈞令《きんめい》（将軍からの命令）があり、堤にはことごとく柳が植えられたという。

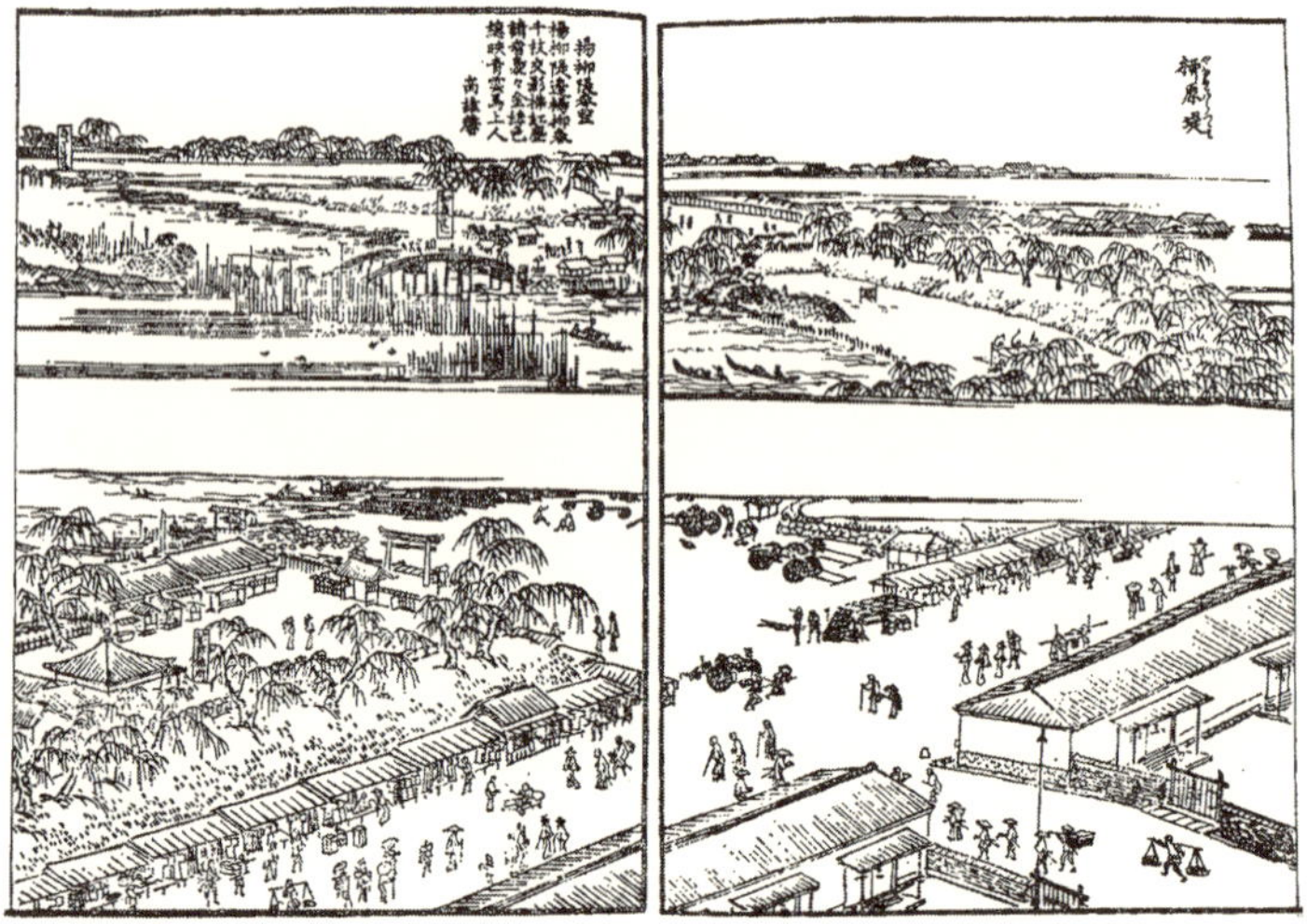

左図の柳原稲荷社から延々と右図にかけて柳並木が続く柳原堤（『江戸名所図会』巻之六、近畿大学中央図書館蔵）

『江戸名所図会』巻之六の「柳原堤」の図は、左図に堤の下の柳森稲荷《やなぎのもりいなり》という社を描き、境内にたくさんの柳を描いており、この地は稲荷河岸ともよばれた。右図は、柳原稲荷につづく下流にかけて堤防上にはたくさんの柳を描いている。同図には、高尾馨の漢詩を載せているので紹介する。

柳原堤春望

楊柳堤の辺《あたり》は楊柳の春
千枝影を交え紅塵を払ふ
請ふ看よ裊々《じょうじょう》金絲の色
総て青雲に映ず馬上の人

享保一一年（一七二六）の江戸絵図は、柳堤と記している。年を経てみな林となり、遠近《おちこち》の標識とされ、遠国より江戸にきた旅人等が道路を探す頼りとなることが多かった。木陰には商人たちの市や店が軒を並べ、にぎやかな所となっていた。『江戸名所図会』は『新編江戸志』（近藤義休著、寛政年間刊）を引用し、中国地方の人が「豊前国（現福岡県）の柳カ浦は、三里（約一二キロ）ほどは皆柳である。

そのほか他国にも、この地ほど見事な柳原は見ず」と褒めたたえたと記す。天保九年（一八三八）刊行の『東都歳時記』（斎藤月岑著、朝倉治彦校注、東洋文庫、平凡社一九七〇年）は次のようにいう。

柳原堤の新柳も早春景物の一ツなり。『武蔵志料』に云「其昔台命により。この地の柳を植そへられし。馬勃《ばぼつ》の句に、

柳原七百二（日）本立や春

といひしも、むかしになりぬ」と。同書の編者山岡明阿子若き頃（宝暦元年＝一七五一）この柳をかぞへられしに、纔《わずか》に二百八十四本になりしといへり。今は其頃よりも減じたり。

宝暦元年から天保九年までの八七年間に、七〇二本から二八四本までになり、四一八本もの本数が枯れるなどの理由で減少したのであった。

浅草橋は神田川の下流で、浅草御門の入口に架けられている。馬喰町より浅草への出口であり、千住への官道となっていた。『江戸名所図会』は「この（浅草橋の）東の大川口にかかる橋を柳橋と号《なず》く。柳原堤の末にある故に名とするとぞ。この所、諸方への貸船あり」いう。別に天保一三年（一八四二）に刊行された『江戸独案内』は、柳橋の由来について「神田川に架した橋に柳橋あり。元禄一一年（一六九八）の創設に係り、初め川口橋とも曰《い》いしが、橋の西に柳樹ありたるより遂に柳橋と呼ぶ」としている。

墨田堤へ柳を植える

『東京市史稿』遊園編第一（東京市編・発行、一九二九年）は貞享四年（一六八七）刊行の『江戸砂子』を引用し、当時の江戸での名木を掲げている。名木と評価があったのは金王《こんのう》桜、浅黄桜、糸桜、衛門桜、荒磯の松、鞍掛松、腰掛松、壱本松、千年の松、相生松、二本榎、印榎《しるしのえのき》、肘掛け榎、もちの木、連理の藤、

印柳《しるしのやなぎ》、杖いちょう、楊枝杉、印杉《しるしのすぎ》という八樹種の一八種である。柳は一つ掲げられているが、それは墨田川の梅若丸の墳墓の上にある木であるという。印柳は、享保一八年（一七三三）発刊の『江府名勝志』を引用した『東京市史稿』遊園編第一は「古木は枯れて若木を植えしという」と記す。

享保一一年（一七二六）江戸墨田堤に観光目的として、桜・桃とともに柳が植えられた。柳の植栽記録を『東京市史稿』遊園編第一は、「隅田村名主坂田家書上」の文書を収録している。これは享保二年（一七一七）五月、八代将軍徳川吉宗がもと前栽の畑であった隅田川御殿の庭に赤松、躑躅《つつじ》、桜そのほかを植えさせられた。享保一一年に至り、同所に桃・柳・桜を一五〇本を植え増し、定《さだめ》として「この桃・柳・桜・は御用木に候間枝折り又は抜き取るべからざるもの也」との文面の制札を六か所に立てたのである。隅田村には高さ一丈三尺（約三・九メートル）、長さ七二〇間（約一三〇〇メートル）の堤が築かれており、ここに寺島村の船着き場の下船場から木母寺門前までに、桜を一二〇本、桃を二八本、柳を一八本植えさせられたという。

『東京市史稿』遊園編第一は享保二〇年（一七三五）の『続江戸砂子』を引用し、印柳《しるしのやなぎ》（すみだ川）、颯《さつ》灑柳《れいやなぎ》（麻布善福寺）、夫婦柳（両国の南なにわ橋）という三本の柳をあげている。

享保年間に八代将軍吉宗が墨田川堤、御殿山、小金井などに桜・桃・柳を植えさせたことを『東京市史稿』遊園編第弐は、公衆の遊園の造営のためであったと評価している。

吉宗専ら実用を尚《たっと》び、奢侈《しゃし》を禁じ、自ら泉石の楽を擅《ほしいまま》にする如きこと有らざりしも、士庶《ししょ》の遊観慰安には頗《すこぶ》る意を用ひ、隅田堤に桜桃を栽《う》えしめ、飛鳥山、御殿山及び小金井に桜、中野舟堀に桃、柳原堤に柳を栽えしめたる類、その主目的は、実に公衆遊園を設くるに在りしたりし也。当時公園の称無かりしも、明に公園の実有りたるを見る可し。

江戸の角田川（墨田川）渡舟の図。右図の岸辺に柳が見られる（『江戸名所図会』巻之六、近畿大学中央図書館蔵）

吉宗は庶民や部下の侍衆のレクリエーションの場の必要性を考え、各地に桜や桃、柳を植えさせていた。この時代から柳は、公園樹として認められていたのである。

江戸末期の文政一〇年（一八二七）刊行の江戸の代表的な行楽ガイドブック『江戸名所花暦』の著者は岡山鳥《おかさんちょう》、画は長谷川雪旦《せったん》で、四季折々の花鳥風月を合計四三項目に分類、それぞれの名所・名木の解説、由来、場所の道順などを詳しく手際よく紹介しており、江戸庶民に広く親しまれた。巻之一の春之部には鶯、梅、椿、桃、桜、彼岸桜、梨花、款冬《やまぶき》、菫草《すみれぐさ》、桜草の一〇種が述べられており、柳の項はない。しかし、名所を描いた図のなかに、枝垂れ柳の特徴ある姿が描写されている。市古夏生・鈴木健一校訂『新訂　江戸名所花暦』（ちくま学芸文庫、二〇〇一年）に採録されている図を元にして説明していく。

巻之一の「隅田川」の図では、桜の花盛りの頃、堤の花見見物に人びとが集いやってくる。左図では武士の一行が、先払いに武士二人をたて、日笠を五つ差させた貴人らしい人を取り囲む二十数人が左手から進んできている。武士集団の背後に、咲き誇る桜の倍以上もの高さの大木の柳が二本描かれている。緑の柳、桜色の花と、互いに補いあった春の色合いは、まことに見事なものであったであろう。「隅田川」其二の図は、隅田川岸の遠景であるが、右図に一本、左図に一本と、桜樹から抜け出した高さの柳が描かれている。

梅若丸と柳

『新訂　江戸名所花暦』が参考図版とした『新訂　江戸名所図会』（ちくま学芸文庫）の「隅田川堤春景」には、左図には上半分を雲で省略した柳が二本見える。柳を隠した雲の部分に「はるばると霞わたれる隅田川の堤うちみれば、青柳の放髪《ふりわけがみ》も緑の眉にほひやかにかきたれ、蕾《つぼ》める花のほころびそめて、ゑまひつくらふなんど立ちまじりたる、夕ばえいとえんなり」と、書き入れしている。続いて花暦は、梅柳山隅田院木母寺について説明する。

隅田村にあり。大門を入りて右の方に小池あり。この辺《ほとり》に大樹の桜あり。境内一の佳木《かぼく》なり。梅若丸の墓は本堂のかたはらにあり。むかしの柳は枯れて、株のみのこれり。若木の柳を植ゑ添へたり。その柳のもとに小社あり。山王の社ととなへ、梅若丸をまつるといへり。（中略）

来て見れば植ゑし柳のしるしのみ春風渡る隅田河原　　一条（正しくは二条）関白康道

梅若丸と柳の謂《いわ》れは、謡曲「角田川《すみだがわ》」（別に隅田川とも書かれる）に詳しい。場所は武蔵国隅田川の渡し場で、春の夕暮れのことである。隅田川の渡し守が、都の北白河に住んでいた女物狂《おんなものくるい》を乗せる。女はわが子を人買いに取られて、心乱れ、都からはるばるとわが子を尋ねて東国まで来た。渡守は対岸の柳の元の人だかりについて物語する。去年の春、無情な人買いに置き去りにされた病気の少年があり、名を尋ねると吉田の某《なにがし》の子の梅若丸といい、まもなく落命する。「都が恋しい」という少年の最後の言葉に、都《みやこ》人《びと》が往来するこの路傍に葬って墓標として柳を植え、今日三月一五日が一周忌で、大念佛のため人々が集まっているのだと。その子こそ、女物狂の尋ねていた少年であった。

前の章で触れたのであるが、柳は仏に捧げる最高の木とされ、それが根付くとそこに埋められた死者は成仏するとの信仰があるところから、不幸な死を迎えた梅若丸を埋葬したところへ人々は柳を植えたのであろう。

のち梅若丸を葬った塚のかたわらに小さな庵が作られ、梅若山梅若寺と名乗っていたが、徳川家康が山号を梅柳山と改め、近衛信尹《のぶただ》が寺名を木母寺と改めた。

俳人の露庵有佐が著した『玉花勝覧』は、文化元年（一八〇四）三月に師友がつれだち小金井に観桜に出掛けたときの紀行文で、途中の吉祥寺村から井頭《いのかしら》あたりにかかったところにある柳を記している。

吉祥寺村より左に井頭道という碑あり。この細道へ入ること七町ばかり、すなはち弁天の後御手洗の汀に出る。巌根より清泉わき出ること七カ所、たちまち川となる。流れて神田上水へかかる。ほとりに柳多し。

源したたる青柳の雫かな　万葉
湧出る水神々し柳陰　周魚
水むすび柳綰《わがね》る汀哉　下流
嗽ぐ水にも匂ふ柳かな　有佐

広重描く錦絵の柳

安政三年（一八五六）から順次刊行された初代歌川広重の「名所江戸百景」（浅野秀剛監修『広重名所江戸百景―秘蔵岩崎コレクション』小学館、二〇〇七年）は、約二五〇年にわたって築きあげられた江戸の肖像画ともいえる。百景とはいいながら、一一八図におよぶ風景を主とした錦絵である。そこから柳が描かれているものを抜き出してみた。

［春の部］では、両ごく回向院元柳橋、馬喰街初音の馬場、筋違内八ツ小路、川口のわたし善光寺の四景で、［夏の部］では、深川はちまん山びらき、八ツ見のはし、角筈《つのはず》熊野十二社俗称十二そう、外桜田の弁慶堀糀町、金杉橋芝浦の五景で、［秋の部］では、鉄砲洲稲荷橋湊神社の一景で、［冬の部］では、よし原日本堤、御厩《おんまや》河岸、千足の池袈裟懸松、びくにはし雪中の四景で、合計一四景となる。これほど、江戸の川岸や水辺には柳が茂っていたのである。

徳川氏の江戸幕府は、江戸を当時の世界一の人口をもつ大都市へと発展させた。その幕府は柳営《りゅうえい》ともいわれる。もとは中国の言葉で、『漢書』の「周亜夫《しゅうあふ》伝」に記された故事からきている。漢の文帝（前一八〇～一五七）のとき匈奴《きょうど》（モンゴル系の遊牧民族）が騒ぎだし、追討を命じられた将軍の周亜夫は細柳というところに陣営を構えた。文帝が巡視すると、兵士が武器を構えて一分の隙もない。中に入ろうとすると、歩哨《ほしょう》が天子といえども将軍の命令なくしては入るを許さないと、軍令が厳しい。帝は大変感心して、これこそ将軍の軍営の模範であると、大いに称賛したといわれる。この故事から、将軍の軍営を敬称して「細柳営」、略して「柳営」というようになった。

幕府とは武家政治の政庁のことであり、幕府の長は征夷《せいい》大将軍であるから、将軍の軍営となる。幕府を柳営というようになったのは、武家政治のはじまった鎌倉幕府からで、室町幕府もこれにならっていた。

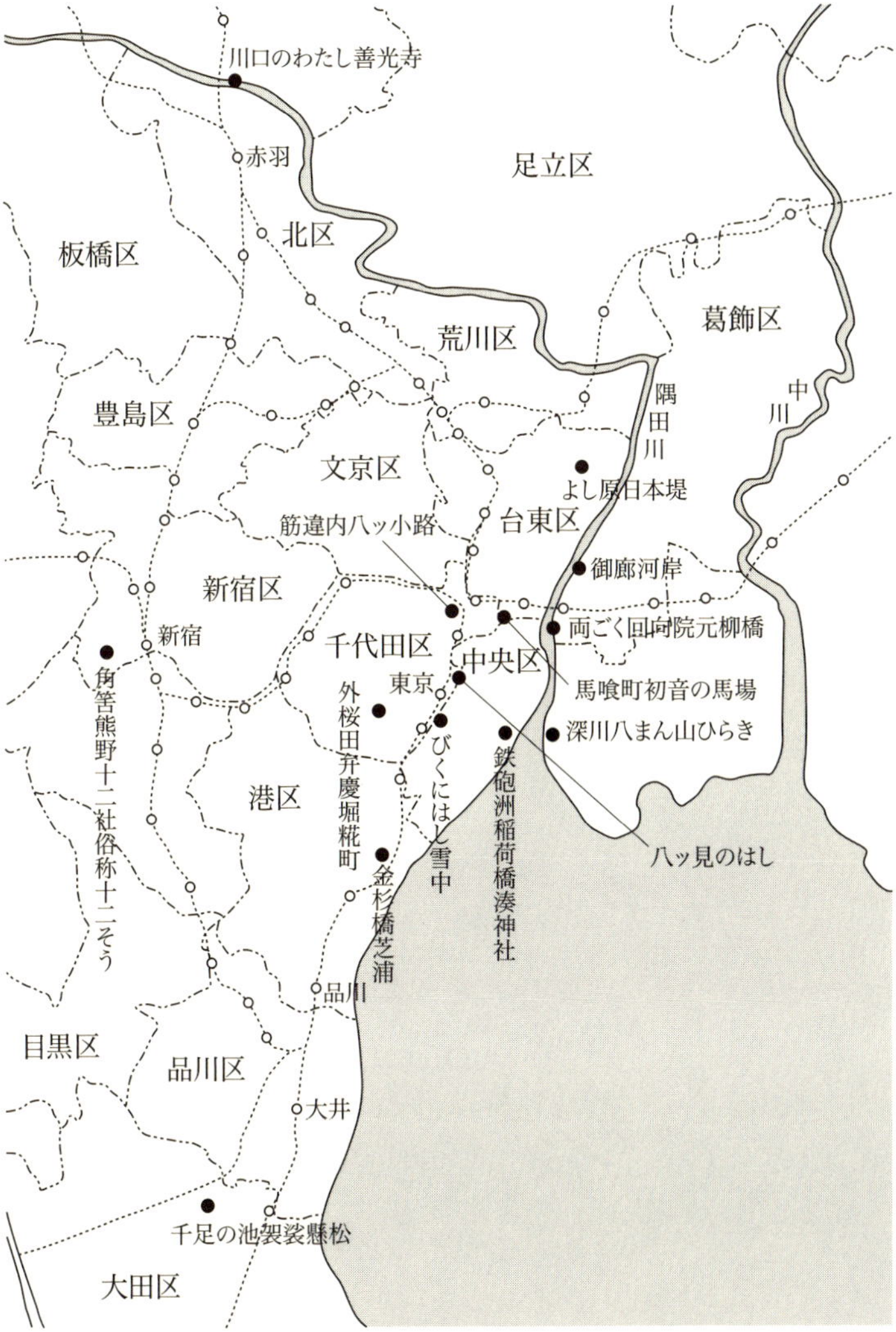

広重『名所江戸百景』に柳の描かれた場所（14か所）

とくに江戸幕府ではよく使われた。

幕府政庁の江戸城本丸にある諸大名の詰所の一つに、柳の間《ま》があった。白書院の前庭を西にし、南は大広間に接し、中庭を隔てて松の廊下をおいて松の間と向いあっていた。襖《ふすま》に狩野派の画家の雪に柳の絵があったからこう名付けられた。柳の間は二間からなり、四位以下の中川、松浦、加藤などの外様大名および表高家《おもてこうけ》の詰所である。詰所としての等級は、松の間、溜《たまり》の間、帝鑑《ていかん》の間につぐものであった。なお松の間は、島津（薩摩藩）、細川（熊本藩）、伊達（仙台藩）などの一〇万石以上の大名や四位以上の外様大名の詰所である。溜の間は普代大名、帝鑑の間は一〇万石以上の普代大名および交替寄合の詰所である。

京都の二条城にも柳の間はある。二条城は徳川家康が京都の警衛ならびに上洛の時の宿所として、慶長七年（一六〇二）に起工し翌年に竣工した城である。二条城では二の丸御殿の東南の端にある遠侍《とおざむらい》区画の四の間が、柳の間と呼ばれる。四位以下の大名と表高家の控えの間となっている。狩野真設《しんせつ》によるみずみずしく緑の映える柳の絵が襖に描かれている。奥の大広間と柳の間のなかほどにある老中三の間にも、雪をかぶる柳の巨木にさまざまな鷺の姿を配した襖絵がある。

京の高瀬川畔の柳

京の名所を記した『都名所図会』は、安永九年（一七八〇）に出版された挿絵を主とした名所図会のはじまりで、秋里離島《あきさとりとう》の著作で、挿絵は画家の竹原春朝齋の筆になる。娯楽性に富んだ地誌案内記として、現在では高く評価されている。

京の柳は、数多い挿絵に見られる柳を順次紹介していく。

同図会巻之一の「般舟院」（正しくは般舟三昧院《はんしゅうさんまいいん》のこと）の図には、山門をくぐると広い庭があり、門の

（上）京の人々の生活物資を運んだ高瀬川の川端には柳が植えられていた。
（『拾遺都名所図会』巻之一、近畿大学中央図書館蔵）
（下）京の花街の一つ島原の景色。右図の中央下に「出口の柳」が描かれ、左図では廓の塀からのぞく大木の柳が植えられている。
（『都名所図会』巻之二、近畿大学中央図書館蔵）

横に二本の松と少し離れた場所に松と同じくらいの樹高をもつ柳の大木が一本描かれている。この寺は、宗旨（天台・真言・律・浄土）兼学で禁裏内道場と称されていた。

同図会巻之一の「生洲《いけす》」の右図は、一本の柳が描かれている。生洲は、高瀬川筋三条の北の川辺にあり、楼でいろいろな川魚を料理して客をもてなし、酒肴を商っていた。高瀬川は江戸時代の中頃、内裏《だいり》の修理用の材木や石を運ぶために、角倉了以《すみのくらりょうい》が賀茂川の西側に開削した運河である。高瀬川の両側には柳がたくさん植えられており、『都名所図会』出版後に未収録部分を出版せよとの読者の希望により、天明七年（一七八七）秋里離島著で出版された『拾遺都名所図会』巻之一の「高瀬川」の図には、高瀬舟を陸から三人掛かり・四人掛かりで曳く人々とともに、二本の柳が描かれている。平成の現在でも、高瀬川沿いには柳が多く植えられている。

『都名所図会』巻之二の「仏光寺」図は、寺の山門をくぐった右側の庭に、柳の大木が一本描かれ、門の右側は一本の大木の松となっている。この寺は五條坊門通りにあり、宗旨は浄土宗で、仏光寺派と称している。同巻の「五條天神宮　一音寺」の図は、鳥居をくぐると本社に向かって右側の塀沿いには祇園《ぎおん》・天満《てんまん》・八幡《はちまん》・春日・稲荷・西大神宮《おおみわ》・猿田彦という末社が連なっている。大木の柳は、西大神宮社と猿田彦社の後ろ側の塀の、さらに後ろ側に立っている。つまり柳は、隣接している一音寺《いちおんじ》の境内にあるものと見られる。

同巻の「興正寺」の図は、門をくぐった広場の塀近くに、柳が一本描かれている。興正寺《こうしょうじ》は西本願寺の南に隣しており、浄土宗の寺である。

同巻の「島原」の図は、楼閣のある庭から塀越しに街道まで枝を差し伸べている柳と、出口の柳と名付けられた柳の二本が描かれている。島原は傾城《けいせい》町であり、朱雀野《すざくの》にあった。天正一七年（一五八九）原三郎左衛門・林又一郎が傾城町の免許を得て、一つの郭《かく》を開き、地名を新屋敷といったが、柳の並木があったので柳町とも称した。島原の出口の柳は、このときからの遺風である。図には、

出口にて
傾城《けいせい》の賢《けん》なるはこの柳かな

との其角の句が載せられている。傾城つまり遊女の賢い者は、柳のように客の無理難題も風として受け流して、面白く遊ばせてくれるというのである。

柳の棟木として知られ、柳の加持祈禱で知られる蓮華王院・三十三間堂の図が『都名所図会』巻之三にあるが、この図には境内の柳は描かれていない。同巻の「住蓮《じゅうれん》山安楽寺」では、本堂前の広場の外れにある小さな築山らしきところに、大木の柳が一本描かれている。

名水の柳水

江戸時代に出版された多くの名所地誌中、もっとも内容が充実した点で史料的価値が高いと評価されている『花洛名勝図会』は、木村名哲（暁　鐘成《あかつきかねなる》）と川喜田真彦の共著となっているが、実際の執筆者は平塚飄　斎《ひょうさい》である。『花洛名勝図会』は、元治元年（一八六四）に刊行された京都の東山方面を主とした名所図会であり、その図会にある柳について紹介する。

京の東山裾を流れ下ってきた白川が賀茂川にながれこむ辺りで、大和大路三条と四条の間にある橋を大和橋という。大和大路に架かるのでこの名がある。大和大路はまた俗に縄手通りとよばれ、大和橋の下流の川岸沿いにある酒楼《さかや》は引きこみ富田屋《とんだや》といわれた。ここに大木の柳があり、『花洛名勝図会』の当時もなお、年々繁茂しているとして、「縄手通　大和橋」の右図に川面に枝を差し伸べた大木を描いており、

次の歌と俳句を記載している。

青柳のゐまつくろふ陰に来て春やしるらん白川の水　竹屋春臣

石ばしのはだもぬるむか春の水　祇園来葉

京の町と淀川の支流の宇治川につくられた河港の伏見とをむすぶ竹田街道は、伏見で舟から降ろした貨物を牛に引かせて昼夜の別なく運ぶ街道で、旅人用の人道と、牛車の通る車道とに区別がされていた。『拾遺都名所図会』巻之四の図は、貨物を積んだ車を牛に曳かせ勢いよく運んでいる姿が描かれている。そして「牛の疲れざる要意にして牛を飼う人のならひなりとぞ」と記しており、図の人道の土手に柳が描かれている。夏の炎暑のとき、通行人に日蔭を、貨物をはこぶ牛を疲れさせないように、日蔭をつくるような配慮がされていたのである。

京都には柳水《やなぎのみず》と呼ばれる名水がある。京都は一口に千年の都と云われ、都であった年月は実に長い。その間に文化が発達し、地方にもいろいろと喧伝された。京都は、実は町の東を流れる鴨川、西を流れる桂川、その中の紙谷川がつくった扇状地であり、ミネラル分の多いまろやかな水質（軟水）の井戸水が多量にあり、神事、農業、染色、茶の湯、酒、料理、食物の調理などに用いられてきた。

京都の多くの井戸や泉のほとりには柳の木があり、柳の井戸、柳の水として尊ばれてきた。のちほど紹介する石川雅望の狂文にも「春のにしきの都には、柳の馬場に柳の井、柳の水の名所あり」と記されている。

柳の水は、中京区西洞院《にしのとういん》三条下ル柳水町と釜座町西側とにあった。千利久が茶の湯に用い、そばに柳樹を植えて、水に直接陽が射すのを避けたと伝られる。この水はどんな旱魃《かんばつ》のときでも水が涸れることがなく、あふれ出るといわれている。柳の水について『都名所図会』巻一は、右図に「柳の水」との注書を

京の白川と鴨川が合流する角の屋敷内からのぞく大木の柳（『花洛名勝図会』近畿大学中央図書館蔵）

した三尺（約九〇センチ）ほどの角石造りの井戸を描いている。図名は記していないが、柳の水について説明書きしているので、意訳しながら紹介する。

柳水は西洞院三条の南にある。むかしこの所に鳳凰山青柳《せいりゅう》寺という法華宗の道場があったので、井の名とした。またこのほとりに鬼殿《おにどの》というところがあり、有職故実に関する辞典『拾芥抄《しゅうかいしょう》』（洞院公賢編、鎌倉末期に成る）がいうところによれば有佐《ありすけ》が宅で、悪所である。また朝成《ともなり》の悪霊だともいう。三条の南ということは、京都では基本となる道筋から南へ行くことを「下ル」といい、北へは「上ル」というので、『都名所図会』の柳の井と柳水町のものは同じものである。

なお『都名所図会』のいう青柳寺は、豊臣秀吉の聚楽第《じゅらくだい》造営の際、現在地の上京区寺之内通大宮東入ル妙蓮寺前町に移転した。この寺は永仁三年（一二九五）日像上人が酒屋の柳屋中興入道の妻妙蓮法《みょうれんほう》尼《に》の帰依を得て、当初は妙法蓮華寺と称したが、やがて帰依者の屋号に因んで柳寺、山号は柳の字を二つにわけて「卯《う》木山《ぼくさん》」というようになった。酒屋のことをいう柳から、寺の名がつけられたという珍しい寺名である。

柳の水との関わりはないが、王服茶《おうぶくちゃ》のはじまりを同図は記しているので、ついでに紹介する。空也堂鉢たたきは、茶筌《ちゃせん》の販売を生業《なりわい》としていた。村上天皇の時代（在位九四八〜九六七）、疫病がたいへん流行し死する者が数知れないほどであった。空也上人これを憐れんで観音の像をきざみ、茶筌で茶湯を和し、観音にお供えし、その茶湯を諸人に与えた。それより疫病はたちまち平癒して長寿を得ることができた。村上天皇は叡感あってこれを吉例とされた。毎年正月の元日から三日までは空也堂の茶筌で茶をたて、これを服すれば年中邪気を免れる。このことを帝より始められたので、いま王服を祝うというのだと記している。

下京区西洞院通高辻上ル本柳水町にも同名の井戸があった。右京区嵯峨の厭離庵《えんりあん》庭園の硯《すずり》の水も柳の水と称せられた。松花堂昭乗が江戸で将軍に執筆を求められ、柳の水を希望し、これをわざわざ取り寄せたという伝説もある。

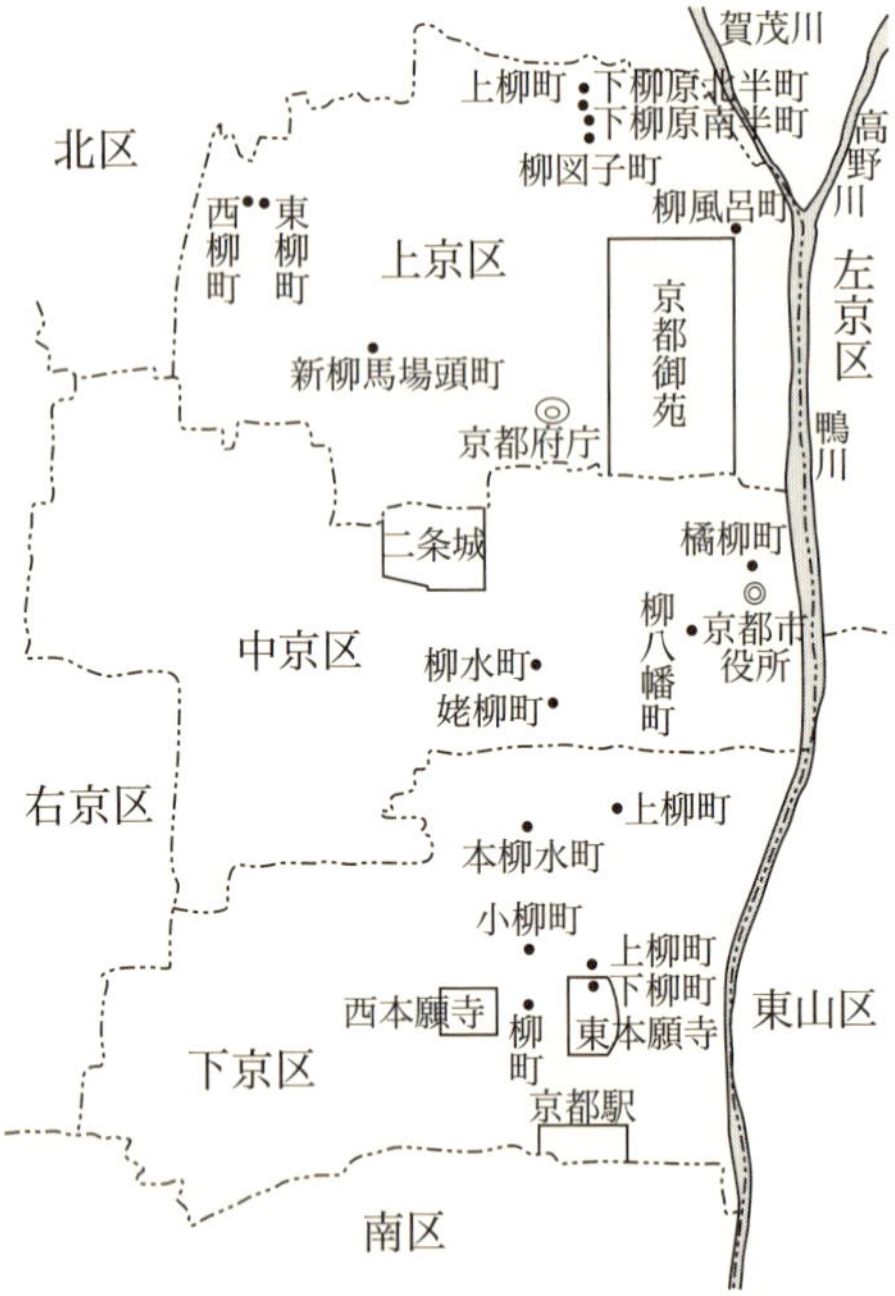

京都市主要部における「柳」の付く町名の配置。
上柳町が3か所、下柳町（半町も含む）が2か所ある。

京都は平安時代に朱雀大路の両側に柳が植えられたこと、さらに平安京を造営するとき高野川の流路を東に付け替えたこともあり、柳があちらこちらで植えられていたとみえ、柳のつく町名が多い。ついでに記しておく。

北区　上賀茂大柳町、平野上柳町、平野東柳町、東上八丁柳町、紫野上柳町、紫野下柳町の六か所

上京区　上柳原町、下柳原北半町、下柳原南半町、西柳町、東柳町、柳図子町、柳風呂町の新柳馬場頭町の八か所

中京区　姥柳町、橘柳町、柳八幡町、柳水町の四か所

下京区　上柳町が二カ所、下柳町、本柳水町、柳町、小柳町の六か所

右京区　太秦安井柳通町、嵯峨柳田町、嵯峨大沢柳井手町の三か所

左京区　松ヶ崎柳井田町、山端柳ケ坪町の二か所

西京区　牛ケ瀬青柳町の一か所

東山区　下柳町、上柳町の二か所

南区　上鳥羽大柳町、上鳥羽塔ノ森柳原、西九条西柳ノ内町、西九条東柳ノ内町、西九条柳の内町、東九条柳下町の六か所

山科区　四の宮柳山町、西野小柳町の二か所

以上、京都市には四〇か所もの柳と名のつく町名が残っている。これほどの柳の町名のあるところは、他にはないであろう。

石川雅望の柳賛歌

江戸時代後期の国学者で狂歌師の石川雅望《まさもち》が文化一〇年（一八一三）に刊行した「狂《きょう》文《ぶん》吾《あ》嬬《づま》那《な》萬《ま》俚《り》」の中に、「柳を詠めるざれ歌のはし書」（塚本哲三校訂『石川雅望集』有朋堂文庫、一九二六年）という一文がある。石川雅望は江戸の人で、旅館を営んでいたが後にその筋の嫌疑をうけて江戸払いとなった。狂名は宿屋飯盛《やどやのめしもり》と云う。和漢の書に精通し、狂歌師中の学者である。純粋の国学者としても『源註《げんちゅう》餘滴《よてき》』『雅言《がげん》集覧《しゅうらん》』などがある。『雅言集覧』はいろは引きの国語用例集で、いろは順で「い」から「よ」までを文政九年（一八二六）から嘉永二年（一八四九）までに刊行している。

柳に関する事柄が簡潔に触れられているので、すこし長いが紹介する。なお全文が行替えなしでなので筆者が適宜に行替えをおこない、振り仮名は現代かな使いとしている。

おのれ武《ぶ》昌《しょう》西門《せいもん》に家居しめてより、清少納言がいはゆる、廣《ひろ》ごりたるはにくしと思ひとりて、川柳点のざれ言《ごと》などをば、さらりと柳にやりやらひて、柳々州《りゅうりゅうしゅう》が書《ふみ》などをひねくり、折楊柳《せつようりゅう》の古調《こちょう》をうたひて、ひたすら五柳《ごりゅう》の門をとぢ居たるに、さまで繭《まゆ》にこもりなんや、いやな風にもなびけといふ歌だにあるをと、柳の間の廊下づたひ、諸士のすすめの無理じひに、逢ひて又もおふてふ跡川柳《あとかわやなぎ》、新京朱雀《すざく》のしたり顔して、かかる筵《むしろ》に出口の柳とは、さるは片絲のよりのもどりたるなるべし。

そも柳星《りゅうせい》は南方の七宿にて、柳谷《りゅうこく》は西方の地名なり。仏に楊柳《ようりゅう》観音あれば、神に柳大明神あり。

柳の稲荷はどぶ店《だな》の塵にまじはり、青柳寺《せいりゅうじ》は西の洞院《とういん》に跡をのこしぬ。

御柳《ぎょりゅう》は未央《びおう》のお庭にはびこり、柳営《りゅうえい》は大将の居城を称す。柳筥《やないばこ》はやごとなき御調度《みちょうど》にて、柳樽は婚礼の礼物なり。旅行く人は行李《こうり》に製し、料理人は俎《まないた》となす。

宿老《しゅくろう》の下がさねに、柳の名をもて呼ぶことは、装束家の説につたへ、年の初の粥杖《かゆづえ》にこの枝を用ふることは、全浙兵制《ぜんせきへいせい》にくはしく載せたり。

春のにしきの都には、柳の馬場《ばんば》に柳の井、柳の水の名所あり。大江戸にては柳原、小柳町に柳島、倡臺《しょうだい》ちかき五十間に、傾城《けいせい》の賢《けん》なるはこれと、其角《きかく》が見返りの、柳はみどり花川戸《はなかわど》、わたれば名ある梅若塚、金龍山の楊枝店には、柳屋ならぬ家もなく、花をあきなふ軒毎には、是を植ゑざる門《かど》もなし。

かけんもかしこけれど、後白河の法皇は、岩田川の柳には御頭痛《ごづつう》をいやし給ひ、蓮華王院の御建立には、棟上のお世話まであそばししとか。さてなん平太郎が妻のお柳《りゅう》が故事は、浄瑠璃《じょうるり》かたりのはこ柳とは成りける。あるいは道風《とうふう》の青柳硯《あおやぎすずり》、蛙のつらへ道のべの、清水ながるる柳かげには、蝙蝠《こうもり》に山椒《さんしょ》をくはす、清水《きよみず》の三本柳に、雀《すずめ》が三匹とまりに来たる、女の肌の雪に折れぬは、柳下恵《りゅうかけい》が賢《けん》とぞ聞えし。

風新柳《しんりゅう》の髪を結《ゆ》ひて、柳しぼりの浴衣がけ、柳茶の帯をしめ、柳屋の紅《べに》粉をぬりて、柳湯へ入らんとするには、柳橋あたりの芸者なるべし。もとよりほそき柳腰、やなぎの眉を見たらんには、春日《しゅんじつ》路傍《ろぼう》の情ある人は、ちとかたけれど東門の柳、画を以て期とやすらん。

続博物誌を案ずるに、正月門毎に柳をさすことあり、さらば繭玉《まゆだま》の団子などは、此流俗《りゅうぞく》のまねびなるらし。

高野《こうや》の山の蛇柳《じゃやなぎ》の、ぬらくらものの歯をみがく、楊枝は口の熱を去ることは、僧祇律《そうぎりつ》にぞしるしたる。

謝氏《しゃし》の娘は雪こんこんにほめられ、顧愷子《こがいし》にかくれんぼのをしみあり。稽叔夜《けいしゅくや》が樹陰《こかげ》には、呂安《りょあん》来りて物語し、成通卿《なりみちきょう》の梢には、神霊《しんれい》やどりて守護をせり。

なにがしといへる人、柳を植えて宰相にいたり、又柳汁《りゅうじゅう》に衣を染めて、及第しける人も有りとぞ。柳の下の御《おん》ことはと、元日のあさげに祝ふは、天地《あめつち》を袋に縫《ぬ》ひて唱へし、ふるき言忌《こといみ》のなごりなるべし。

さるめでたき植物《うえもの》なれば、露の玉ちるざれ歌の、今日の筵《むしろ》の題には出しつ。しかるに随堤《ずいたい》の新堀かけずくづれず、養由基《よういうき》が弓ひきもきらず、つどひ集る人々の、かがやく詞《ことば》の玉のを柳、斯《か》くいやしげりにしげぬるは、四本がかりのあげ鞠《まり》の、けしうはあらぬよろこびになん。

これに朽木《くちき》のふる柳、根も葉もあらぬはし書をそふるは、力なくして先ずうごく、気のかつまたの兵衛の佐《すけ》と、人のわらひも恥ぢらはで、小刀細工の削《けず》りかけを、はなのあたりにぶらつかすなん。

長々と引用したが、このわずかな字数のなかに、柳に関する文学、故事、諺《ことわざ》、名所、名物、習俗、芸能などが、巧に記述されている。本書の中でここに至るまで述べてきたことがらが、数多く触れられているので、一つ一つの解釈は省略する。

小野道風と柳

右の引用文のおわりの方にある「柳の下の御事は」とは、新年を迎えた子供たちの行事の一つのことであった。元日の朝、子供たちが「柳の下の御事は」と唱えると、もう一方の子供たちが「さればその事目出度う候」と応える一年の無病息災を祈る呪《まじない》である。南方熊楠「柳の祝言《いわいごと》」(『南方熊楠全集』第二巻平凡社、一九九〇年)によると、宮中では、元旦の詔《みことのり》始めに、皇后が「斎《ゆ》の木の下の御事は」とおっしゃると、帝が「されば其事目出度候」と御挨拶なさるのが恒例だったという。洛中洛外にあっては、妻女がまず「柳の下の御事は」と言い、亭主が「されば其事目出度候」と言って、屠蘇《とそ》を飲み、雑煮を祝えば、その年の災をのがれるとも伝える。庶民社会では神の依代として見られてきた柳を神聖木としてきたので、直接的な表現でもって「柳の下の御事は」というのである。この行事は、近世に至って庶民の間に広まったものである。

中ほどにあった「道風《とうふう》の青柳硯」とは、平安時代中期の書家小野道風《おののとうふう》のことで、名は正式には「みちかぜ」とよむ。道風は平安時代前期の学者として名高い小野篁《たかむら》の孫で、若くして書に秀で、和様の基礎を築いた。藤原佐理《すけまさ》・藤原行成《ゆきなり》とともに三蹟《さんせき》（和様書道の三人の能書家のこと）と称されている。戦前に小学校で学んだ人は、道風といえば柳に跳びつく蛙を連想する。なお、花札の一一月の札にもこの絵柄が描かれている。

これは江戸時代中期の宝暦四年（一七五四）一〇月に大坂竹本座で初演された浄《じょう》瑠《る》璃《り》の「小野道風青柳硯」によることが大きい。浄瑠璃は平曲《へいきょく》（平家物語を曲節をつけて琵琶の伴奏で語るもの）や謡曲などを源流とした語り物の一つのことで、それから発達し派生した音楽や演劇のこともいう。室町時代末期に、主として琵琶や扇拍子を用いて物語られた『浄瑠璃姫物語』が好評で、浄瑠璃がこの種の物語的音楽の名となり、のちに三味線および操り人形芝居と結合して庶民的演劇として発展した。元禄時代、竹本義太夫が集大成して義太夫節を完成し、近松門左衛門らと組んで人形浄瑠璃として人気を得て、浄瑠璃節は義太夫節の異名となったのである。

浄瑠璃「小野道風青柳硯」の作者は竹田出雲、吉田冠子、中邑閏助、近松半二、三好松洛の五人である。内容は書の三蹟として知られた小野道風が、一族の良実・頼風や友人の文屋秋津らと力をあわせ、謀反人橘逸勢《たちばなのはやなり》を滅ぼして帝位を保つという経緯を描いた王朝を舞台とした時代物である。能書で知られた道風を無筆で大力の無骨者にしている。橘逸勢は平安初期の能書家の一人で、延暦二三年（八〇四）に遣唐留学生として唐に赴いたが、帰国後承和の変に座して、伊豆へ配流される途中に没した。承和九年（八四二）七月、謀反の企てがあったとして、伴健岑《とものこわみね》と橘逸勢を流罪とした。

二段目で、柳にとびつく蛙を見た道風が天下の危機を悟る。頼風の不始末によって窮地に追い込まれた道風を救うために、乳母の法輪尼が筆で自分の喉を突き悲壮な最期をとげた結果、無筆の道風が突如能書になるという奇跡があらわれる。

二段目の道風が、柳に蛙が跳びつくさまを見る場面である。すこし長いが原道生校訂の「小野道風青柳硯」（責任編集高田衛・原道生『近松半二浄瑠璃集［一］』国書刊行会、一九八七年）から引用して紹介する。場所は京の東寺門前である。

長楽の鐘の音《こえ》は花の外に尽、竜池《りゆうち》の柳の色は雨の中に深し。雨の足音、高下駄の木工《もく》の頭《かみ》小野の道風、菱紋の狩衣立烏帽子《かりぎぬたてえぼし》、片手に傘指貫《さしぬき》の裾も露けき岸伝い。雨も小止《おや》めば立休らひ、

「扨《さて》絶景かな絶景かな、民間に有し時は蓑笠《みのかさ》に雨を悲しみ、斯様《かよう》の気色《けしき》も見捨しまま境界《きようがい》につるる人心、一刻千金」

と暫し彳《たたずむ》。

柳陰沢の、蛙《かわず》の草を分け妻呼顔に這出《はい》る。柳の糸の枝垂れ葉に、したたる雨のばらばらばら。井出の玉水溜まり水葉に浮く露を、虫か迚《とて》二寸飛んではははたと落《おつ》。三寸四寸いつの間か、がばと飛びつく蛙の振舞《ふるまい》目放しもせず見入し道風。一心不乱思わずも傘はたと取落し、横手を打て、

「ハヽア奇妙奇妙、水面を放るる事三尺計《ばかり》程を隔《へだ》てし柳の枝に上らんとする。我身を知らぬ虫けらの愚かさとみる中に、初めは一寸また二寸、五寸飛七寸飛、ついに枝に取付きたる魂のすさまじさ。虫と見て侮るべからず。是を以て試《こころみ》るに、天に梯《かけはし》猿猴《えんこう》が月、及ばぬ芸も重《かさな》る念力だにかたまる時

は、ついに成らずと、いふ事なし。只今の振舞にて心の悟忽《たちまち》ひらく。橘の早成が此程の結構、反逆とは知ったれ共、普天の下率土《そつと》の中、何条彼等が力にて、天が下を覆《くつがえ》さん事思ひも寄らずと心の油断、誤ったり、誤ったり。早成が及ばぬ望今の蛙に等しくて、始めは勢《いきおい》幽《かすか》成り共、謀反の徒党五人付き十人付き、ついに日本を切従へ、此青柳の天が下、万乗《ばんじょう》の位に上る大毒虫ハヽア醜《おそろ》しし、醜《おそろ》し」と。

初て驚く蛙の悟。絵に書写す青柳硯末世の鏡と成にけり。

この柳にとびつく蛙の図について原道生は、同書の解説のなかで、「例の柳に跳びつく蛙の逸話に関しては、本作より数年前に成立の『梅園叢書』(寛延三年跋)よりも古い資料は見当たらない。あるいは右の絵柄が一般に定着するに際しては、この芝居の果たした役割が意外に大きかったのではなかろうか」と述べている。

さらには明治四三年(一九一〇)に制定された「文部省唱歌」(三年用)の「かえるとくも」にとりあげられ、小学生のとき学校で教えられたことの影響も大きい。

しだれ柳にとびつく蛙
飛んでは落ち　落ちては飛び
落ちても落ちてもまた飛ぶ程に
とうとう柳にとびついた

枝垂れ柳の垂れ下がった枝にとびつく蛙のように、何度失敗してもくじけず、あきらめず努力すれば、事は達成できるという教訓として歌いながら教えられた。

謡曲に謡われる柳

浄瑠璃は庶民階級の娯楽であり教養であったが、当時の支配階級の武士は謡曲を好んだ。謡曲は能楽の詞《ことば》であり、その詞に節をつけて謡うのである。つまりは能楽といっていいであろう。能は武士によって育てられた芸能である。江戸の徳川幕府は当初から観世《かんぜ》・金春《こんぱる》・宝生《ほうしょう》・金剛《こんごう》の四座に（元和四年＝一六一八から喜多《きた》流を含め五座）に俸禄を与えて保護し、幕府御用の芸能、いわゆる武家式楽とした。諸藩も幕府にならい、五座の分家筋や弟子筋を役者として召しかかえ、江戸藩邸や国元で演じさせた。

謡曲には数多くの曲が生み出されたが、現在では廃れたものもまた多い。伊藤和洋は『謡曲の植物』（土岐善麿・佐藤達夫・佐竹義輔監修、井上書房、一九六〇年）の中で二四五曲に及ぶ曲に謡われる植物名を調べている。それによると次のように柳が謡われている。同じ曲に柳のちがう表現が重複しているものはカッコ内に記した。

柳　　有通、右近、花月、西行桜、昭君、、隅田川、蝉丸、天鼓、東岸居士、鉢木、百万、藤、三井寺、三輪、山姥、遊行柳、定家一字題、賀茂物狂、籠太鼓

枝垂柳　実盛、放下僧

青柳　大原御幸、桜川、田村、船弁慶、笠取

青楊　吉野天人

川柳　（放下僧）

柳鬘　鸚鵡小町

楊柳観音　（花月）

楊柳　葵上、源氏供養、芭蕉、卒塔婆小町、（遊行柳）

楊（青柳）吉野静
柳花苑　咸陽宮、（遊行柳）
並木の柳　清經
未央の柳　皇帝、楊貴妃
青柳の糸　関寺小町
朽木の柳　（遊行柳）

このように一三種の柳が、三八曲に謡われるのである。

謡曲の遊行柳

謡曲の中で謡われる柳をいくつかの曲で紹介する。

「遊行柳《ゆぎょうやなぎ》」は前の章でみた。曲の概要は、秋風の吹く白河の関を越え奥州に入った遊行上人《ゆぎょうしょうにん》の前に老人が現れ、先年、遊行聖が通った昔の道と朽木の柳を教えようと、人跡絶えた古道に案内する。昔を残す塚に柳の老木があり、風が吹き抜けている。老人は西行法師がこの木陰で休み、「道のべに清水流るる柳陰しばしとてこそ立ちとまりつれ」と詠んでより名木となったと語り、老人は上人より十念を授かると柳の古塚へと消えた。十念は十念称名の略で、南無阿弥陀仏の妙号を一〇回唱えることである。白河あたりの者から朽木の柳の故事をきき、その夜上人が称名を唱えていると、塚から翁姿の柳の精が白髪を振り乱して現れ、十念を授かり非情の草木まで成仏できたことを喜び、柳に縁のある和漢の故事を連ねるのである。

即ち彼岸に至らん事、一葉の舟の力ならずや、彼黄帝《こうてい》の貨狄《かてき》が心、聞くや秋吹風の音に、散来る柳

の一葉の上に、蜘蛛《ちりゅう》の乗りてささがにの、糸引き渡る姿より、巧み出せる船の道、是も柳の徳ならずや、

その外玄宗花清宮《かせいきゅう》にも、宮前の楊柳寺前の花とて、詠《なが》め絶えせぬ、名木たり。

そのかみ洛陽や、清水寺のいにしへ、五色に見えし瀧波を、尋ね上《のぼ》りし水上《みなかみ》に、金色《こんじき》の光さす、朽木の柳忽ちに、楊柳観音と顕《あらわ》れ、今に絶えせぬ跡とめて、利生《りしょう》あらたなる、歩を運ぶ霊地也、されば都の花盛、大宮人の御遊《ぎょゆう》にも、蹴鞠《しゅうきく》の庭の面《おも》、四本の木陰枝垂れて、暮に数ある沓《くつ》の音、柳桜をこきまぜて、

錦を飾る諸人の、花やかなるや小簾《こす》の隙《ひま》、洩り来る風の匂ひより、手飼いの虎の引綱も、長き思ひに楢《なら》の葉の、その柏木《かしわぎ》の及なき、恋路もよしなしや、是は老いたる柳色の、狩衣《かりぎぬ》も風折《かざおり》も、風に漂ふ足もとの、弱きもよしや老木《おいき》の柳、気力なふして弱々と、立ち舞うも夢人も、現《うつつ》と見るぞはかなき。

教へ嬉しき法《のり》の道、迷わぬ月に連れ行かむ。

青柳に、鶯伝ふ、羽風《はかぜ》の舞、柳華苑《りゅうかえん》とぞ、思ほえにける。（以下略）

曲ははじめに、柳に縁《ゆかり》のある中国の故事・詩句を連ねる。黄帝《こうてい》の臣下である貨狄《かてき》は一枚の柳の葉っぱから舟を発明したとされる。貨狄があるとき庭の池を見渡していると、秋風に散った一枚の柳の葉が浮かんでいた。葉の上には蜘蛛《くも》が乗っていて、風のまにまに吹かれて汀《みぎわ》にたどり付いたのをみて、巧みに舟を作ったという。それから唐の玄宗皇帝が楊貴妃と過ごした離宮の名へとうつり、中国の詩人王建の華清宮詩の一つめの句となる。

つぎから日本の故事へと移り、清水寺の縁起が謡われるが、楊柳観音菩薩と清水寺の結び付きは不詳である。楊柳観音菩薩は観世音菩薩の三三身の一つで、慈悲深くて衆生の願望に従うことが、楊柳が風にな

びく様に似ているのでこう云われる。右手に楊柳の枝を持たれ、左手には衆生のさまざまな畏怖《いふ》心を取り除いて安心させ救済するといわれる施無畏《せむい》の印《いん》を結ばれている。

つづいて「柳桜をこきまぜて」と、『古今和歌集』の素性法師の「見渡せば柳桜をこきまぜて都ぞ春の錦なりける」との和歌とつながり、大宮人の蹴鞠の場にある懸《かかり》の柳を謡う。老木の柳は、『和漢朗詠集』に収められた白居易《はくきょい》（白楽天のこと）の詩の一節「柳気力なくして条《えだ》先ず動く」のことであり、柳華苑《りゅうかえん》は雅楽の曲名で、まえにある詞の青柳に鴬が木を伝い歩く姿はまさに柳華苑の曲さながらであると謡うのである。まさに柳尽くしの感がある。

美女の髪と枝垂れ柳の枝

「実盛《さねもり》」曲の場所は加賀国（現石川県）篠原の里で、ここで法談している遊行上人の前に実盛の幽霊が出現する話である。『平家物語』七・実盛の本文をそのまままとりいれて作られており、武者の斎藤別当実盛が老武者と侮られるのも悔しくて、鬢《びん》や鬚《ひげ》を黒く染め、故郷での戦なので錦の直垂《ひたたれ》姿で出陣し、討死にした。その首を洗った場所を「水の緑も影映る、柳の糸の枝垂れて」と清らかな水のあることを述べる。そして「気はれては、風新柳の髪を梳《けず》り」『和漢朗詠集』巻上・立春にある都良香《みやこのよしか》の詩句を引いて、天気はうららかに晴れ、春風が美人の髪の毛を梳《くしけず》るように新芽を出した柳の枝をそよがせていると謡う。墨染の白髪を清らかな水で洗うごとに、流れていく墨と、髪の毛のような細い枝垂れ柳の枝をからめて、残酷な場を麗しく潔く見事に表現しているのである。

「関寺小町」曲は、近江国（現滋賀県）逢坂山の関寺近くの老女の庵室あたりでの、七夕の夕暮れのことである。関寺に住む僧が寺の稚児を伴い、歌道を極めていると聞いた老女を、稚児の和歌の稽古のために訪ねる。そして老女は百歳を越えた小野小町だと知る。ここでは「花は雨の過ぐるによって紅《くれない》まさに老ひたり、柳は風に欺《あざむ》かれて緑漸《ようや》く低《た》れたり」と、花とうたわれた小町も雨のような月日がすぎさり、紅の顔《かんばせ》も老いてしまった。花は紅柳は緑と、対句として知られる一方の柳も、風に吹かれるままに枝を垂らしているという。花には雨を、柳には風をと、雨風という自然現象でもって、年月の過ぎ去ることがたくみに表現されている。

「田村」曲は弥生なかばの頃、京の都の花盛りの清水寺を東国の僧が同行の僧とともに訪れると、花守りの童子があらわれる。折りから月が山の端にのぼり、天にも花にも酔う心地さえする美しい景色を賞でる。「我世の中にあらん限りはの御誓願、濁らじものを清水の、緑もさすや青柳の、実《げ》も枯たる木なり共、花桜木の粧《よそほい》」と、清水の観音の霊験を花守り童子は語る。別の謡曲の「花月」のなかでは、青柳の枯木が楊柳観音と変わることが謡われる。枯木に花を咲かせることは、当時は千手観音の威徳と信じられていた。ここでも『古今和歌集』の柳桜をこきまぜて都の春のさかりを詠った歌で、清水寺の春のさかりを表現している。

「卒塔婆《そとば》小町」曲は高野山の僧が都にのぼる途中の鳥羽あたりで、乞食《こつじき》の老女に出会う。老女は、むかし世の男どもを魅了した才色兼備の小野小町であった。若いときの小野小町の姿を「翡翠《ひすい》の髪《かみ》ざし婀娜《あだ》と嫋《たお》やかにして、楊柳の春の風に靡くがごとし」と描写する。翡翠とは鳥のカワセミのことで、カワセミの羽根のように髪はつややかで、春風になびく枝垂れ柳の細い枝のようだと表現したのである。女性の美しい髪のことを、『古今和歌集』いらい、枝垂れ柳の風になびく細枝にたとえることが行われてきた。この曲でもそれを応用している。

「東岸居士《とうがんこじ》」曲も、枝垂れ柳の細枝を髪の毛にたとえたもので、ここでは男の居士《こじ》の髪の毛をいう。居士は、在家で仏道の修行をする男子のことをいう。都見物に上ってきた遠国の男が、清水寺に参詣し、門前の男から東岸居士の説法と曲舞の面白さをきき、居士がやってくるのを待っていた。そこへ、吹く風は花を吹き散らして緑の松も桜色に染め、松籟《しょうらい》は花に声あるようだといいながら、「柳は緑花は紅、あら面白やの気色《けしき》かな」と境内の気色の美しさを称えるとともに、彼岸に至る橋立《はしだて》の勧進を詠嘆しながら、東岸居士が登場する。曲は東岸居士の姿を謡い、仏道へと入るようにと勧める。

　東岸―西岸の柳の、髪は長く乱るる共、南枝―北枝の梅の花、開くる法《のり》の一筋に、渡らん為の橋なれば、勧《すすめ》に入りつつ、彼岸《かのきし》に到《いた》り給《たま》へや。

岸の柳が風に乱れるように東岸居士の長い髪の毛は乱れているが、花が咲くように仏法を開悟した在家者である。人々を一筋に仏道へと導くための橋であるから、勧めに応じて、悟りの彼岸へと至る橋を渡りなさいと謡うのである。

「東西の柳」と「南北の梅」は、『和漢朗詠集』巻上の慶滋保胤《よししげのやすたね》が春は地形に従って花の咲きかたが違うとする「東岸西岸の柳　遅速同じからず」「南枝北枝の梅　開落《かいらく》已《すで》に異なり」を引用している。同じ水辺に生育している柳でも、川の東側の柳は芽吹くのが早く、西側の岸の柳は遅いというように、同じではないという。また同じ峰の梅でも、南の枝の花が散るころ、北の枝の花が咲くように、それぞれ時期が異なっているというのである。

　ここまで柳が謡われるいくつかの謡曲をみてきたが、かつて詠われた和歌や詩句のよく知られたものを用いており、新しい見方で柳を表現しようとするものではなかった。

漢詩に詠われる柳

漢詩の柳の表現は、どうであろうか。入矢義高著『日本文人詩選』（中公文庫、一九九二年）に収められている漢詩人の作から紹介していく。まず祇園南海である。彼は延宝四年（一六七六）、紀州藩医祇園順庵の長子としてうまれ、のちに医をもって藩に仕えた。詩画一味《しがいちみ》（詩も画も、時と所に応じて多様であるが、その本旨は同一であること）の境地から詩心をもって画を、画をもって詩心を表したという。

画山水に題す
門中の竹をも問わず
柳外の園をも尋ねず
鋤《すき》を荷《になう》一箇の叟《おきな》
先に杏花《きょうか》の村を過《よぎ》る

詩の内容は、由緒ありげな門内の竹のたたずまいも、柳の向こうに見える庭園のおもむきも尋ねてみることはない。農耕に使う鋤をかついだ老農夫が、かなたにある杏《あんず》の花咲く村を通り過ぎていくという。入矢は、杜牧《とぼく》の詩にいう「牧童遥かに指さす杏花の村」の此処《ここ》こそがこの老農夫の住まう場所だと解説している。この漢詩は山水画を見たもので、場所は特定できないが、大きな邸宅の中には、竹もあり柳も植えられているのであろう。

浦上玉堂に「江南送春」との詩がある。彼は備前池田鴨方藩の家臣浦上兵右衛門の子として延享二年（一七四五）に生まれた。名は磯之進、玉堂は号である。五〇歳で脱藩して子供二人と諸国を遍歴し、晩年は京都に定住し、画家として名をなした。

江南送春

節《せつ》は清明を過ぎて情傷《いた》み易《やす》し
簾櫳《れんろう》の細雨《さいう》　柳金黄《こんおう》
三千の客路　江南の夢
四十の光陰　鏡裡《きょうり》の霜
夜は琴徽《きんき》を拭《ぬぐ》いて月の浄けき《きよ》を憐《いつく》しみ
晨《あした》は樊竹《はんちく》を編んで花の香れるを護る
幻成《げんじょう》す　多少の悲歓の跡

季節は二四節気のひとつの清明節（春分から一五日めの日）を過ぎ、感傷的になりやすい。簾《みす》と窓の外に降る春雨のこまかな雨、芽吹いた柳につらなる蕾《つぼみ》があざやかな金色をしている。「柳の金黄」は、早春の柳をいうのが普通とされる。「三千の客路」は郷里を遠く離れた地のことであり、「四十の光陰」は四〇歳のことをいう。玉堂はこの天明四年（一七八四）のとき四〇歳で、鏡に写る頭は白髪である。夜は琴柱《ことじ》を拭いながら、月の清らかさを慈しみ眺める。朝は竹の囲いを編み、栽培中の花を護る。数々の悲しみや喜びの思い出も、幻のような出来事でしかなかった。

貫名海屋の「春夜坐雨」に柳が詠われている。彼は阿波徳島に安永七年（一七七八）に生まれた。海屋と号し、京都に住まいして、儒者としてまた漢詩人として知られ、書の方で最も名高く日本人離れした格調を備えているといわれる。

春夜坐雨
好雨春を知って　差《や》や陽を動かす
任《さもあらばあ》れ他れ　余霧の燈光を冒《おか》すを

簾前の斜影　糸々《しし》として乱れ
垂柳と短長を較《くら》ぶるに似たり

春の到来を知ったいい雨が春の陽気を萌えださせている。たとえ残りの霧が灯火《ともしび》の光をつつみ隠していようと、一向にかまわない。簾越《すだれ》しに斜めにみえる雨脚の影は、春雨の常として糸々《しし》と絹糸のように細い雨で、芽吹いた柳の枝と長さを比べあっているようだ。春雨は糸なのか、どのくらいの大きさなのか、霧なのか雨なのかはっきりしない。水面に絶え間なく波紋ができるから、雨が降っているのだと知られる。それほどの春雨の細さと、枝垂れ柳の枝の細さを比べることで、春の到来を喜んだのである。

春景色の漢詩の柳

漢詩の解釈はこのくらいにして、漢詩での柳の表現力をみてみよう。

池大雅は「山邨《さんそん》馬市図」のなかで、「辛夷《しんい》は花発《ひら》き　禿柳《とくりゅう》新たなり」という。辛夷はふつうコブシかタムシバのことをいうが、いずれも里山の樹木なので花が咲いても、柳との比較はむつかしい。そこからコブシと同じ仲間で、人家の庭にあるモクレン（木蓮）のことだとされる。禿柳はまだ開葉していない裸のままの柳のほそい枝のことで、それが新たなりというから、裸の枝にポッと萌黄色の新芽が芽吹いた状態のことであろう。庭先のモクレンは赤紫色の花を開き、裸のままで冬を過ごしてきた柳の細枝も春を迎えて新たに芽吹き始めたというのである。

田能村竹田《ちくでん》は「山水図に題する絶句二題」の其二のなかで、「柳　芽《りゅうが》蘆《ろ》筍《じゅん》　沙洲《さす》に映ず」という。柳の新芽と小さな筍のような蘆《あし》の新芽が、川洲に見え隠れするという。早春の河景色であるが、この風景は普通の人には見えない。映画やテレビのクローズアップ手法によって、ふだんはさほど気にもとめなかった小さな植物の営みで、春の到来を呈示して見せた。

同じく田能村は「郷に帰りて後阿南文郷の村居を訪う」との題で、「残柳は糸なくして夕陽を繋《つな》ぐ」という。入矢義高が前に触れた著書のなかで実に巧みな解説をしている。それによると「葉を落とした衰残《すいざん》の枝垂れ柳は、（春の時のような蠱惑的《こわくてき》な）柳糸は今はないが、それでも山の端に沈みかける夕日を繋ぎとめている。糸のように垂れてゆらめく春の柳の枝は、人を誘いこむような媚惑的《びわくてき》な風情をもつものとして詩では詠ぜられる。それが今は見る影もない姿になっていても、あの夕日をちゃんと引き留めて離さずにいる、という巧みな表現」だという。

田能村の「惜春」のなかでは柳絮《りゅうじょ》が詠われる。

海棠《かいどう》　睡《ねむ》りを貪って遂に香ることを忘れ

柳絮《りゅうじょ》　風に従って上下に狂う

海棠はハナカイドウと呼ばれるバラ科リンゴ属の落葉小高木で、薄い紅色の艶麗な五弁花を房状につける。楊貴妃の故事から「睡《ねむ》れる花」ともいわれる。そこから眠りをむさぼって、香るのを忘れたとする。柳絮はごくごく軽いので、ちょっとの微風でも飛び立って動く。入江の解説では「北宋の詩僧道潜の、当時評判になった詩に『禅心は已《すで》に泥に沾《ひた》りし絮《わた》と作《な》りぬ、肯《がん》えて春風に逐うて上下に狂わんや』という句がある」とし、入江はこの句の応用だと考えた。

わが国の枝垂れ柳のほとんどすべてが雄木《おすぎ》であり、柳絮ができる雌木《めすぎ》は絶無ではないがきわめてすくない。したがって枝垂れ柳の柳絮の現物をみた日本人はきわめて少ないことからいって、田能村も柳絮の現物をみたことがなかったに違いない。室内にあっても柳絮は、風が入ると上下はもちろん横ざまに狂ったように動きまわる。戸外だと、さあっと一陣の風がくると、柳絮は横殴りの風に乗って飛び去っていく。

春風が障害物にあたって乱れると、柳絮も風に従って乱舞することになる。これは私が近畿大学の構内で枝垂れ枝の雌木を見つけ、枝を室内にとりこんだときに実感した。

柳は花より風情ありの俳論

室町時代にはじまった連歌の発句から出発し、短詩の芸術品にまで高められた俳諧で、上嶋鬼貫《うえじまおにつら》（一六六一〜一七三八）は俳諧書『独ごと』（復本一郎校注『鬼貫句選・独ごと』岩波文庫、二〇一〇年）で柳の美を発揚してくれている。鬼貫は元禄期の俳人で、摂津国伊丹（現兵庫県伊丹市）の人で、「東の芭蕉、西の鬼貫」と並び称された。芭蕉の影響をうけたが、「誠の外に俳諧なし」と大悟し、伊丹風の中堅となった人である。鬼貫は俳論集『独りごと』で、純真な「まこと」を追求し、言語の技巧や奇抜さをよろこぶのを、誤った俳諧だとしている。そして柳が四季さまざまにうつろうことを、同書下の「二　春の自然と風物」のなかで次のように称えている。

柳は花よりもなを風情に花あり、水にひかれ、風にしたがひて、しかも音なく、夏は笠なうして休らふ人を覆《おお》い、秋は一葉の水にうかみて、風にあゆみ、冬は時雨《しぐれ》におもしろく、雪にながめ深し。

「柳は花よりも」の句にいう花は、平安時代から単に花といわれる桜花のことで、その桜花に比べても柳は趣《おもむき》や味わい、情趣を感じさせる魅力があるという。

何故かといえば桜花は、咲いたときは華やかで美しいが、それも一時のことだ。一方の柳は、四季おりにさまざまな形や色をなし、雅《みやび》やかで趣の深いものがある。桜花は春の一時期は一〇〇点満点だが、それ以外ではほとんど点数がとれない。それにくらべ柳は、新芽の時期の細枝が風に音もなく揺れ動く様は風情があり、夏は日よけの笠がなくても炎天を覆いかくしてくれる。また秋に散り落ちる細い葉が水に浮かび風に運ばれるさま、冬は時雨《しぐれ》時でも降雪時でもそれぞれ趣のある景色を作り上げる。桜花の盛りの一〇〇点とは比べられなくて仮に八〇点だとしても、それが四季となれば三二〇点の合計点がとれ、桜の三倍強にもなるというのである。

芭蕉が『奥の細道』で遊行柳をみたときの句は前に触れた。この旅の終わりごろの加賀国大聖持（現石川県加賀市大聖寺町）（加賀藩では多く「大正持」を用いたとされ、当時は「持《じ》」を用いていた）の全昌寺でも、芭蕉は柳の句を詠み、『おくのほそ道』の全昌寺の項に記している。

> 一夜の隔《へだて》千里に同じ。吾《われ》も秋風を聞きて衆寮《しゅうりょう》に臥《ふせ》ば、明ぼのゝ空近う読経声すむまゝに、鐘板鳴《しょうばんなっ》て食堂《じきどう》に入《いる》。けふは越前の国へと、心早卒《そうそつ》にして堂下《どうか》に下るを、若き僧ども紙・硯《すずり》をかゝえ、階《きざはし》のもとまで追来《おいきた》る。折節庭中《おりふしていちゅう》の柳散れば、
>
> 　庭掃《はき》て出《いで》ばや寺に散《ちる》柳
>
> とりあえぬさまして、草鞋《わらじ》ながら書捨《かきす》つ。

禅寺に宿泊した芭蕉が朝食をすませ、あわて急いで寺から出ようとして、禅寺の習わしの一宿のお礼掃除をはじめようというとき、僧たちにせがまれて、庭の柳の葉が舞い散るのをみて詠んだ。旅支度の草鞋をはいたまま取り急いで書き捨てる気持ちと、柳の葉っぱが散るのとがちょうど符節が合っている。

鬼貫は「柳は花よりも風情がある」という。水面まで垂れ下がった柳の細枝には得も言われぬ趣がある。

このほか芭蕉のいくつかの句を掲げる。

青柳の泥にしだるる潮干かな　芭蕉

鴬や柳のうしろ薮の前　芭蕉

数え来ぬ屋敷屋敷の梅やなぎ　芭蕉

次は芭蕉と同時期の俳人たちの句である。

五六本よりてしだるる柳かな　去来

河上は柳かむめか百千鳥　其角

朝日二分柳の動く匂ひかな　荷兮《かけい》

青柳に念なかりけり朧月　杉風《さんぷう》

軒口にあまる柳や高楊枝　貞徳

門ごとの見渡し遠き柳かな　宗祇

江戸時代中期の俳人加賀千代女は、加賀国松任（現石川県金沢市松任町）の人で、柳を好んだ。枝垂れ柳の中で枝も葉も細く、緑が鮮やかで、栽培柳の逸品といわれる変種のコゴメヤナギを愛し、庭に植えていた。沢山の柳の句がある。

結ぼうと解こうと風の柳かな　千代女

青柳の朝寝をまくる霞かな　千代女

昼の夢ひとりたのしむ柳金　千代女

蕪村の柳の句

芭蕉の死後、享保のころ俳諧はすこし低迷した。明和・安永から天明年間（一八世紀後半）にいたり中興期を迎える。そのなかで正風《しょうふう》の中興を唱え、感性の美しさ、青春謳歌、叙情ゆたかな浪漫的俳風を生みだし、芭蕉と並び称される俳人に与謝蕪村《よさぶそん》がいる。摂津大坂（現大阪市）の人で、幼時から絵画に長じ、文人画を大成するかたわら俳諧を学んだ。蕪村の数多い柳の句のなかから、いくつかを紹介する。

捨てやらで柳さしけり雨のひま　蕪村
梅ちりてしばらく寒き柳かな　蕪村
やなぎから日のくれかかる野道哉　蕪村

蕪村には「春風馬《ば》堤曲《ていきょく》」という発句体・擬漢詩体・漢文訓読体の詩句を自由に織りなして作った一編の詩がある。蕪村のまったくの独創で、前後にこれと比べられるものはない。この詩は蕪村が幼時郷里の毛《け》馬《ま》（現大阪市都島区毛馬町）の淀川堤の上で目にした藪入りの田舎娘をモデルに、大坂の町中から毛馬の親元までの道行を脚色したもの。長い詩なので、適宜割愛しながら柳に関わる部分を紹介していこう。

柳は春は「柳の芽」、夏は「柳茂る」、秋は「柳散る」など、一年を通じて季題として句が作られている。（京都伏見の運河の柳）

春風馬堤曲　十八首
○やぶ入《いり》や浪花《なには》を出《いで》て長柄川《ながらがわ》
○春風や堤長うして家遠し　（中略）
○一軒の茶見世の柳老《おい》にけり
○茶店の老婆《ろうば》子《す》儂《われ》を見て慇懃《いんぎん》に

無恙《ぶりょう》を賀し且儂《わ》が春衣を美《ほ》ム（中略）
○春艸路三叉《しゅんそうみちさんさ》中に捷径《しょうけい》あり我を迎ふ
○たんぽゝの花咲《さけ》り三々五々五々は黄（中略）
○故郷春深し行々《ゆきゆき》て又行々《ゆきゆく》
楊柳長堤道漸《ようや》くくだれり
○矯首《きょうしゅ》はじめて見る故園の家黄昏《こうこん》
戸に倚《よ》る白髪の人弟《おとうと》を抱《いだ》き我を
待《まつ》春又春
○君不見《みずや》古人太祇《たいぎ》が句
藪入の寝るやひとりの親の側《そば》

引用した三句目は、長柄川堤の上の茶店の看板柳ももう老いたものだ詠う。ここに至るまでの道程は省略されて、この句で堤の柳がクローズアップされる。藪入りの娘にも、大坂に出向くときに見た柳とくらべ再び見た柳は何か年老いたような感じがする。田舎娘と同行の老蕪村も、久しぶりの帰郷に、柳の老いと自分の老いを重ね合わせたのである。

終わり前三句の「故郷春深し」は、生まれ故郷はいつ帰っても春のように暖かく迎えてくれる。楊柳のある長い長い堤の道も、漸く下りになって、わが家のある村へと近づいていく。わが国の河川のほとんどはいわゆる天井川で、川の水面よりも村のある土地の方が低い。堤はそれほど高く作られている。だから堤上の道から、村へと至るには下って行かなければならない。堤には大水での破堤を防ぐために、柳が多く植えられた。また淀川水系の水辺ちかくには、川柳もたくさん自生している。

『農業全書』の柳の効用

川柳の熟語をカワヤナギと植物名でよむ場合と、漢音で「せんりゅう」とよみ庶民文芸の一つをさす場合がある。川柳《せんりゅう》は前句付《まえくづけ》から独立した一七文字の短い詩で、江戸時代中期の明和ごろから隆盛になった。江戸時代中期の前句付の点者《てんじゃ》の柄井《からい》川柳《せんりゅう》は、宝暦七年（一七五七）に「川柳評万句合」を発行し、他の点者を圧倒する名声を得た。柄井川柳は江戸浅草の人で、名は八右衛門、川柳はその号である。川柳の撰句を川柳点《せんりゅうてん》、後には単に川柳《せんりゅう》と称した。なお点者とは、俳諧や川柳等を評価して点をつけ、その優劣を判定する人のことをいう。

文芸としての川柳《せんりゅう》は、俳句の季題や切れ字などの制約もなく、語法や用語にもこだわりがなく、多くは口語をつかい、自然も人情、風俗も、笑いとうがちの中に、真理、皮肉、風刺、同情を詠いこむ奔放無比の一七文字の短詩である。柄井川柳の辞世に柳の句がある。

凩《こがらし》やあとで芽をふけ川柳　　柄井川柳

前の章で触れた宮崎安貞の『農業全書』は巻之九諸木之類で、松、杉、檜、桐、棕櫚《しゅろ》、橿《かし》、椎、桜、柳、婆羅得《はらとく》（白木のこと）、榿《はりのき》、山茶《つばき》、竹という一三種の樹木について触れている。第九の柳では、柳の種類には山柳、河柳、垂柳の三種があるとして、植え方というか挿し木の方法を述べているので意訳して紹介する。

材木を採る目的のものは、一～二月（現在の暦では二～三月）に笛竹くらいの太さの柳の枝を長さ一尺半（約四五センチ）程に切り、元の方を少し焼き、肥沃な湿地で、少し粘り気のある場所に、おおかたは見えないほどの深さまで埋め、踏み付ける。つぎに間隔を一～二尺（約三〇～六〇センチ）おいて植える。もし土が乾いたら、水を注ぎかける。必ず一本の枝から多くの芽が出るので、太くて丈夫そうな芽を一本残し、それ以外はつみとる。竹を添わせて立て、柳の芽を結び付けてやる。一年に高さ一丈（約三メートル）になる。その後もわき芽はみな除去する。どの程度の高さにするかは、その人の希望にまかせる。このようにした柳は、数年を経ずによい材木をとることができる。

常に水が溜まっているような湿地で、五穀《ごこく》の栽培が困難なところに柳を植えるのは、材木や薪をとる上でよい方法である。五穀とは人が常食する五種類の穀物のことで、米、麦、粟《あわ》、豆、黍《きび》または稗《ひえ》などの諸説がある。七〜八月の水が乾いたときに耕しておき、春に畦《あぜ》をつくり、柳の若枝をとり、梢は切り捨て、葱《ねぎ》を植えるようにして根を堅く踏み付けておく。夏から秋にかけて長く生長する。箕《み》や行李《こうり》、葛籠《つづら》、そのほかの器を作ることができる。

最後に中国の淘朱公《とうしゅこう》の、柳を千株植えれば薪にこと欠くことはなく、材木などにもなるので、土地があれば多く柳を植えることだという言を紹介している。

淘朱公とは、中国の春秋時代の越王勾践《こうせん》の功臣である范蠡《はんれい》の異称で、彼は会稽《かいけい》の戦に敗れた勾践を助けて呉王夫差《ふさ》に復讐させた。のち野に下り陶《とう》に住み、朱《しゅ》と称して巨万の富を得た。陶朱《とうしゅ》ともいわれる。わが国では『太平記』中の、後醍醐天皇が隠岐に流されるとき院《いんのしょう》庄で児島高徳が桜の幹に書きつけた「時に范蠡無きにしも非ず」の詩句で知られる。

第八章　近現代の柳

銀座の柳のはじまり

明治と改元された年（一八六八年）の四月、徳川氏の政権の場であった江戸城は官軍の手にわたった。江戸城は歴代徳川氏の居城で、その本丸にある庭を御座所《おましどころ》のお庭といい、別には柳営内苑と称せられる大きな庭園であった。西の丸にも庭園があり、山里のお庭といわれ、将軍世子が居住していたところの庭であった。城明渡しとともに、庭がかりの諸役人もみな分散し、これらの庭園も荒れ果てたのである。これらの庭園に柳が植えられていたのかについては、よく分からない。徳川将軍の本拠地の城と同様に、それぞれ大名家の江戸藩邸も同様な荒れ方であった。

江戸幕府の滅亡から明治時代初期に至る間の柳の行方については、詳らかでない。慶応四年（一八六八）一一月、江戸城を開城し、江戸は東京と改称された。明治二年（一八六九）一二月、元数寄屋橋から出火した。南鍋町から八官町を焼失し、町の統廃合が行われた。現在、銀座といわれている一帯では、新両替町が「銀座」に名称を変更された。このとき初めて銀座の町名が正式に誕生したのである。

銀座という町は、川と橋に囲まれた運河の中に発展した町である。銀座一丁目の京橋川、桜川、一番西の汐留川、その間に三十間堀、そして築地があり、その四方に囲まれた中に銀座はあり、発展してきた。

家康が来た当時は、深さ二・五〜四メートル位の浅瀬と、湿地帯であったといわれる。それを、大名たちに千石につき一人当ての使役を命じて、埋め立てさせた。堀と川は、埋立地の水捌《みずは》けをよくするためと、どこにでも船をつけられるようにするためであった。もう一つは、江戸名物の火事の防火用水とする目的もあった。

『銀座　街の物語』（三枝進ほか文、河出書房新社、二〇〇六年）は、「こうした川と橋に囲まれて銀座の街が発展し、水には柳がつきもの、柳の木が多く、川に沿っては白い土蔵があり、川の水と緑の柳と白い土蔵と、絵に画いたような美しさであった」と記している。こうした川や堀は、現在は埋め立てられてしまった。

都市での街路の両脇の樹木の緑は、照りつける日差しをさえぎってくれるうえに、目にやさしく、私たちに安らぎと潤いを与えてくれる。街路に沿って植えられる街路樹は、明治以降本格的に整備されるようになった。それより前の慶応三年（一八六七）、横浜の日本人居住区の本町と吉田橋の間に馬車道が開通し、沿道に民間人の手で松や柳等の樹木が植えられたが、それが近代街路樹の発祥とされている。明治以後の近代的街路樹は、いわば西洋化政策に沿うものであった。

『銀座　街の物語』の「銀座変遷史年表」や『樹木大図説』（上原敬二著、有明書房、一九五九年）などから銀座の柳並木に関するものを抜き出して紹介していく。銀座街に植えられた街路樹をとりまく景観は、ヨーロッパ風の都市を思わせるものだったといわれる。

明治七年（一八七四）三月には、銀座通りの辻々に黒松、町並みには中央あたりまでは楓《かえで》が、その間に桜が植えられた。明治七年（一八七四）の『東京新繁盛記』（服部誠一著、聚芳閣）は銀座を次のように記す。

二層の高楼巍峨《ぎが》として蒼空に聳《そび》ゆ其高大なるや専ら洋風の築造に模擬し巨万の煉瓦《れんが》を積んで高数十

尺に及び（中略）、

街道の巾《はば》は広さ七間（約一二・七メートル）、両側に数種の樹木を栽《う》え春は即ち肆店《みせ》を芳雲の間に開き（中略）

夏は即ち市場を緑陰の裡《うら》に張り（中略）、路上亦遍《あまね》く煉石《れんせき》を敷き砥《といし》より平に席より清し、全街燦然《さんぜん》一点の塵なし、況んや犬屎《いぬぐそ》をや、石室は英京倫敦《ろんどん》を模し、街道は即ち仏京巴里《ぱり》に擬す（以下略）

柳並木は直接的に表現されていないが、夏には緑陰の内側に市場を張るというのが、街路樹のもとで商売がされていることを表している。

東京の街路樹は桜がまず弱って枯れはじめ、明治一〇年（一八七七）ごろから徐々に柳へと植え替えられはじめた。

同一七年ごろには銀座通りの街路樹はほとんど柳となった。大正年代（一九一二～二六）の銀座は、柳の街であったという。京橋から新橋まで、銀座一丁目から八丁目まで、一キロ六〇メートル、銀座通りは柳並木であった。

明治一一年（一八七八）には、皇居の周囲の堀端沿いに、柳（枝垂れ柳）を現地に挿し木して植え付け、育成して街路樹としている。明治一七年には、上野や浅草などの繁華街に柳が植えられた。大阪でも明治二〇年ごろ、河岸地に柳が植えられている。

枝垂れ柳が各地に植えられていくにつれて批判がおこり、明治二二年発行の『植物学雑誌』の雑録の中に「東京の御堀ばたの並木」との題で、つぎのような文がみられる。

先年はねむのきとはりえんじゅを頻《しき》に植付けたりしが何時の頃かしだりやなぎに化けたよふだが元

来日の照る往来や広場に樹木を並べ植うるのは往来の人々に蔭を与えんが為ではなきや、楊柳の如き細葉樹を植えずとも外に並木に適当の良樹幾種もあるにしだりやなぎに化けさしたとは化物に縁ある故にや……（注・はりえんじゅはニセアカシアの別名、しだりやなぎは原文のまま）

明治三二年（一八九九）に東京市で「道路樹木植付に関する内規」が作成されているが、この中で道路並びに橋台広場に植付ける樹木として桜、柳、楓、桐（梧桐＝アオギリ）、樫、栃の六種類が示されている。明治三七〜三八年ごろの東京市の街路樹本数の集計（京橋区は不明のため除かれている）によれば、総数六四四八本のうち三四二六本を柳が占めていた。続いて桜が二三三六本、三位が松で二一六本となっていた。

大正八年（一九一九）の一一月ごろから、どういうわけか柳植え替えの反対運動がはじまった。同一一年二月にいたり銀座通りの柳が抜き取られた。同年八月には路面改良工事が完成し、車道幅が拡幅され、車道は木煉瓦で舗装され、並木は柳から銀杏《いちょう》に植え替えられたのであった。この時の柳の本数は、樹勢の盛んなもの一一四本、病害のあるもの七一本、枯れたもの一本であった。しかし、品川と上野を結ぶ幹線道路であったため、並木の樹種の統一を図らねばならないこともあり、銀杏に植え替えられたのである。しかしながら車道を木煉瓦にしたため、木煉瓦から発散される防腐剤のクレオソートが銀杏に害を与え、銀杏は樹勢をしだいに弱めたのである。

復活した銀座の柳

大正一二年（一九二三）九月一日、関東大震災が発生し、全銀座が焼失した。この復興事業で、市内に植えられた街路樹の総数は一万六〇八八本であったが、そのうち柳は四二〇本で全体の二・六％であった。

銀座の柳として全国的に知名度の高かった柳を復活させたいと東京の人は願い、昭和四年（一九二九）

には「昔恋しい銀座のやなぎ」との歌詞がある「東京行進曲」（西条八十作詞・中山晋平作曲）がもてはやされた。

昭和六年（一九三一）ごろ銀座の柳の復活運動がおこり、東京朝日新聞（明治二一年＝一八八八年創刊、昭和一五年＝一九四〇年に大阪朝日新聞と統合し、朝日新聞となる）が柳を寄贈することになった。同年六月、枝垂れ柳の一種であるロッカクドウヤナギ（六角堂柳）を植えることが提唱され、市当局に献木を出願した。柳の苗は長野県南安曇郡穂高町のものとし、並木用とする大苗木の準備、育成に一年を要した。

なお六角堂柳とは、京都市中京区堂之前町にある天台宗頂法寺本堂（聖徳太子の時代に六角形に造られているので、通称六角堂という。西国三十三カ所巡り第十八番札所）の後ろにあたる池坊にすむ挿花の始祖が、この区域に植えた柳が六角堂柳だと伝えられている。枝垂れ柳よりも樹形は優美で、女性的である。枝は比較的少なく、長く伸びて柔らかく、枝張りは大きい。蜀国（現在の中国四川省あたり）が産地だとされるが、自生地は不明である。日本では各地で栽培されている。

昭和七年（一九三二）二月一六日、銀座三越の前で献木植樹式がおこなわれ、特に形のよい柳を一株選びだして植え、それを中心として華やかな祭典が行われた。当時の情景は、東京朝日新聞に下村海南が「銀座の柳」と題して執筆し、掲載されている。

所は東京の目抜の銀座の四つ辻、百足《むかで》のようにつながっている自動車、いなごのように群れている老若男女、ゴーストップを合図に時も午前十時すぎ、電車のきしる音、自動車の爆音、さてはなだれる人の波、あのあわただしい銀座の交差点三越百貨店前の一角。そこには幔幕《まんまく》引きめぐらされ、僕の右には寿老人《じゅろうじん》にさも似たるフロック姿の永田青嵐市長、左にはまん丸な赤ら顔桃太郎然たる金ピカ帯剱の大野警視総監、さてはモーニングに背広、マントに羽織はかま、勇み衆の法被《はっぴ》姿、並みいる群衆がおとなしく円陣をつくっている。

人道よりの一と所に土が掘り下げられ、傍にもち花をつけた満艦飾《まんかんしょく》の柳が一株、これに面して神棚がしつらへられ、真白の水干衣《すいかんごろも》をつけた神官が大麻《たいま》切麻をとりてはらひをすます、吾等うやうやしく真土を布《は》き樹を立て真土を覆ひ水をそそげば日枝神社の宮司うやうやしく祝詞高らかにこそ読上げている。時といひ所といひそこに古今東西の風俗を一幅のうちにあつめたるこの光景は昔恋しい銀座の柳といったあの柳の植樹式である。

これから後、予定されていた本数が日を追って植えられた。銀座一丁目から八丁目への西側、四丁目より数寄屋橋への丁字路の分、合計二七一本が植え終わったのは、春の終わりであった。同年四月に第一回柳まつりが行われ、以後昭和三六年（一九六二）まで続けられた。

銀座に柳並木が復活した翌年の昭和七年、東京行進曲の作詞・作曲者の二人は、「銀座の柳」とのタイトルの流行歌をつくった。その一番には「植えてうれしい銀座の柳、江戸の名残のうすみどり」とあり、東京人の喜びにみちたさまが唄われる。そして二番の歌詞は「巴里《ぱり》のマロニエ、銀座の柳」だといい、ヨーロッパの街の並木と同等だと評価している。さらに三番で、花は紅・柳は緑をもじって「恋はくれない柳はみどり」と、若い恋人たちの逢い引きの場所ともなろうと、唄うのである。

昭和一一年（一九三六）一月三日の東京朝日新聞によると、植付け後四年目の昭和一〇年の年末ごろから数十本が枯れてきた。その原因は、次の三点のようなものだという。

①銀座通りに軒並みあるカフェー、バーの盛塩《もりしお》が流れて浸み込むこと

②露店や屋台商人が枝を折ったり根を踏んだり、甚だしいのは残火や灰がらを根元に捨てる

③円タクのガソリンや塵埃が空気を混濁させる

昭和一一年一二月八日の東京朝日新聞は「果たして銀座の柳は、銀座にふさわしからぬ情勢となり、オリンピック大会までには、これを銀杏にかへなければならぬようになるかも知れない」と報じている。それほど、銀座の柳の衰弱はひどくなってきていた。そして枯れたものは随時補植してきた。

昭和二〇年（一九四五）一月に第一回目の東京大空襲があり、三月に二回目、五月の三回目の空襲があり、銀座の柳は大きな被害をうけた。

昭和三三年（一九五八）、高さ三〜四メートルもある柳の大苗を、地元の中央区、銀座連合会（五〇本寄付）、東京都がともに植え付け、銀座での柳の本数は二八六本となった。ところが、昭和四三年二月から銀座通りの大改修工事がはじまり、柳二〇三本が抜き取られ、郊外の日野市に移植された。大きくなった柳は移植が難しく、ほんどが枯れ、わずかに十数本が残った。それを知った街の人二人が、老柳から剪定した枝を挿し木にして移植し、二世柳として育成した。

荷風の見た東京の柳

大正期にはいってすぐの大正三年（一九一四）八月から執筆された永井荷風の「日和下駄」（野口富士雄編『荷風随筆集（上）　日和下駄　他十六篇』岩波文庫、一九八六年）の第三・樹には、その当時の東京市街の河川などの美観について論述されており、銀杏、松とともに柳についても記されているので紹介する。

荷風は「もし今日の東京に果たして都会美なるものがあり得るとすれば、私はその第一の要素をば樹木と水流に俟《ま》つものと断言する。山の手を蔽《おお》う老樹と、下町を流れる河とは東京市の有する最も尊い宝である」と東京の都市美は樹木に大きく負っていることを述べる。それは初夏の空の下、際限もなくつづく瓦屋根の間あいだに、銀杏、椎、樫、柳などが、いずれも新緑の色鮮やかな梢に、日の光の麗しく照り添うさまであるとしている。

柳については、春がくれば柳と桜をこきまぜて都の錦を織り成すものであるからと、『古今和歌集』の歌について触れ、「東京市中の樹木を愛するものは決して柳をなおざりにする訳にはいかない」とまず述べる。桜には上野の秋色桜《しゅうしきざくら》や平川天神の鬱金《うこん》の桜などの来歴のあるものを求めれば数多くあるだろうが、柳にはこれといった名前のあるものはほとんどないけれども、「水の流に柳の糸のなびきゆらめくほど心地よきはない」という。そして柳原、柳橋、外桜田の堀端の柳など東京の柳について触れている。

柳原の土手には神田川の流れに臨んで、筋違《すじかい》の見附《みつけ》から浅草見附にいたるまで、柳が細い枝を長く垂れ下がらせ生い茂っていたが、江戸から東京に名称が改められると間もなく堤は取り崩され、今見るような赤煉瓦の長屋に変わってしまった。土手を取り崩したのは『武江年表《ぶこう》』によれば、明治四年（一八七一）四月で、ここに共長家を建てたのは明治一二〜一三年ごろである。

柳橋に柳がないことについては、既に柳北《りょうほく》（成島柳北）先生の『柳橋新誌《りょうきょうしんし》』に「橋は柳を以て名と為《な》すに、一株《いっしゅ》の柳も植えず」とある。しかしながら両国橋よりすこし川下の溝に小さな橋があって元柳《もとやなぎ》橋《ばし》といわれ、ここに一本の老いた柳があったことは、柳北先生の同書にもみえる。また小林親翁《ちかおう》の「東京名所絵」にも描かれている。親翁の描いた図をみると、川面にこもる朝霧に両国橋はうす墨にかすみ、こちら側の岸には幹の太い一本の柳が少し斜めに立っている。その木陰に縞《しま》の着流しの男一人、手ぬぐいを肩にし、後ろ向きに水の流れを眺めている。「閑雅《かんが》の趣自《おのず》から画面に溢れ何となく猪牙舟《ちょきぶね》の艫声《ろせい》と鴎《かもめ》の鳴く音さえ聞き得るような心地がする。かの柳はいつのころ枯れ朽ちたのであろう。今は河岸の様子も変り小流《こながれ》も埋立てられてしまったので元柳橋の跡も尋ねにくい」と荷風はいう。

さらに荷風はいう。半蔵御門より外桜田の堀、あるいは日比谷馬場先和田倉御門外へかけての堀端には、一斉に柳が植わっている。この柳は恐らく明治になって植えたものであろう。広重の東都名勝の錦絵のうち、外桜田の景を見ても、堀端の往来側には一本の柳も描かれていない。土手をおりた水際の柳の井戸のところに、ただ一株の柳があるばかりである。銀座の柳並木について荷風は、「並木は繁華の下町において最も効能がある。銀座駒形人形町通の柳の木かげに夏の露店賑《にぎわ》う有様は、扇風機なくとも天然の涼風自在に吹き通う星の下なる一大勧工場《かんこうば》（観光場所の意味）にひとしいではないか」と大きく評価している。

昭和初期の新潟の柳

昭和初期の新潟には柳がたくさん植えられていたことが、松川三郎の『全国花街めぐり』（誠文堂、一九二九年）に記されているので紹介する。この本は当時公に認められていた全国の有名どころの遊郭《ゆうかく》という花街を紹介する内容であるが、そのなかに柳についての記述があった。新潟は信濃川河口に位置する港湾都市で、新潟県の県庁がおかれている。寛文年間（一六六一〜七三）に川村瑞賢によって西回り航路の寄港地と定められてから発展し、安政五年（一八五八）の日米通商条約により日本海岸唯一の開港となった。

新潟は水の都、橋の都、柳の都……而して又美人の都である。むかしから杉の大木と男の子は育たぬと云われて、新潟は松と柳と女の子が幅を利かすところで、遊郭の中に松並木があったり、女の新聞配達が市中を走っていたりしているのは、新潟でなければ見られぬ図である。

柳、橋、水。

何ン人が新潟の地を踏もうとも、これが其の第一印象でなければならない。汽車で新潟駅に来たって例の四百三十間（約七八三メートル）の萬代橋を渡って、始めて第一歩を本市街に印すのであるが、その萬代橋を渡ると、他門川両岸の柳が先ずもって旅客の眼を引くに相違ない。

その先の片原川の両岸にも柳の並木があり、寺町川にも柳の並木があった。到るところ水あり、水あれば橋あり、橋あれば柳あり、というのが新潟市の町の態《すがた》である。

川々《かわがわ》に　橋々　柳々かな　　　小波山人

『新潟富史《ふし》』の著者は更に斯《こう》書いている。

「地柳に宜《よろ》し。皆高大なり。渠《きょ》に沿ふて影にならぶ。舟はその間を往《い》く。殆ど汴河《べんが》の想いをなす。千枝《せんし》春夜の煙をこめ、萬條夏の月を遮《さえぎ》る。暖景《だんけい》冷光最も人に可なり、半山詩あり曰《いわ》く、

七十四橋　潮往還《きょうしおうかん》す
佳期《かき》恰《あたか》も及ぶ艶陽《えんよう》の天
多情の垂柳《すいりゅう》多情の水
水は船を送り来たり柳は船を繋ぐ　」

頼三樹《らいみき》の江《こう》は渠《きょ》に入て流れ、曲々《きょくきょく》通ず云々という詩も亦《また》、新潟の水郷であることを語り、「炭船と大根船の師走かな」の一句は、よくよくこの渠《ほりわり》の光景と効用を説いている。東堀と新堀の交差する点には四ツ橋が架してある。ここらの趣は大分《だいぶん》大阪に似ている。

長々と引用してきたが、見事に当時の新潟の街の柳を活写している。文中にある汴河《べんが》とは、中国にある運河のことで、六〇五年に開通している。隋《ずい》の第二代皇帝の煬帝《ようだい》（在位六〇四〜六一八）が開いたもので、黄河と淮河《わいが》を結んだ運河で一三〇〇里に及ぶ堤には柳が植えられた。汴河の柳について永井荷風は「金殿《きんでん》玉楼《ぎょくろう》その影を緑波《りょくは》に流す処春風《しゅんぷう》に柳絮《りゅうじょ》は雪と飛び黄葉《こうよう》は秋風《しゅうふう》に菲々《ひひ》として舞うさまを想見《おもいみ》れば（『日和下駄』第三・樹）」と表現している。荷風が汴河を見たのかは不明である。

別名を『新潟繁昌記』ともいわれる寺門静軒著の『新潟富史《ふし》』（安政六年＝一八五九年の自序、青山文庫

刊）は、新潟の柳は中国で有名な汴河の柳と比べても遜色がないとみたのである。それほど新潟の街ではたくさんの柳が見られ、柳都《りゅうと》とも呼ばれていた。しかしながら、かつて旧新潟市街を縦横に結んでいた堀と橋々は、一九六〇年代にすべて埋め立てられ、姿を消した。いまは中央区四番堀に柳並木があり、堀がないのが寂しいが、昔のよすがを残している。柳は新潟市の市の木として公園などに植えられている。

京都市内の柳並木

京都の柳はというと、白木正俊監修『目で見る京都市の一〇〇年』（郷土出版社、二〇〇一年）という写真集の「近代化のはじまり」の章には、京都府庁が明治一八年（一八八五）六月に二条離宮（二条城）から現在の上京区藪ノ内町に移ったころの写真がある。そこには中央の洋館建ての京都府庁の正堂の前と横に、それぞれ一本づつの枝垂れ柳がみられる。

明治二八年（一八九五）四月一日から七月三一日までの間、京都市左京区岡崎で、第四回内国博覧会が開催された。この時の状況を知る資料に京都絵画館画作部製図の「第四回内国勧業博覧会及平安遷都紀念大極殿建築落成之図」（京都市著『史料　京都の歴史』第四巻市街・生業　平凡社、一九八一年の口絵）がある。それによれば、会場の広さ五万五〇〇〇坪（約一八・三ヘクタール）、建物八七〇〇〇坪の広大な博覧会場の南と西を区切っているのは、琵琶湖疏水《そすい》である。疏水の土手の両岸には、枝垂れ柳が並木として植えられている。平成の現在でも、同博覧会の跡地に設けられた京都勧業館や京都市動物園の南側には柳の古木がわずかながら残っている。博覧会当時から現在までおよそ一二〇年近くの年月が経過しているので、当時植えられたものが残っているとは柳の寿命からいって考えられないので、何代か植え継ぎされたものなのであろう。なおその時の博覧会に出品した人は七万三〇〇〇人、出品数は一七万点を超えており、一

京都市東山区を流れる琵琶湖疎水と柳。樹木の繁る所は明治28年の京都博覧会の会場。

二二日間の会期に観覧した人は一一三万六〇〇〇人余あり、大成功であった。

京都市総務部庶務課編・発行の『京都市政史』上巻（一九四一年）によれば、明治三三年には府庁前の道路の両側に、中国からもってきた柳が植えられたとある。その柳は、西湖柳だとされている。西湖は中国浙江省杭州の西にある湖で、景色が美しいことで知られている。さらに市内では高瀬川、堀川筋に古くから柳並木があったという。

府庁前通りに街路樹とされていた柳は、明治三五年（一九〇二）に赴任してきた大森鍾一府知事（大正五年四月まで府知事）は柳嫌いであったので、大半は伐採されたが、大部分の並木の柳は残った。鴨川の左岸側を川に沿って南北に走っている川端通りには、運河開削にあたり柳が移植され、並木となっていた。鴨川べりの川端柳または琵琶湖疏水沿いの堀端の柳は並木としてすこぶる当を得たものとされていた。柳は日照や湿気にも共に耐えるばかりでなく、その姿には哀愁的なものがあると評価されていた。

京都市では大正末期から、都市計画が実施されることとなった。都市計画での街路樹の考え方は、都市施設の一つとみられ、街路樹は道路の効用を完全なものにするための付帯施設とされた。道路上に日蔭をつくり、炎暑をやわらげ、そのうえ美観を呈するなど、道路の効用を一層高める。いいかえれば、公園の延長であるともいえる。したがって昭和初期ごろの都市計画では、交通系統の幹線は同時に都市美観と保健と幸福のために、公園系統の幹線としてその街路を拡張し、公園大路を造成する傾向であった。

大正八年（一九一九）ごろには、計画街路幅員一二間（約二二メートル）以上の道路は公孫樹《いちょう》、プラタナスを主とし、梧桐《あおぎり》、ニセアカシアなどが植えられた。とくに京都大学前の東一条通りには槇《まき》を植えたほか、桜、ポプラ等もあり、また従来から植えられてきた松や柳も多く植えられていた。

室戸台風被害と現在の京都の柳

昭和九年（一九三四）九月二一日に室戸台風が襲来し、京都に大被害を与えた。

室戸台風とは、室戸岬の西に上陸し、地上最低気圧九一一・九ミリバールを記録し、大阪・京都を通り、日本海を北上して三陸沖に抜けた超大型台風である。暴風雨、高潮のため全国の死者・行方不明者約三〇〇〇人にのぼった。

このときの街路樹の被害は、京都市土木課の調査によると、北大路千本より大原街道までのニセアカシア及び川端御蔭橋より三条大橋に到る柳等は、ことごとく折れたり倒れたりする被害をうけた。府庁前通りの柳、賀茂街道の松並木、山科の疏水《そすい》沿いの桜・松・楓の並木も大半は損傷し、あるいは転倒して、むかしどおりの美しい樹姿は失われたのである。


室戸台風による京都市の街路樹被害（昭和九年、京都市土木課調査）

樹種	街路樹総数（本）	被害数（本）	割合（%）
プラタナス	三一二九	九八〇	三一
イチョウ	四八八八	五九二	一二
ニセアカシア	九五六	五〇四	五三

ヤナギ	八六四	二一八	二五
マツ	九四七	一三四	一四
サクラ	一〇二〇	七五	七
チューリップツリー	四五〇	一八	四
ポプラ	九四	一四	一五
アオギリ	五四	一〇	一九
カツラ	八五	九	一一
エノキ	―	一	―
ムクノキ	―	一	―
その他	二三八	一三	五
計	一二七二五	二五六九	二〇

このように、京都市内の街路樹一万二七〇〇余本のうち、倒伏、損傷したものが二〇％という大きな被害を受けたのである。街路樹だけでなく、街路樹を養成している苗畑においても、風によって傾斜した苗木は二五〇〇本に達していた。市内に植えられた街路樹の柳の本数は八六四本で、街路樹総本数の六位という位置であった。柳の本数の四分の一が被害を受けていたのであった。柳に風といわれ、軽く風をうけながすように一般的には考えられるのであるが、台風のような強い風ではそれも難しかったのであろう。

倒木の中には、府庁前の並木柳、川端三条と御蔭橋の間の川端柳、賀茂街道並木松のように、なかなか復旧できないものも多数にのぼったが、その後京都市はこれの復旧に努力を続け、昭和一二年（一九三七）ごろにはようやく復旧苗の植付けを完了したのであった。

昭和一〇年（一九三五）八月に京都市が調査したところによると、丸太町通りから北にある府庁までの車道の幅は当時六間半（約一一・八メートル）で、樹林帯幅三・六メートル、歩道幅九・一メートル、並木の全長は一二六間（約二二九・二メートル）であった。そのとき調べられた府庁前通りの柳は東側に二二本、西側には二五本あった。目通り直径の最大の柳は五二センチあり、同直径三〇センチ以上のものは東側に六本、西側に四本あったが、いずれも昭和九年（一九三四）の室戸台風による被害をうけていた。かつてこの並木の柳の一株に狸がすみついた。そのためにその柳樹を信仰するものがでてきて、歯痛の治る願かけの樹になったといわれる。

京都市東山区を流れる白川と両岸の柳並木。

昭和三〇年（一九五五）五月、府庁前通りを京都市が調査したところ、柳のある並木の延長は二六〇メートルあり、西側には枝垂れ柳が二八本（前からあったもの三本、補植された中ぐらいの木九本、補植された小木一六本）、ほかに紅枝垂れ桜が五本あった。東側には枝垂れ柳二九本（前からあったもの七本、補植された中ぐらいの木一本、補植された小木二一本）、ほかに紅枝垂れ桜が五本あった。東西の紅枝垂れ桜一〇本は、昭和二五年（一九五〇）に蜷川知事の要望で、京都府が植えたものである。府庁前通りの柳並木は、その後姿を消し、現在では欅《けやき》の並木になっている。

平成二三年（二〇一一）現在の京都市で並木状に柳が植わっているところは、鴨川左岸の川端通りの七条大橋から北にある出町柳（地名）の河合橋までの間である。京都市の都市計画にそって、地上を走っていた京阪電車が七条から地下に潜ったあとに道路が設けられ、道路の鴨川側の部分が公園状に整備され、枝垂れ柳、枝垂れ桜、松、欅、百日紅《さるすべり》、銀杏《いちょう》などが高木として植えられ、並木を作っている。春は枝垂れ柳の芽吹きからはじまり、秋の桜紅葉《さくらもみじ》と銀杏の黄葉が美しく川端を彩っている。

四条大橋の東側にある祇園を白川が通りぬけている。祇園東側の東山通りから、三条通りへと、町の区画を斜めに横切っている白川沿いは柳並木になっている。この界隈は高いビルがなく、お寺の白壁や石造りの橋、川の石垣など、街を流れる川のむかしの風情を残している。とくに白川の流れの水深は浅く、川底の石がはっきりと見えるほど清らかで、川面にかかった柳の緑と見事な調和を見せてくれている。白川沿いの道は比較的短いのだが、緩やかにカーブしていて端から端まで見通せないため、余計に奥行きの深さを感じさせる。ここを通る愛好者は多い。

京都市南部の伏見は、兵庫県の灘とならんで酒蔵の街として栄えている。酒の香りがただよい、酒蔵独特の建物のそばを、豊臣秀吉が伏見城築城のために宇治川から引いた水路（宇治川派流）が流れていて、両岸が柳並木となっている。江戸時代には旅人や物資の運搬で栄えていたが、現在ではその船が遊覧船として再現されている。遊覧船に乗るのもよし、川端の道路をぶらりと歩いてみるのもよし、酒蔵の建物と水路の柳の緑が美しく調和し、日本的な風景を醸している。

水路の終点は河港となっている。ここから大阪まで三十石船に乗り、下ったのである。旅人だけでなく、淀川を溯ってきた船の荷物もここでおろされ、竹田街道を牛がひく荷車にのせて運ばれたのである。水路が宇治川に流れこむところに設けられた伏見港周辺も、現在では公園として整備され、水辺には柳がたくさん植えられている。水路と宇治川との落差は五メートルもあり、舟を上下させるための装置として閘門《こうもん》が設けられている。なお、現在の宇治川岸には枝垂れ柳は植えられていなくて、そのかわり自然生えの川柳が生育して、川岸を守っている。

わが国の街路樹と柳

街路樹とは、道路法の定義によれば「道路用地内において、車道と平行に列植されている高木」をいうとされており、この高木とは高さ三メートル以上の樹木のことをいう。昭和四五年（一九七〇）ごろから、街路樹の本数が大きく増加している。それは当時、公害・環境問題が深刻化し、幹線道路が通過している都心部などでの騒音や排気ガス対策として、道路緑化を積極的に行ってきたためである。

樹種は当初、松や桜、楓など、主に日本の在来種が用いられていた。しかしそれらは、根を十分に発達できない、土が乾燥しがちである、自動車の排気ガスや、塵埃に常に包まれる等の道路環境に弱いため、より強いプラタナスやイチョウ（銀杏）に変更されてきた。植えられる樹木はたいてい落葉樹であったが、高度経済成長期のころより大気汚染に強く、環境保全効果の大きいクスノキ（楠木）やマテバジイ（まてば椎）、シラカシ（白樫）、ウバメガシ（姥目樫）などの常緑広葉樹が多く用いられるようになった。常緑樹には季節を問わず、環境保全を果たしてくれるというメリットがあった。

平成二一年（二〇〇九）一月の国土交通省国土技術政策総合研究所資料によれば、全国の道路緑化樹木の樹種の総数は平成一九年（二〇〇七）三月三一日現在で高木が五〇四種、中低木が五八九種という実に多様な樹木が用いられている。このなかで多く使われている樹種の上位五種は、高木はイチョウ（銀杏）、サクラ（桜）類、ケヤキ（欅）、ハナミズキ（花水木）、トウカエデ（唐楓）であり、中低木はツツジ類、シャリンバイ（車輪梅）類、アベリア類、サザンカ（山茶花）類、ヘデラ類であった。全国（国土交通省、都道府県、市町村、地方道路公社が管理する道路）の樹種別高木本数の上位と柳の本数を紹介する。

（1）イチョウ	五七万一六八八本	（2）サクラ類	四九万四二八四本
（3）ケヤキ	四七万八四七〇本	（4）ハナミズキ	三三万二七一八本

(5) トウカエデ	三二万七〇五一本	(6) クスノキ	二七万一四二八本
(7) モミジバフウ	一九万五八一九本	(8) ナナカマド	一九万五五七七本
(9) プラタナス類	一六万三四八九本	(10) 日本産カエデ類	一五万〇一五三本
(41) シダレヤナギ	三万一三三九本	(44) ヤナギ類	二万七九〇六本

街路樹の樹種としてのヤナギは、シダレヤナギとヤナギ類の二つに分けられている。これは樹形のよるもので、いわゆる柳と楊とによって区別されたものである。ほかにヤナギ科の街路樹として五七位の外来ポプラ類（一万七四八四本）、六九位のドロノキ（一万三四七四本）、八五位のギンドロ（七二〇六本）があがっている。

街路樹として用いられる枝垂れ柳の本数は、減少を続けている。湿地や乾燥には強いが、踏み固められた土や汚染された空気に対する抵抗性が弱い。さらには成木での移植がやや困難なことによるためである。建設省土木研究所（現国土交通省国土技術政策総合研究所）の調査によると、全国の街路樹総本数と枝垂れ柳の本数は次のようになる。

	昭和六二年（一九八七）	平成四年（一九九二）	平成一九年（二〇〇七）
総本数	三八五万三二七二本	四七八万四七〇二本	六六七万四九〇二本
枝垂れ柳	一〇万九〇六四本	一〇万〇二五八本	三万一三三九本
率	二・八％	二・一％	〇・五％

昭和年代の終わりごろから平成の初期までは、枝垂れ柳の本数は一〇万本台を保っていたが、平成一九年には三分の一の三万本台にと落ち込んでいる。

ついでに前に触れた報告書から平成一九年（二〇〇七）の、都道府県別に街路樹として植えられたシダレヤナギ及びヤナギ類が五〇〇本以上のものを拾い上げてみる。カッコ内は県内順位。

シダレヤナギ

北海道	九六〇四本（二五位）
東京都	二八七〇本（二五位）
兵庫県	二四七四本（三一位）
新潟県	二一五九本（一三位）
愛知県	一五六七本（三五位）
静岡県	一三六二本（二七位）
大阪府	一一五三本（三八位）
神奈川県	九四一本（三七位）
岡山県	七二〇本（二三位）
千葉県	六三四本（四八位）
奈良県	五一六本（二三位）
岐阜県	五〇八本（三六位）
計	二万四五〇八本

ヤナギ類

北海道	一万三一六一本（二〇位）
山口県	二八四九本（五位）
神奈川県	二六一九本（二三位）
東京都	一三八九本（三三位）
千葉県	八八六本（四五位）
新潟県	八五四本（三〇位）
埼玉県	八〇七本（三二位）
愛媛県	四六一本（二六位）
宮城県	三二〇本（三三位）
富山県	三一九本（二七位）
秋田県	二八四本（二一位）
長野県	二五四本（三一位）
計	二万四一九六本

以上のように、枝垂れ柳が五〇〇本以上街路樹として植えられている都道府県は一二となった。その合計は全国の七八％となり、大都市を抱える都道府県が上位を占めていた。またヤナギ類については五〇〇本以上の都道府県は七となり、ついでに枝垂れ柳と同じように上位一二位まで拾うと、最後の長野県は二五〇本強となった。この合計は全国の八七％を占めていた。なお山口県のヤナギ類については、枝垂れ柳

の本数があがっていないので、これを含めている可能性がある。

日本街路樹一〇〇景と柳

平成六年（一九九四）、読売新聞社は創刊一二〇周年を記念して、「新・日本街路樹一〇〇景」を選定した。四月に推薦の受付が開始され、八月三一日に締め切られたが、全国から推薦があったのは六二一六件（一六七三か所）もの多数にのぼった。推薦された街路樹や並木、参道の中から都道府県と中央の各選定委員会の審査を経て、一〇〇景と部門別五〇景の計一五〇景が決まった。審査は、都道府県ごとに「ふるさとの街路樹十景」が選ばれ、これを候補とした。中央では、候補地合計四七〇か所のなかから選定したのである。

選ばれた「一〇〇景」（百景とも記される）は二種類以上の樹木が並ぶ複合植栽の街路樹が二九か所と、もっとも多く、次いで松一四カ所、欅《けやき》一一か所、楠一〇か所、桜七か所、銀杏《いちょう》四か所、柳二か所、栃の木二か所の順となった。松並木は東海道松並木をはじめ全国的に多く、欅は関東地方に集中し、照葉樹の楠は九州中心というように、それぞれの地方の特色が現れていた。めずらしい樹木の並木としては、トネリコ、メタセコイア、ナンキンハゼ、シュロ、ヤシ、トウカエデなどがある。

柳並木の選定されたものと、特徴のある街路樹を適宜選んで簡略に紹介する。なお、ここに紹介する「一〇〇景」の所在地の都市名は、指定された時点での名称をそのまま用いた。

美観地区の柳並木（岡山県倉敷市）は、白壁の蔵屋敷を背にした倉敷川沿いに八一本。

うだつの町の柳並木（徳島県脇町）は、吉野川の支流の堤防に二七本が連なる。

西川緑道（岡山市）は、ヤナギなど高木と低木が都市のオアシスを形成する。

「新・日本街路樹100景」の選定地と柳並木の選ばれたところ。

二十間道路桜並木（北海道静内町）は、エゾヤマザクラ等五〇〇〇本が八キロつづく。

日光杉並木（栃木県日光市・今市市）は、杉が三七キロに一万三〇〇〇本あり、世界一の長い並木となっている。

朝日町のメタセコイア（新潟県豊栄市）は、メタセコイア一八六本が四季折々の美しさをみせる。

東熊堂線のナンキンハゼ並木（静岡県沼津市）は、住宅地にあり、市民が紅葉を楽しむ。

国道436号線（埼玉県浦和市〜所沢市）は、一七キロもつづく日本最長のケヤキ並木である。

橿原神宮参道（奈良県橿原市）は、全国から寄せられた県木を植えてつくられた。

ワシントンヤシ並木（徳島県徳島市）は、高さ二〇メートルのひょろ長いヤシが青空に映える。

姫の松原（長崎県小値賀村）は、離島の防風林用マツが約二〇〇〇本連なる。

柳坂曾根のハゼ並木（福岡県久留米市）は、灯明のロウを採るため久留米藩が植栽した。

「新・日本街路樹一〇〇景」選定の際、中央選定委員会は紙一重の差でもれた候補の中から、イチョウ、サクラ、マツの三樹種の並木と、親しまれている部門、ユニークな部門という五つの部門についてそれぞれ一〇景づつ「部門別五〇景」を選定している。柳は、その中の親しまれている部門において、静岡県浜松市の復活して二〇年の「やなぎ通り」が選定されている。

ついでに、部門別五〇景のなかの街路樹として用いられている樹種は柳のほかに、ポプラ、ナナカマド、サルスベリ、フジ（棚にする）、カリン、洋カリン、キョウチクトウ、フクギ、ニセアカシア、モミジ、ニワウルシ、モウソウチク、ラクウショウ（落羽松）、センダン、ネムノキ、シマトネリコ、カシワという多種多様なものである。

倉敷と脇町の柳

倉敷市の柳は、美観地区とよばれるところにある。この地域は標高三七メートルの鶴形山の南麓に位置しており、一帯は阿知《あち》の潟《がた》とよばれる浅い海であったが、高梁川《たかはしがわ》の沖積作用で土砂が堆積し、天正一二年(一五八四)に新田が開発され、やがて倉敷村が生まれた。江戸時代に至り寛永一九年(一六四二)に幕府の直轄地である天領となり、また物資輸送の集散地として、周辺新田地帯の中心地として繁栄するようになった。

そのうち有力な町人(商業地主)層が発生し、元禄年間(一六八八～一七〇四)から文政年間(一八一八～一八三〇)の約一三〇年間に人口は二倍に増加し、活況を呈するようになった。こうした背景のなかで、町家はほとんど塗屋造りで、蔵はすべて土蔵造りになっている。意匠としては、倉敷窓や倉敷格子(親つき切子格子)が特徴的で、白色漆喰《しっくい》仕上げになまこ壁のコントラストが美しい。とくに大きな商家が集まっていた倉敷川畔とその両側に続く町並みは規模の大きなものが多い。

なまこ壁は、張り付けた瓦の目地を埋めた漆喰がナマコのように盛り上がっているので、この名前がつけられた。

倉敷市の美観地区は、四〇〇年近くの歴史をもつ町並みであり、江戸時代は代官所がおかれ、備中国内の米や綿花などの物資の集散地として栄え、天災に見舞われることも少なく、戦災にあうこともなく現在に至っている。

美観地区の柳並木は、今橋～中橋～高砂橋にかけての倉敷川沿いに並ぶ。柳並木がいつ造成されたのか定かでない。倉敷市立美術館が所蔵している衣笠豪谷《ごうこく》が描いた明治二五年(一八九二)の「備中倉敷新川一望図」(旧新川町・国の重要文化財である大橋家の南側に当たる場所)には、左手に妙見山がありその右手に官林と注記された松山から家々の背後は山となり、倉敷川沿いには白壁の商家が立ち並んでいる。川沿いには、図の右手に落葉広葉樹の大木が三本みられるだけで、柳（枝垂れ柳）のすがたは描かれていない。とすると、江戸時代から明治にかけては、川沿いの樹木は倉敷川に運び込まれる上流からの物資の積み降ろし作業の邪魔だと考えられていたのであろう。

現在の柳は倉敷川の両岸とも並木として植えられているが、柳は人や自動車が往来する道路よりも一段低くなったところに見られ、川舟が運んでくる物資の積み降ろし場所となった部分に植えられている。昭和四四年（一九六九）、倉敷市はこの地区を「倉敷川畔特別美観地区」に指定した。このころ柳は植えられたのであろうか。背景の白壁の建物と調和し、川沿いの町の美しさを引き立てている。

徳島県脇町（現美馬市）は「うだつの町の柳並木」として「新・街路樹一〇〇選」に選ばれている。徳島市より西へ約四〇キロの吉野川北岸にあり、交通の要衝として中世後期に町が形成された。江戸時代には徳島藩の政策により、吉野川中流域での阿波藍《あわあい》の集散地となり、藍商や呉服商などの富豪が軒をつらね、商家町として発達した。

町の中心となる南町通りに面して、主屋の大半が江戸時代以来の伝統的形式で、本瓦葺き屋根の分厚い塗籠漆喰壁《ぬりごめしっくいかべ》には、虫籠窓《むしかごまど》や「うだつ」など貴重な建築意匠が残されている。「うだつ」は町屋の妻壁の横に張り出した袖壁のことをいう。本来は防火壁という実用性のものであったが、次第に装飾性をもつようになり、富豪の象徴となっていった。ことわざの「うだつが上がらない」もここからきており、出世ができない、身分がぱっとしない、など上層階級へと進出できないことをいう。

脇町は市街地の中心部を流れる吉野川支流の大谷川をはさんで、左岸側の武家屋敷跡地と商家町跡地にわかれる。川沿いには樹齢六〇～九〇年を経た二七本の柳が並木をなしている。柳が植えられた経緯は不詳であるが、「新・街路樹一〇〇選」が選ばれた平成六年（一九九四）の時点における最も古いものの樹齢は九〇年とされる。最も樹齢の古いものからさかのぼれば、植えられた時は明治三七年（一九〇四）となる。

明治三七年という年代からの推察だが、若干の誤差を考えると明治三七〜三八年に行われた日露戦争の戦勝記念としてまず植えられ、枯損すると植え継がれ、昭和初期まで続けられてきたが、太平洋戦争のとき植え継ぎが途切れたとも考えられる。日露戦争の戦勝記念植樹は各地で行われており、岡山県真庭郡新庄村の桜並木はよく知られている。

脇町で柳を植えた理由は現在では不明のままだが、明治後期には黒色火薬の原料として柳の木炭が重要視されていたので、軍需資源としてすぐに応じることができるようにと、戦勝を記念しながらも、いつでも軍需用に変更できるものとして柳を植えたのではないだろうか。

北上川と千曲川の柳

柳のある著名なところとして、銀座の柳や京都市内の並木柳をみてきたが、全国各地にはこれらほど著名ではないが、柳はそれぞれの地で人びとに愛でられていた。筆者の住処《すみか》である大阪府枚方市には、楠葉《くずは》といって淀川の左岸の河岸段丘の丘陵地に、そのむかし継体天皇が都を造営していたと伝えられる地区がある。ついでながら継体天皇はこの地に政庁を設けられたが、その墳墓は淀川対岸の茨木市にある継体天皇陵とされている。

楠葉は京都府八幡市の石清水八幡宮と接した地で、現在は高度成長期の終わりごろから開発され住宅地となっている。京都市と大阪市のほぼ中間に当たっているので、住民は多い。京都と大阪をむすぶ京阪電車の楠葉駅の近くを流れる水路の一方の岸に、柳並木ができあがっている。柳の高さは三メートルほどで、まだ若木だといえる。並木の長さは、およそ一〇〇メートルくらいあり、春の目立ちから秋の落葉まで、風にしだれた枝をそよがせ、通行する人たちに緑の風を送っている。街の人たちは並木柳の枝をみながら、季節の移ろいを感じ取るのである。

石川啄木（一九一二年没）は岩手県を源流にもち、同県と宮城県を流れる北上川の、啄木の生家のある旧澁民《しぶたみ》村近くの旅情そそる柳の歌を詠んでいる。

やわらかに柳あをめる
北上の岸辺目に見ゆ
泣けとごとくに

歌集『一握の砂』に収められたこの歌は、人びとによく知られている。実景ではなく、この歌の前に収められた「石をもて追はるるごとく　ふるさとを出でしかなしみ　消ゆることなし」からいって、歌の「目に見ゆ」は、故郷を追われたと啄木は感じているが、春景色のなかの柳がしげる北上川の風景が、あたかもいくらでも泣いてもいいよというかのように見えるようだ、と感じての歌だと考える。

啄木の柳を詠ったこの歌を知っている人は多いが、彼が柳を詠った歌はこの一首だけである。しかし、啄木のこの歌によって、北上川の柳は生きた。北上川の中流から上流域には、柳や鬼胡桃《おにぐるみ》等の河畔林が成立しているほか、榛《はん》の木などの分布もみられる。

啄木は岩手県岩手郡玉山村澁民《しぶたみ》で生まれており、北上川の流域では上流部にあたっている。北上川流域の宮城県境近くに「柳之御所」とよばれるところがある。ここは平成の現在から約八〇〇年前の一二世紀に、東北地方を支配していた奥州藤原氏が拠点にしていた平泉で政務をとっていた場所、「平泉館《ひらいずみのたち》」と考えられている。平泉館のあるところは北上川が屈曲した場所で、河水が河岸にうち当たる部分となっているため、長年にわたり侵食され、一時は遺跡が川に流されたと考えられてきた。昭和四四年（一九六九）から発掘調査が始まり、平成九年（一九九七）に国の史跡「柳之御所・平泉遺跡群」に指定された。『吾妻鏡』には「柳之御所」の名はないけれども、ＪＲ平泉駅の北五〇〇メートルのところに「柳之御所」の字名があり、現在はこの字名を名称として採用している。

日本の近代詩の出発点となった島崎藤村（一九四三年没）は、東京の墨田川と長野県千曲川の柳を描いている。『落梅集』（島崎藤村自選『藤村詩抄』岩波文庫、一九九五年）に収められた「藪入」上には、「柳の並樹《なみき》暗くして／墨田《すみだ》の岸のふかみどり／漁《すなど》り舟の艫《ろ》の音は／静かに波にひびくかな」とあり、「藪入」下では、「夕日さながら画《え》のごとく／岸の柳にうつろひて／汐みちくれば水禽《みずどり》の／影ほのかなり墨田川」と、墨田川岸の柳をうたう。

そして同詩集に収めた「千曲川旅情の歌」の最後に、春霞にもやうおぼろげな早春の柳を詠っている。

千曲川柳霞《かす》みて
春浅く水流れたり
たゞひとり岩をめぐりて
この岸に愁《うれい》を繋《つな》ぐ

藤村は芽吹いた糸柳も愛し、「春やいづこに」の詩を残している。

かすみのかげにもえいでし
糸の柳にくらぶれば
いまは小暗《おぐら》き木下闇《こしたやみ》

あゝ一時《ひととき》の　春やいづこに

春霞のかげに隠れるように萌え出した糸のように細い枝垂れ柳の枝も、今はもう木下闇ができるほどに枝葉が茂ってしまった。一時《いっとき》私を楽しませてくれた、あの優しい春はどこにいってしまったのであろうかと詠うのである。

与謝野晶子の各地の歌と柳

『みだれ髪』で明治の歌壇に新しい流れを導き、近代をもっとも近代的に生きた一人の女として余す所なく詠んだ歌の作者である与謝野晶子（一九四二年没）が自選した『与謝野晶子歌集』（岩波文庫、一九四三年）から、彼女が詠んだ各地の柳を紹介しよう。

ここすぎてゆふだち走る川むかひ柳千株《せんしゅ》に夏雲のぼる（「恋ごろも」）

まる山のをとめも比叡の大徳《だいとこ》も柳のいろにあさみどりする（「恋ごろも」）

はじめの歌は場所は特定できないが、川の向こう側には柳が一〇〇〇株もあるというのだから、相当な柳並木の川岸であったのだろう。二首目の「まる山」は、京都東山の西麓にある円山公園で、八坂神社や知恩院の境内と接している。大徳《だいとこ》と晶子は詠ませているが、「だいとく」が転じた云い方である。本来は仏のことであるが、徳高く行いの清い僧のことをいい、転じて単に僧侶をいう。

柳濃くなりぬ御堂《みどう》の大徳《だいとこ》も舞姫たちもあわせ著《き》てより（「舞ごろも」）

御堂は仏像を安置した堂のことで、お寺をいう。寺の境内に植えられた柳も、初夏になり葉っぱのいろも春の薄黄緑から濃い緑に変わったが、寺の和尚も舞妓もまだ袷《あわせ》を着ているというのだから、ここも京都の柳である。

上の諏訪柳の浜の夕風もののとぢめのここちこそすれ（「心の遠景」）

絶えて葉の無き柳をばわが前へ何こらしめに並べたりけん（「心の遠景」）

暮るる色ゆゆしき諏訪の湖をまへにす冬の楊柳の列（「心の遠景」）

長野県諏訪盆地の中央部にある諏訪湖の、冬の岸辺柳が詠われている。柳の列といい、柳の浜と詠うのだから、並木と見られるほど本数がまとまって生育していたのであろう。諏訪湖は天竜川の水源であり、晶子はそのことを「諏訪の湖《うみ》天竜となる釜口の水しづかなり絹の如くに」と、滝となって落ちるところだが、いまは結氷している時期なので、真っ白な絹を広げたように平らかに静まりかえっていると詠む。周囲一七キロのこの湖は、冬は全面結氷し、氷が割れ目に沿って盛り上がる御神渡《おみわたり》の現象がみられる。

銀柳《ぎんりゅう》が銀の裏葉をうへにして由布川くだる六尺おきに（「草と月光」）

三日四日《みかよか》は由布より外に出でじとす銀柳に巣を掛けつる如く（「草と月光」）

嶽本《たけもと》の池に由布川はじまれる一町下《しも》のやなぎちりゆく（「草と月光」）

片つ方《かた》水のさとにて柳ちり蓮《はす》咲ける由布の村かな（「草と月光」）

由布は大分県大分郡湯布院町のことで、名高い別府温泉の奥の温泉郷として知られている。奥別府といわれるが、別府からは鶴見岳（一三七四メートル）・由布岳（一五八四メートル）・雨乞岳（一〇七四メートル）という三つの山に隔てられた盆地にある。水の里ともいわれる湯布院では、水辺には柳の木が、ここかしこに植えられていたのであろう。与謝野晶子の歌集からは、京都、諏訪湖畔、由布川と、三か所の柳をたどることができた。

近代短歌の第一人者であり、日本の近代精神を体現した文学者の斎藤茂吉（一九五三年没）は実にたくさんの歌を詠んでいるが、柳の歌はごくわずかだ。「つきかげ」（昭和二三年）（山口茂吉・柴生田稔・佐藤佐太郎編『斎藤茂吉歌集』岩波文庫、一九五八年）には、「猫柳の歌」と題された九首の歌があるが、柳の歌は次の一首だけである。編集の際に猫柳の歌は削られたのであろうか。

代田川《だいたがわ》のほとりにわれをいこはしむ柳の花もほほけそめつつ

代田川は茂吉の故郷の山形県を流れる最上川の支流である。題の猫柳は、カワヤナギの花穂の銀毛が猫を思わせるので季節的な愛称としてこの名がある。川辺の柳を詠っているが、茂吉が詠う柳は代田川の岸辺の可愛らしい花穂をつけた川柳のことである。

句歌の柳のありどころ

俳句や短歌に詠われる柳とは、ヤナギ科の樹木の総称であり、種々の呼び方をもって詠われる。柳と同義の語として、川根草《かわねぐさ》、河高草《かわたかぐさ》、風見草《かざみぐさ》（かぜみぐさともよまれる）、風無草《かざなぐさ》、遊草《あそびぐさ》、春薄《はるすすき》がある。柳の名前としては枝垂れ柳、糸柳、猫柳、楊柳、絹柳、行李柳があり、そして時期的な姿として、青柳、柳糸、若柳、遠柳、柳陰《やなぎかげ》、柳影《やなぎかげ》、夏柳、柳茂る、柳風、柳の雨、柳散る、冬柳、柳枯るなどがある。

春のまだ早い時期に、枝垂れ柳は枝ごとに萌黄色の新芽が吹きだしてくる。新芽が吹いた柳を芽柳と表現する。枝垂れ柳の芽が、緑をましていく姿の美しさは鑑賞に値する。

根は水に洗はれながら加茂川の柳の梢《うれ》はけぶり青めり（与謝野礼厳）

近づきてあふぐ柳の新芽ぶき冴々なびく日の光かな（土田耕平）

春のあめ潮ののぼる河岸ごとにこの街の柳みな芽をひらく（中村憲吉）

柳の芽もつれぬ程の風の出て（市川婦美子）

風はらみ芽柳大気青くせり（小峰宮子）

芽柳のほか彩もなき遊行かな（今村博子）
揺れるたび伸びてゆきそう柳の芽（国友静子）
柳青めり水脈《みお》しづまれば青が去り（加藤楸邨）
芽柳のゆたかに風を抱くかな（八島美枝子）

柳の種子は四月の終わりごろ熟して莢《さや》から飛び出すが、周囲に真っ白な絮《わた》を付けている。柳絮《りゅうじょ》とよばれるもので、枝垂れ柳の柳絮は大きいが、日本に自生している柳類の柳絮はごく小さい。暖かな春の風のないとき、ふうわりふうわりと柳の絮がとんでいくのは、まことに風情がある。一度風が吹くと、横なぐりの吹雪のように飛んでいく。そして繁殖に適した土地に到着すると、そこで芽を出し、大きく生長していくのだが、無駄になる種子がなんと多いことか。

枝垂れ柳の雌木はわが国では皆無ではないが、見た人はごく限られるくらい少ない。したがって枝垂れ柳の絮が飛ぶ様子を観察した人もかぎられるが、柳絮の飛ぶ句や歌はけっこう詠まれている。河柳の絮なのであろうか。また、ヤナギ科の樹木であるが柳とは属のちがうポプラ（白楊）（ハコヤナギ属）も、やはり絮を飛ばす。ポプラは公園などに植えられているので、注意していれば絮をみることができる。

野をひろみ遠村柳見えねども身のめぐりには絮《わた》乱れ飛ぶ（森鴎外）
三千里わが恋人のかたはらに柳の絮《わた》の散る日にきたる（与謝野晶子）
風なくば禽《ことり》の羽音に柳絮舞う（川岸富貴）
柳絮飛ぶ空中絣模様なり（稲本池雪）
柳絮飛ぶ王陵出でし碧空に（西野喜美子）
吹かれくる柳絮のなかの百済《くだら》かな（吉田鴻司）

とらへたる柳絮を風にもどしけり（稲畑汀子）

夏になれば柳の葉っぱは緑に茂って道に影をおとし、炎天下の道を行く人の一時の癒しとなる。柳影または柳陰との言葉はあるが、近現代の俳句や短歌にはあまり表現されていない。そして柳の葉っぱが散るのは、葉が黄色に染まってからで、晩秋から初冬にかけてである。多くの落葉広葉樹のように短期間に落ちてしまうことはなく、徐々にすこしづつ落ちていく。冬になってもまだ残っていることがあり、完全に落ち尽くすのは、冬も本番となってからだ。

柳散る石文のあり飛鳥山（河東碧梧桐）
しろじろと日は流るるよ散る柳（堤まさ子）
日輪をつなぎ置く江や柳散る（内山保子）
放生池棲めるものなく柳散る（松田ひろ）
柳散る一戸に橋の一つづつ（神蔵器）

猫柳は春の時期における川柳のことをいう表現で、葉に先だってつけた穂状の黄白色の花は、銀色の毛を密生している。この花穂を猫のしっぽに見立てたものである。別に猫花《ねこばな》、狗花《いぬばな》、狗柳《いぬやなぎ》、狗子柳《えのころやなぎ》などとも俳句では詠まれる。

霧雨のこまかにかかる猫柳つくづく見れば春たけにけり（北原白秋）
猫やなぎ薄紫に光りつつ暮れゆく人はしづかにあゆむ（北原白秋）
猫柳の色映えてフワと布団かな（河東碧梧桐）
あたたかや皮ぬぎ捨てし猫柳（杉田久女）
猫柳ほうけては落つ絨毯《じゅうたん》に（山口青邨）

子供たちが唄った柳の歌

わが国には「わらべ唄」とよばれるかなり古い時代から、民間のこどもたちに伝承されてきた唄がある。つくられた時代も中心地域もはっきりしないものが多く、また作者もわからない。子どもたちが遊びのための唄を中心としており、これと一緒に行われる遊戯もあり、遊戯唄ともいわれることもある。

岩波文庫の『わらべうた　日本の伝承童謡』（町田嘉章・浅野建二編、一九六二年）に収められている広島地方の羽根突き唄「一ぴの木」に柳が歌われている。

一《いち》びの木　二《にい》びの木　三で桜の　四《しい》びの木　五葉松《ごようまあつ》の　椋《むウく》の木　七つゥ梨の木　八つゥ柳の木　九《ここの》つ小梅《こンめ》の木　十《とお》でとって　歳《とオし》の木

歳の木とは、門松のことをいう。岩波文庫はこの唄の解説のなかで、菅江真澄の信州紀行『庵《いお》の春秋《はるあき》』（天明四年＝一七八四年正月一三日の条）（戦災で焼失）にも、「いちの子にのこ、さんに桜のしんでの木、五葉松柳、やなぎのうらに、なになにつるした」と出ているという。

そして明治になって以来、昭和二〇年（一九四五）の終戦に至る八〇年間に歌い継がれてきた多くの唱歌（堀内敬三・井上武士編『日本唱歌集』岩波文庫、一九五八年）から、柳が唄われている歌を紹介する。まず武島羽衣作詞の「花」の二番である。

見ずやあけぼの露浴びて、
われにもの言ふ桜木を、
見ずや夕ぐれ手をのべて、
われさしまねく青柳を。

一番の歌詞から詠んでいけばわかるのだが、この柳は東京の墨田川岸の春爛漫の景色の構成要素である。

桜花を主としながら、桜の背景の芽吹いた柳の緑の存在を、三番の最初の歌詞で「錦おりなす長堤」と、桜鑑賞には柳が特別の価値をもつことを唄っている。『古今和歌集』の素性法師は「柳桜を」こき交ぜて都の景色を錦と詠んだのであるが、ここでは東京の墨田川は爛漫と咲く桜花と、緑なす柳で、錦のように絢爛とした風景となったことを唄った。

唱歌「花」は都の美景に欠くことのできないものとして桜と柳を唄ったのであるが、一方いなかでも、日々見慣れた柳は忘れ難い思い出の一つとして、心に焼き付いている。そのことを吉丸一昌は「故郷を離るる歌」の二番で歌っている。

二　つくし摘みし岡辺よ、社の森よ。
小鮒《こぶな》釣りし小川よ、柳の土手よ。
別るる我を憐《あわれ》と見よ、さらば故郷《ふるさと》。

この歌は故郷を離れるとき、日ごろは何げなしに見ているが、いざ別れるとなれば離れ難い思い出のあるものは、園の小百合、垣根の千草、つくしを摘んだ岡、社の森、小鮒を釣った小川とともに、柳のある土手というのだ。別の人の歌だが「ふるさと」は、思い出すのは兎を追ったかの山であり、小鮒を釣ったかの川であるといい、そこには柳があったかどうかまでは触れていない。

「故郷を離るる歌」には次の文部省唱歌「螢」のように、螢捕りの思い出があったのかも知れない。

一　螢のやどは川ばた楊《やなぎ》、
楊《やなぎ》おぼろに夕やみ寄せて、
川の目高が夢見る頃は、
ほ、ほ、ほたるが灯をともす。

二　川風そよぐ、楊《やなぎ》もそよぐ、
　そよぐ楊に螢がゆれて、
　山の三日月隠れる頃は、
　　ほ、ほ、ほたるが飛んで出る。

「螢」では川端楊となっており、川べりに生えるカワヤナギをさしているが、前の「故郷を離るる歌」は枝垂れ柳を唄う。正確には樹種が違うのであるが、どちらも幼いとき、子どもたち同士で、あるいは父や兄に連れられて出掛けた螢狩りなど、忘れ難い印象の樹木として柳が唄われている。

柳といえばまず枝垂れ柳を思い浮かべるほど、中国原産の樹木ながら、二〇〇〇年以上ものむかしにわが国に渡来して以来、日本の風景にすっかり馴染んでいる。枝垂れ柳は最も挿し木の簡単な樹木である。切り取った枝を水を入れた瓶に入れておくだけで、根を発生させる。繁殖はほとんど挿し木で行われる。しかし、成木したものでは、移植はやや困難という欠点がある。

柳は常に水でじめじめとした土地にも山の尾根のような乾燥した土地でも強い生命力をみせるが、いつも根を踏まれる所や大気汚染に対する抵抗力は弱い。わが国の街路樹の歴史とともに、しきりに植えられた樹種であるが、大都市の街路樹としてはあまり適さなくなっている。今後は、川べりの道路など、柳の生育に適した場所で、独特の樹形を生かした風情ある景観をつくりだすことに利用されていくことが望まれる。

参考文献

〔古典およびその解説書〕

佐々木信綱編『新訂新訓　万葉集　上巻』岩波文庫　岩波書店　一九二七
佐々木信綱編『新訂新訓　万葉集　下巻』岩波文庫　岩波書店　一九二七
佐伯梅友校注『古今和歌集』岩波文庫　岩波書店　一九八一
西下経一校訂『後拾遺和歌集』岩波文庫　岩波書店　一九四〇
久保田淳校注『千載和歌集』岩波文庫　岩波書店　一九八六
佐々木信綱校訂『新訂　新古今和歌集』岩波文庫　岩波書店　一九二九
山岸徳平校注『源氏物語　三』岩波文庫　岩波書店　一九六五
山岸徳平校注『源氏物語　四』岩波文庫　岩波書店　一九六六
池田亀鑑校訂『枕草子』岩波文庫　岩波書店　一九六二
佐々木信綱校訂『新訂　梁塵秘抄』岩波文庫　岩波書店　一九三三
玉井幸助校訂『東関紀行・海道記』岩波文庫　岩波書店　一九三五
浅野建二校注『閑吟集』岩波文庫　岩波書店　一九八九
西尾実・奈良岡康作校注『新訂　徒然草』岩波文庫　岩波書店　一九二八
小島憲之編『王朝漢詩選』岩波文庫　岩波書店　一九八七
紀貫之著・鈴木知太郎校注『土左日記』岩波文庫　岩波書店　一九七九
今西佑一郎校注『蜻蛉日記』岩波文庫　岩波書店　一九九六

萩原恭男校注『芭蕉おくのほそ道　付曾良日記　奥細道菅菰抄』岩波文庫　岩波書店　一九七九
緒方仂校注『蕪村句集』岩波文庫　岩波書店　一九八九
佐々木信綱校訂『新訂　山家集』岩波文庫　岩波書店　二〇〇三
小島憲之校注『懐風藻　文華秀麗集　本朝文粋』日本古典文学大系69　岩波書店　一九六四
土橋寛・小西甚一校注『古代歌謡集』日本古典文学大系3　岩波書店　一九五七
川口久雄校注『菅家文草・菅家後集』日本古典文学大系3　岩波書店　一九六六
「大和物語」阪倉篤義・大津有一・築島裕・阿部俊子・今井源衛校注『竹取物語　伊勢物語　大和物語』日本古典文学大系9　岩波書店　一九五七
井村哲夫『萬葉集全注　巻第五』有斐閣　一九八四
吉井巖『萬葉集全注　巻第六』有斐閣　一九八四
井手至『萬葉集全注　巻第八』有斐閣　一九九三
阿蘇瑞枝『萬葉集全注　巻第十』有斐閣　一九八九
稲岡耕二『萬葉集全注　巻第十一』有斐閣　一九九八
曽倉岑『萬葉集全注　巻第十三』有斐閣　二〇〇五
水島義治『萬葉集全注　巻第十四』有斐閣　一九八五
吉井巖『萬葉集全注　巻第十五』有斐閣　一九八五
橋本達雄『萬葉集全注　巻第十七』有斐閣　一九八〇
伊藤博『萬葉集全注　巻第十八』有斐閣　一九九二
木下正俊『萬葉集全注　巻第二十』有斐閣　一九八五
竹岡正夫『古今和歌集全評釈　上』右文書院　一九七六
竹岡正夫『古今和歌集全評釈　下』右文書院　一九七六
増田繁夫校注『枕草子』和泉書院　一九八七
宇治谷孟『全現代語訳　日本書紀』講談社学術文庫　講談社　一九八八

宇治谷孟『全現代語訳　続日本紀　上』講談社学術文庫　講談社　一九九二
森田悌『全現代語訳　日本後紀　上』講談社学術文庫　講談社　二〇〇六
川口久雄全訳注『和漢朗詠集』講談社学術文庫　講談社　一九八二
黒板勝美・国史大系編修委員会編『延喜交替式・貞観交替式・延喜式』新訂増補国史大系二六　吉川弘文館　一九六五
国史大系編修会編『古今著聞集』『新訂増補　国史大系第十九巻　古今著聞集』吉川弘文館　一九六四
海音寺潮五郎訳『詩経』中公文庫　中央公論社　一九八九
藤原長清撰・市島謙吉編『夫木和歌抄』国書刊行会　一九〇六
「近江国風土記逸文」吉野裕訳『風土記』東洋文庫　平凡社　一九六九

〔辞典類〕

新村出編『広辞苑　第四版』岩波書店　一九九一
下中邦彦編『大百科事典　14』平凡社　一九八五
日本国語大辞典第二版編集委員会・小学館国語辞典編集部編『日本国語大辞典　第二版　第十三巻』小学館　二〇〇二
中村幸彦・岡見正雄・阪倉篤義編『角川　古語大辞典　第五巻』角川書店　一九九九
久保田淳・馬場あき子編『歌ことば歌枕大辞典』角川書店　一九九九
池田亀鑑編著『源氏物語事典　上巻』東京堂出版　一九六〇
大岡信監修『日本うたことば表現辞典②　植物編（下巻）』遊子館　一九九九
神宮司庁蔵版『古事類苑　植物部一』普及版　吉川弘文館　一九八三
神宮司庁蔵版『古事類苑　器用部一』普及版　吉川弘文館　一九八三
神宮司庁蔵版『古事類苑　遊戯部一』普及版　吉川弘文館　一九八三
神宮司庁蔵版『古事類苑　政治部二』普及版　吉川弘文館　一九八二

神宮司庁蔵版『古事類苑　政治部四』普及版　吉川弘文館　一九八三
神宮司庁蔵版『古事類苑　兵事部』普及版　吉川弘文館　一九八四
鈴木棠三編『日本俗信辞典』角川書店　一九八二
島田勇雄・竹島敦夫・樋口元巳訳注『和漢三才図会』東洋文庫　平凡社　一九九〇
岡田稔監修『新訂原色牧野和漢薬草大図鑑』北隆館　二〇〇二
上海科学技術出版社・小学館編『中薬大辞典　四』小学館　一九八五

〔植物文化〕

桜井満『花と生活文化の原点　万葉の花』雄山閣　一九八四
柳下貞一『柳の文化誌』淡交社　一九九五
斎藤正二『植物と日本文化』八坂書房　一九七九
水上静夫『花は紅・柳は緑　植物と中国文化一』八坂書房　一九八三
斎藤正二『植物と日本文化』八坂書房　一九七九
木下武司『万葉植物文化誌』八坂書房　二〇一〇
上原敬二『樹木大図説』有明書房　一九五九年
有岡利幸『梅Ⅰ』ものと人間の文化史92－Ⅰ　法政大学出版局　一九九九
飛田範夫『日本庭園の植栽史』京都大学学術出版会　二〇〇二
田村剛『作庭記』相模書房　一九六四
外山英策『室町時代庭園史』思文閣　一九七三復刻

〔地誌・地方史〕

豊岡市史編集委員会編『豊岡市史　下巻』豊岡市　一九八七
豊岡市史編集委員会編『豊岡市史　史料編上巻』豊岡市　一九九〇

豊岡市史編集委員会編『豊岡市史　史料編下巻』豊岡市　一九九三
長野県編『長野県史　民俗編』第一巻（二）東信地方　仕事と行事　長野県史刊行会　一九八六
長野県編『長野県史　民俗編』第二巻（二）南信地方　仕事と行事　長野県史刊行会　一九八八
長野県編『長野県史　民俗編』第三巻（二）中信地方　仕事と行事　長野県史刊行会　一九八九
長野県編『長野県史　民俗編』第四巻（二）北信地方　仕事と行事　長野県史刊行会　一九八五
石川県編・発行『石川県史資料　近代編（2）』二〇〇一

［民俗・風俗・伝承等］

敦崇著、小野勝年訳『燕京歳時記　北京年中行事記』東洋文庫　平凡社　一九六七
菅江真澄著、内田武志・宮本常一編訳『菅江真澄遊覧記 1』東洋文庫　平凡社　一九六七
菅江真澄著、内田武志・宮本常一編訳『菅江真澄遊覧記 2』東洋文庫　平凡社　一九六七
菅江真澄著、内田武志・宮本常一編訳『菅江真澄遊覧記 3』東洋文庫　平凡社　一九六七
菅江真澄著、内田武志・宮本常一編訳『菅江真澄遊覧記 4』東洋文庫　平凡社　一九六八
菅江真澄著、内田武志・宮本常一編訳『菅江真澄遊覧記 5』東洋文庫　平凡社　一九六八
斎藤月岑・朝倉治彦校注『東都歳時記 1』東洋文庫　平凡社　一九七〇
斎藤月岑・朝倉治彦校注『東都歳時記 2』東洋文庫　平凡社　一九七〇
伊藤幹治「稲作儀礼の構造」『稲作儀礼の研究――日琉同祖論の再検討』而立書房　一九七四
今井金吾『詳説　江戸名所記』社会思想社　一九六九
農商務省山林局編『木材の工芸的利用（復刻版）』林業科学技術振興所　一九八二
向井由紀子・橋本慶子『箸』ものと人間の文化史102　法政大学出版局　二〇〇一
安田喜憲『古代日本のルーツ　長江文明の謎』青春出版社　二〇〇三
渡邊昭五『田植歌謡と儀礼の研究』三弥井書店　一九七三
小林丹右衛門「川除仕様帳」『日本農書全集　第六五巻　開発と保全　二』農山漁村文化協会　一九九七

武藤禎夫校注『安永期　小咄本集　近世笑話集　中』岩波文庫　岩波書店　一九八七
浅野建二校注『山家鳥虫歌』岩波文庫　岩波書店　一九八四
稲田浩二・小澤俊夫責任編集『日本昔話通観』同朋舎　一九七八〜一九八四
引用した都道府県は、青森・秋田・山形・岩手・宮城・新潟・福島・千葉・山梨・長野・静岡・愛知・石川・福井・滋賀・富山・和歌山・兵庫・岡山・山口・徳島・福岡の諸県である。
石上堅『木の伝説』宝文館　一九六九
福田晃編『日本の伝説大系』第八巻　みずうみ書房　一九八五
友久武文・山内洋一郎・真鍋昌弘・森山弘毅・井手幸男・外間守善校注『田植草紙　山家鳥虫歌　鄙廼一曲　琉歌百控』新日本古典文学大系62　岩波書店　一九九七

〔論文・報告書〕
光谷拓実「古代庭園の植生復元――出土大形植物遺存体から」奈良国立文化財研究所創立30周年記念論文集『文化財論叢』同朋社　一九八三
宮内悊「柳筥考――柳筥にみる伝統技術の継承と発展」『デザイン学研究』80号　日本デザイン学会　一九九〇
神宮司耕二「日本の近代化遺産『敷根火薬製造所跡』」『敷根風土記編纂資料』敷根風土記編纂委員会　二〇〇八
板垣英治「加賀藩の火薬Ⅰ　塩硝および硫黄の生産」『日本海域研究　第三三号』金沢大学日本海域研究所　二〇〇二
板垣英治「加賀藩の火薬　Ⅲ」『日本海域研究　第四一号』金沢大学日本海域研究所　二〇一〇
水島義治「『青柳の張らろ川門に』――東歌に見られる水辺の歌」『水辺の万葉集』高岡市万葉歴史博物館編　一九九八
川崎晃「佐保の川畔の邸宅と苑池」『水辺の万葉集』高岡市万葉歴史博物館編　一九九八

大阪施政研究場編・刊『阪神大都市圏の都市利用』一九五一
正木信次郎「宮島細工の現況並其の将来」雑誌『大日本山林会報　第四一〇号』大日本山林会　一九一八
鹿児島県編『鹿児島県火薬製造書　一八七四年写し』日本文化研究所（所蔵）

［その他］

小松茂美『手紙の歴史』岩波新書　岩波書店　一九七六
足立大進編『禅林句集』岩波文庫　岩波書店　二〇〇九
野口冨士男編『荷風随筆集　上　日和下駄他十六篇』岩波文庫　岩波書店　一九八六
藤田徳太郎校注『松の葉』岩波文庫　岩波書店　一九三一
土屋喬雄校訂『農業全書』岩波文庫　岩波書店　一九六三
復本一郎校注『鬼貫句選・独ごと』岩波文庫　岩波書店　二〇一〇
島崎藤村自選『藤村詩抄』岩波文庫　岩波書店　一九九五
堀内敬三・井上武士編『日本唱歌集』岩波文庫　岩波書店　一九五八
山口茂吉・柴生田稔・佐藤佐太郎編『斎藤茂吉歌集』岩波文庫　岩波書店　一九五八
与謝野晶子自選『与謝野晶子歌集』岩波文庫　岩波書店　一九四三
根岸鎮衛著、鈴木棠三編注『耳袋　1』東洋文庫　平凡社　一九七二
浅井了意著、朝倉治彦校注『東海道名所記』東洋文庫　平凡社　一九七九
下中邦彦編『京都市の地名』日本歴史地名大系第二七巻　平凡社　一九七九
伊勢貞丈著、島田勇校注『貞丈雑記　2巻』東洋文庫　平凡社　一九八五
「仙伝書・専応口伝」大井ミノブ編『新装普及版　いけばな辞典』東京堂出版　一九八五
木村菊太郎『江戸小唄』演劇出版社　一九六四
「花洛名勝図会」竹村俊則編『日本名所風俗図会　7京都の巻Ⅰ』角川書店　一九八一
「都名所図会」「拾遺都名所図会」竹村俊則編『日本名所風俗図会　8京都の巻Ⅱ』角川書店　一九八一

「江戸名所図会」朝倉治彦編『日本名所風俗図会 4江戸の巻II』角川書店 一九八〇
「大和名所図会」平井良朝編『日本名所風俗図会 9奈良の巻II』角川書店 一九八四
土屋又三郎『農業図絵』日本農書全集第二六巻 農山漁村文化協会 一九八三
武光誠・山岸良二編『古代日本の稲作』雄山閣 一九九四
小林丹右衛門『川除仕様帳』日本農書全集第六五巻 農山漁村文化協会 一九九七
中村徹『山を治める――大阪営林局治山史』林野弘済会大阪支部 一九八六
津本陽「戦国期の日本」日本エッセイストクラブ編『お父っつぁんの冒険』文春文庫 文芸春秋社 一九九八
川越重昌「火薬の発達」『日本史資料総覧』東京書籍 一九八六
黒川道佑撰『雍州府誌』臨川書院 一九六八
東京都編『東京市史稿 市街篇第六十三』(復刻版) 臨川書店 二〇〇五
文部省編『俚謡集』国定教科書共同販売所 一九一四
池田弥三郎『私の食物誌』新潮文庫 一九八〇
東京市役所編・発行『東京市史稿 遊園編第一』一九二九
市古夏生・鈴木健一校訂『新訂 江戸名所花暦』ちくま学芸文庫 筑摩書房 二〇〇一
塚本哲三校訂『石川雅望集』有朋堂文庫 一九二六
「小野道風青柳硯」高田衛・原道生編『近松半二浄瑠璃集(一)』国書刊行会 一九八七
伊藤和洋『謡曲の植物』井上書房 一九六〇
入矢義高『日本文人詩選』中公文庫 中央公論社 一九九二
三枝進ほか『銀座 街の物語』河出書房新社 二〇〇六
服部誠一『東京新繁盛記』聚芳閣 一八七四
松川三郎『全国花街めぐり』誠文堂 一九二九

あとがき

柳と日本文化との関わりを調べ始めた契機は、生け花の小原流の機関誌『挿花』から特集「柳青める」の原稿を頼まれたことである。これまで法政大学出版局の「ものと人間の文化史」シリーズをはじめ、八坂書房の『資料　日本植物文化誌』において三〇種ちかい樹木と日本人との関わりを調べてきたが、柳には触れていなかった。なぜなのか、自分でもよくわからないが、日本人との関わりがあまりない樹木だと、ごく軽く考えていたのだろう。

前著の『桃』のことを調べにいった近畿大学農学部の図書館で、柳下貞一氏の『柳の文化誌』（淡交社）をみつけた。そのときは桃に力点をおいていたので、柳の文化誌の本があるなあ、と思った程度の軽さであった。

『桃』の原稿が一段落し、次は何を調べようかなと思案をしたとき、図書館で目に触れたまま、あまりめくりもしないまま書架に返した本を思い出した。あの厚さなので、日本人は柳と深い関わりをもっているのではと考えた。

柳は雌雄異株の樹木である。日本に渡来したシダレヤナギはどういうわけか雄木ばかりで、雌木は全くないとされていた。現職のとき、その雌木を近畿大学の本部キャンパス内でみつけ、柳絮《りゅうじょ》の飛ぶところを

ＮＨＫテレビ等に取材してもらったことがある。ニュース放映は大阪放送局エリアの地方版だと思っていたのだが、なんと全国放送のニュースとなって流されていた。大学の広報課へ渡す投げ込み資料作成のとき、日本国内でシダレヤナギの柳絮が飛ぶことは珍しく、学問的な意味等について、少し調べた経験もあった。「投げ込み資料」とは、新聞社やテレビ局が集まっている記者クラブに、こんなニュースがありますよと提供する資料のことである。この資料のデキの良否で、新聞記事やテレビ放映するほどの価値があるかが、記者たちに判断されるのである。「シダレヤナギが柳絮を飛ばす」ＮＨＫ大阪放送局のニュースが放映されてから四〜五日経って、ＮＨＫ高山放送局のディレクターから「飛騨高山には柳絮を飛ばす大木の柳が三本あり、季節には毎年風物詩として放映している。それよりも劣る大阪の柳絮が何故、全国ニュースとなったのか」と電話で問合せがあった。そこでシダレヤナギの雌木は日本では極めて少なく、学問的にも大切なものだと説明したところ、ディレクター氏は了承した。シダレヤナギの雌木は、わが国には稀有であるとの、ほんのわずかな知識の違いで、私発のニュースが全国に流されることとなった。そんなこんなで、柳をテーマにすることにした。

柳は世界に約四〇〇種あるといわれているので、世界中の人と柳との関わりを探ることは私の背丈で調べることは無理なので、日本国内限定の柳の文化史とすることにした。柳、とくに枝垂れ柳の原産地の中国には、柳に関する文化的事象はたくさんあろうけれども、日本人との関わりがあるものだけにしぼって触れる程度にしようと決めた。

柳は日本国内には約四〇種生育しているとされ、それも種間雑種が多数あり、顕微鏡下でなければ明確に種として同定できないとされている。樹種の判別が難しいことと、柳と総称されているけれども実態は多数の種があるところから、その分布や生態などについてはほとんど調べなかった。したがって、本書の中の柳は、主としてシダレヤナギ、カワヤナギ、コリヤナギについての記述となっている。

ことわざに「稲は柳に生ず」といわれており、その語源を諸橋轍次の『大漢和辞典』に求めたがみつからなかったので、中国渡来のことわざではなく、わが国で発生したものなのであろう。出典はいまのところ宮崎安貞の『農業全書』だが、ほかに見つけることができていないので、宮崎安貞の造語としておく。私の間違いのことをご指摘いただければ嬉しく思います。この語にかかわる民俗として、苗代祭りのときに行う水口祭りで、田に柳を挿す事例を『長野県史　民俗編』が長野県内からたくさん採取し、記録してくれていたので大助かりであった。感謝しています。

柳の文化史は柳下氏の先行書が一つあるが、本書では浅く広くおおよそのことに触れることができたと考えている。ここから深く柳の文化事象を追求する基礎としていただければ、喜ばしいことと思っています。

本書には不備な点や、間違いも多いと思われるので、ご指導賜れば幸甚です。

本書の出版にあたっては、法政大学出版局のご理解と、編集でお世話になった松永辰郎氏、資料収集の際多大なお世話をいただいた近畿大学中央図書館の中井悦子さん、寺尾隆さん、さらには数多くの参考資料の著者各位に厚く御礼申し上げます。

平成二十五年三月三日

有岡利幸

著者略歴

有岡利幸（ありおか　としゆき）

1937年，岡山県に生まれる．1956年から1993年まで大阪営林局で国有林における森林の育成・経営計画業務などに従事．1993～2003年３月まで近畿大学総務部総務課に勤務．2003年より2009年まで（財）水利科学研究所客員研究員．1993年第38回林業技術賞受賞．
著書：『森と人間の生活――箕面山野の歴史』（清文社，1986），『ケヤキ林の育成法』（大阪営林局森林施業研究会，1992），『松と日本人』（人文書院，1993，第47回毎日出版文化賞受賞），『松――日本の心と風景』（人文書院，1994），『広葉樹林施業』（分担執筆，（財）全国林業改良普及協会，1994），『資料　日本植物文化誌』（八坂書房，2005）『松茸』（1997），『梅Ⅰ・Ⅱ』（1999），『梅干』（2001），『里山Ⅰ・Ⅱ』（2004），『桜Ⅰ・Ⅱ』（2007），『秋の七草』『春の七草』（2008），『杉Ⅰ・Ⅱ』（2010），『檜』（2011），『桃』（2012）（以上，法政大学出版局刊）

ものと人間の文化史　162・柳（やなぎ）

2013年６月１日　初版第１刷発行

発行所　財団法人　法政大学出版局
〒102-0071　東京都千代田区富士見2-17-1
電話03（5214）5540／振替00160-6-95814
印刷・三和印刷／製本・誠製本

Printed in Japan

ISBN978-4-588-21621-3

ものと人間の文化史

★第9回梓会出版文化賞受賞

人間が〈もの〉とのかかわりを通じて営々と築いてきた暮らしの足跡を具体的に辿りつつ文化・文明の基礎を問いなおす。手づくりの〈もの〉の記憶が失われ、〈もの〉離れが進行する危機の時代におくる豊穣な百科叢書。

1 **船** 須藤利一編

海国日本では古来、漁業・水運・交易はもとより、大陸文化も船によって運ばれた。本書は造船技術、航海の模様の推移を中心に、漂流、船霊信仰、伝説の数々を語る。四六判368頁 '68

2 **狩猟** 直良信夫

人類の歴史は狩猟から始まった。本書は、わが国の遺跡に出土する獣骨、猟具の実証的考察をおこないながら、狩猟をつうじて発展した人間の知恵と生活の軌跡を辿る。四六判272頁 '68

3 **からくり** 立川昭二

〈からくり〉は自動機械であり、驚嘆すべき庶民の技術的創意がこめられている。本書は、日本と西洋のからくりを発掘・復元・遍歴し、埋もれた技術の水脈をさぐる。四六判410頁 '69

4 **化粧** 久下司

美を求める人間の心が生みだした化粧—その手法と道具に語らせた人間の欲望と本性、そして社会関係。歴史を遡り、全国を踏査して書かれた比類ない美と醜の文化史。四六判368頁 '70

5 **番匠** 大河直躬

番匠はわが国中世の建築工匠。地方・在地を舞台に開花した彼らの造型・装飾・工法等の諸技術、さらに信仰と生活等、職人以前の独自で多彩な工匠的世界を描き出す。四六判288頁 '71

6 **結び** 額田巌

〈結び〉の発達は人間の叡知の結晶である。本書はその諸形態および技法を作業・装飾・象徴の三つの系譜に辿り、〈結び〉のすべてを民俗学的・人類学的に考察する。四六判264頁 '72

7 **塩** 平島裕正

人類史に貴重な役割を果たしてきた塩をめぐって、発見から伝承・製造技術の発展過程にいたる総体を歴史的に描き出すとともに、その多彩な効用と味覚の秘密を解く。四六判272頁 '73

8 **はきもの** 潮田鉄雄

田下駄・かんじき・わらじなど、日本人の生活の礎となってきた伝統的はきものの成り立ちと変遷を、二〇年余の実地調査と細密な観察・描写によって辿る庶民生活史 四六判280頁 '73

9 **城** 井上宗和

古代城塞・城柵から近世代名の居城として集大成されるまでの日本の城の変遷を辿り、文化の各領野で果たしてきたその役割を再検討。あわせて世界城郭史に位置づける。四六判310頁 '73

10 **竹** 室井綽

食生活、建築、民芸、造園、信仰等々にわたって、竹と人間との交流史は驚くほど深く永い。その多岐にわたる発展の過程を個々に辿り、竹の特異な性格を浮彫にする。四六判324頁 '73

11 **海藻** 宮下章

古来日本人にとって生活必需品とされてきた海藻をめぐって、その採取・加工法の変遷、商品としての流通史および神事・祭事での役割に至るまでを歴史的に考証する。四六判330頁 '74

12 **絵馬** 岩井宏實

古くは祭礼における神への献馬にはじまり、民間信仰と絵画のみごとな結晶として民衆の手で描かれ祀り伝えられてきた各地の絵馬を豊富な写真と史料によってたどる。四六判３０２頁 '74

13 **機械** 吉田光邦

畜力・水力・風力などの自然のエネルギーを利用し、幾多の改良を経て形成された初期の機械の歩みを検証し、日本文化の形成における科学・技術の役割を再検討する。四六判２４２頁 '74

14 **狩猟伝承** 千葉徳爾

狩猟には古来、感謝と慰霊の祭祀がともない、人獣交渉の豊かで意味深い歴史があった。狩猟用具、巻物、儀式具、またけものたちの生態を通して語る狩猟文化の世界。四六判３４６頁 '75

15 **石垣** 田淵実夫

採石から運搬、加工、石積みに至るまで、石垣の造成をめぐって積み重ねられてきた石工たちの苦闘の足跡を掘り起こし、その独自な技術の形成過程と伝承を集成する。四六判２２４頁 '75

16 **松** 高嶋雄三郎

日本人の精神史に深く根をおろした松の伝承に光を当て、食用、薬用等の実用の松、祭祀・観賞用の松、さらに文学・芸能・美術に表現された松のシンボリズムを説く。四六判３４２頁 '75

17 **釣針** 直良信夫

人と魚との出会いから現在に至るまで、釣針がたどった一万有余年の変遷を、世界各地の遺跡出土物を通して実証しつつ、漁撈によって生きた人々の生活と文化を探る。四六判２７８頁 '76

18 **鋸** 吉川金次

鋸鍛冶の家に生まれ、鋸の研究を生涯の課題とする著者が、出土遺品や文献・絵画により各時代の鋸を復元・実験し、庶民の手仕事にみられる驚くべき合理性を実証する。四六判３６０頁 '76

19 **農具** 飯沼二郎／堀尾尚志

鍬と犂の交代・進化の歩みとして発達したわが国農耕文化の発展経過を世界史的視野において再検討しつつ、無名の農民たちによる驚くべき創意のかずかずを記録する。四六判２２０頁 '76

20 **包み** 額田巖

結びとともに文化の起源にかかわる〈包み〉の系譜を人類史的視野において捉え、衣・食・住をはじめ社会・経済史、信仰、祭事などにおけるその実際と役割とを描く。四六判３５４頁 '77

21 **蓮** 阪本祐二

仏教における蓮の象徴的位置の成立と深化、美術・文芸等に見る人間とのかかわりを歴史的に考察。また大賀蓮はじめ多様な品種とその来歴を紹介しつつその美を語る。四六判３０６頁 '77

22 **ものさし** 小泉袈裟勝

ものをつくる人間にとって最も基本的な道具であり、数千年にわたって社会生活を律してきたその変遷を実証的に追求し、歴史の中で果たしてきた役割を浮彫りにする。四六判３１４頁 '77

23-I **将棋Ｉ** 増川宏一

その起源を古代インドに、我国への伝播の道すじを海のシルクロードに探り、また伝来後一千年におよぶ日本将棋の変化と発展を盤、駒、ルール等にわたって跡づける。四六判２８０頁 '77

23-Ⅱ 将棋Ⅱ　増川宏一

わが国伝来後の普及と変遷を貴族や武家・豪商の日記等に博捜し、遊戯者の歴史をあとづけると共に、中国伝来説の誤りを正し、将棋宗家の位置と役割を明らかにする。四六判346頁 '85

24 湿原祭祀 第2版　金井典美

古代日本の自然環境に着目し、各地の湿原聖地を稲作社会との関連において捉え直して古代国家成立の背景を浮彫にしつつ、水と植物にまつわる日本人の宇宙観を探る。四六判410頁 '77

25 臼　三輪茂雄

臼が人類の生活文化の中で果たしてきた役割を、各地に遺る貴重な民俗資料・伝承と実地調査にもとづいて解明。失われゆく道具のなかに、未来の生活文化の姿を探る。四六判412頁 '78

26 河原巻物　盛田嘉徳

中世末期以来の被差別部落民が生きる権利を守るために偽作し護り伝えてきた河原巻物を全国にわたって踏査し、そこに秘められた最底辺の人びとの叫びに耳を傾ける。四六判226頁 '78

27 香料　日本のにおい　山田憲太郎

焼香供養の香から趣味としての薫物へ、さらに沈香木を焚く香道へと変遷した日本の「匂い」の歴史を豊富な史料に基づいて辿り、我国風俗史の知られざる側面を描く。四六判370頁 '78

28 神像　神々の心と形　景山春樹

神仏習合によって変貌しつつも、常にその原型＝自然を保持してきた日本の神々の造型を図像学的方法によって捉え直し、その多彩な形象に日本人の精神構造をさぐる。四六判342頁 '78

29 盤上遊戯　増川宏一

祭具・占具としての発生を『死者の書』をはじめとする古代の文献にさぐり、形状・遊戯法を分類しつつその〈進化〉の過程を考察。〈遊戯者たちの歴史〉をも跡づける。四六判326頁 '78

30 筆　田淵実夫

筆の里・熊野に筆づくりの現場を訪ねて、筆匠たちの境涯と製筆の由来を克明に記録しつつ、筆の発生と変遷、種類、製筆法、さらには筆塚、筆供養にまで説きおよぶ。四六判204頁 '78

31 ろくろ　橋本鉄男

日本の山野を漂移しつづけ、高度の技術文化と幾多の伝説とをもたらした特異な旅職集団＝木地屋の生態を、その呼称、地名、伝承、文書等をもとに生き生きと描く。四六判460頁 '79

32 蛇　吉野裕子

日本古代信仰の根幹をなす蛇巫をめぐって、祭事におけるさまざまな蛇の「もどき」や各種の蛇の造型・伝承に鋭い考証を加え、忘れられたその呪性を大胆に暴き出す。四六判250頁 '79

33 鋏（はさみ）　岡本誠之

梃子の原理の発見から鋏の誕生に至る過程を推理し、日本鋏の特異な歴史的位置を明らかにするとともに、刀鍛冶等から転進した鋏職人たちの創意と苦闘の跡をたどる。四六判396頁 '79

34 猿　廣瀬鎮

嫌悪と愛玩、軽蔑と畏敬の交錯する日本人とサルとの関わりあいの歴史を、狩猟伝承や祭祀・風習、美術・工芸や芸能のなかに探り、日本人の動物観を浮彫りにする。四六判292頁 '79

35 鮫 矢野憲一

神話の時代から今日まで，津々浦々につたわるサメの伝承とサメをめぐる海の民俗を集成し，神饌，食用，薬用等に活用されてきたサメと人間のかかわりの変遷を描く。四六判２９２頁 '79

36 枡 小泉袈裟勝

米の経済の枢要をなす器として千年余にわたり日本人の生活の中に生きてきた枡の変遷をたどり，記録・伝承をもとにこの独特な計量器が果たした役割を再検討する。四六判３２２頁 '80

37 経木 田中信清

食品の包装材料として近年まで身近に存在した経木の起源を，こけら経や塔婆，木簡，屋根板等に遡って明らかにし，その製造・流通に携った人々の労苦の足跡を辿る。四六判２８８頁 '80

38 色 染と色彩 前田雨城

わが国古代の染色技術の復元と文献解読をもとに日本色彩史を体系づけ，赤・白・青・黒等におけるわが国独自の色彩感覚を探りつつ日本文化における色の構造を解明。四六判３２０頁 '80

39 狐 陰陽五行と稲荷信仰 吉野裕子

その伝承と文献を渉猟しつつ，中国古代哲学＝陰陽五行の原理の応用という独自の視点から，謎とされてきた稲荷信仰と狐との密接な結びつきを明快に解き明かす。四六判２３２頁 '80

40-Ⅰ 賭博Ⅰ 増川宏一

時代，地域，階層を超えて連綿と行なわれてきた賭博。――その起源を古代の神判，スポーツ，遊戯等の中に探り，抑圧と許容の歴史を物語る。全Ⅲ分冊の〈総説篇〉。四六判２９８頁 '80

40-Ⅱ 賭博Ⅱ 増川宏一

古代インド文学の世界からラスベガスまで，賭博の形態・用具・方法の時代的特質を明らかにし，夥しい禁令に賭博の不滅のエネルギーを見る。全Ⅲ分冊の〈外国篇〉。四六判４５６頁 '82

40-Ⅲ 賭博Ⅲ 増川宏一

聞香，闘茶，笠附等，わが国独特の賭博を中心にその具体例を網羅し，方法の変遷に賭博の時代性を探りつつ禁令の改廃に時代の賭博観を追う。全Ⅲ分冊の〈日本篇〉。四六判３８８頁 '83

41-Ⅰ 地方仏Ⅰ むしゃこうじ・みのる

古代から中世にかけて全国各地で作られた無銘の仏像を訪ね，素朴で多様なノミの跡に民衆の祈りと地域の願望を探る。宗教の伝播，文化の創造を考える異色の紀行。四六判２５６頁 '80

41-Ⅱ 地方仏Ⅱ むしゃこうじ・みのる

紀州や飛驒を中心に草の根の仏たちを訪ねて，その相好と像容の魅力を探り，技法を比較考証して仏像彫刻史に位置づけつつ，中世地域社会の形成と信仰の実態に迫る。四六判２６０頁 '97

42 南部絵暦 岡田芳朗

田山・盛岡地方で「盲暦」として古くから親しまれてきた独得の絵解き暦を詳しく紹介しつつその全体像を復元する。その無類の生活暦は，南部農民の哀歓をつたえる。四六判２８８頁 '80

43 野菜 在来品種の系譜 青葉高

蕪，大根，茄子等の日本在来野菜をめぐって，その渡来・伝播経路，品種分布と栽培のいきさつを各地の伝承や古記録をもとに辿り，畑作文化の源流とその風土を描く。四六判３６８頁 '81

44 つぶて 中沢厚
弥生投弾、古代・中世の石戦と印地の様相、投石具の発達を展望しつつ、願かけの小石、正月つぶて、石こづみ等の習俗を辿り、石塊に託した民衆の願いや怒りを探る。四六判338頁 '81

45 壁 山田幸一
弥生時代から明治期に至るわが国の壁の変遷を壁塗＝左官工事の側面から辿り直し、その技術的復元・考証を通じて建築史・文化史における壁の役割を浮き彫りにする。四六判296頁 '81

46 簞笥（たんす） 小泉和子
近世における簞笥の出現＝箱から抽斗への転換に着目し、以降近現代に至るその変遷を社会・経済・技術の側面からあとづける。著者自身による簞笥製作の記録を付す。四六判378頁 '82

47 木の実 松山利夫
山村の重要な食糧資源であった木の実をめぐる各地の記録・伝承を集成し、その採集・加工における幾多の試みを実地に検証しつつ、稲作農耕以前の食生活文化を復元。四六判384頁 '82

48 秤（はかり） 小泉袈裟勝
秤の起源を東西に探るとともに、わが国律令制下における中国制度の導入、近世商品経済の発展に伴う秤座の出現、明治期近代化政策による洋式秤受容等の経緯を描く。四六判326頁 '82

49 鶏（にわとり） 山口健児
神話・伝説をはじめ遠い歴史の中の鶏を古今東西の伝承・文献に探り、特に我国の信仰・絵画・文学等に遺された鶏の足跡を追って、鶏をめぐる民俗の記憶を蘇らせる。四六判346頁 '83

50 燈用植物 深津正
人類が燈火を得るために用いてきた多種多様な植物との出会いと個個の植物の来歴、特性及びはたらきを詳しく検証しつつ「あかり」の原点を問いなおす異色の植物誌。四六判442頁 '83

51 斧・鑿・鉋（おの・のみ・かんな） 吉川金次
古墳出土品や文献・絵画をもとに、古代から現代までの斧・鑿・鉋を復元・実験し、労働体験によって生まれた民衆の知恵と道具の変遷を蘇らせる異色の日本木工具史。四六判304頁 '84

52 垣根 額田巌
大和・山辺の道に神々と垣との関わりを探り、各地に垣の伝承を訪ねて、寺院の垣、民家の垣、露地の垣など、風土と生活に培われた生垣の独特のはたらきと美を描く。四六判234頁 '84

53-Ⅰ 森林Ⅰ 四手井綱英
森林生態学の立場から、森林のなりたちとその生活史を辿りつつ、産業の発展と消費社会の拡大により刻々と変貌する森林の現状を語り、未来への再生のみちをさぐる。四六判306頁 '85

53-Ⅱ 森林Ⅱ 四手井綱英
森林と人間との多様なかかわりを包括的に語り、人と自然が共生するための森や里山をいかにして創出するか、森林再生への具体的な方策を提示する21世紀への提言。四六判308頁 '98

53-Ⅲ 森林Ⅲ 四手井綱英
地球規模で進行しつつある森林破壊の現状を実地に踏査し、森と人が共存する日本人の伝統的自然観を未来へ伝えるために、いま何が必要なのかを具体的に提言する。四六判304頁 '00

54 **海老**（えび）　酒向昇

人類との出会いからエビの科学、漁法、さらには調理法を語り、めでたい姿態と色彩にまつわる多彩なエビの民俗を、地名や人名、詩歌・文学、絵画や芸能の中に探る。　四六判４２８頁　'85

55-Ⅰ **藁**（わら）Ⅰ　宮崎清

稲作農耕とともに二千年余の歴史をもち、日本人の全生活領域に生きてきた藁の文化を日本文化の原型として捉え、風土に根ざしたそのゆたかな遺産を詳細に検討する。　四六判４００頁　'85

55-Ⅱ **藁**（わら）Ⅱ　宮崎清

床・畳から壁・屋根にいたる住居における藁の製作・使用のメカニズムを明らかにし、日本人の生活空間における藁の役割を見なおすとともに、藁の文化の復権を説く。　四六判４００頁　'85

56 **鮎**　松井魁

清楚な姿態と独特な味覚によって、日本人の目と舌を魅了しつづけてきたアユ——その形態と分布、生態、漁法等を詳述し、古今のアユ料理や文芸にみるアユにおよぶ。　四六判２９６頁　'86

57 **ひも**　額田巌

物と物、人と物とを結びつける不思議な力を秘めた「ひも」の謎を追って、民俗学的視点から多角的なアプローチを試みる。『結び』、『包み』につづく三部作の完結篇。　四六判２５０頁　'86

58 **石垣普請**　北垣聰一郎

近世石垣の技術者集団「穴太」の足跡を辿り、各地城郭の石垣遺構の実地調査と資料・文献をもとに石垣普請の歴史的系譜を復元しつつ石工たちの技術伝承を集成する。　四六判４３８頁　'87

59 **碁**　増川宏一

その起源を古代の盤上遊戯に探ると共に、定着以来二千年の歴史を時代の状況や遊び手の社会環境との関わりにおいて跡づける。逸話や伝説を排して綴る初の囲碁全史。　四六判３６６頁　'87

60 **日和山**（ひよりやま）　南波松太郎

千石船の時代、航海の安全のために観天望気した日和山——多くは忘れられ、あるいは失われた船舶・航海史の貴重な遺跡を追って、全国津々浦々におよんだ調査紀行。　四六判３８２頁　'88

61 **篩**（ふるい）　三輪茂雄

臼とともに人類の生産活動に不可欠な道具であった篩、箕(み)、笊(ざる)の多彩な変遷を豊富な図解入りでたどり、現代技術の先端に再生するまでの歩みをえがく。　四六判３３４頁　'89

62 **鮑**（あわび）　矢野憲一

縄文時代以来、貝肉の美味と貝殻の美しさによって日本人を魅了し続けてきたアワビ——その生態と養殖、神饌としての歴史、漁法、螺鈿の技法からアワビ料理に及ぶ。　四六判３４４頁　'89

63 **絵師**　むしゃこうじ・みのる

日本古代の渡来画工から江戸前期の菱川師宣まで、時代の代表的絵師の列伝で辿る絵画制作の文化史。前近代社会における絵画の意味や芸術創造の社会的条件を考える。　四六判２３０頁　'90

64 **蛙**（かえる）　碓井益雄

動物学の立場からその特異な生態を描き出すとともに、和漢洋の文献資料を駆使して故事・習俗・神事・民話・文芸・美術工芸にわたる蛙の多彩な活躍ぶりを活写する。　四六判３８２頁　'89

65-Ⅰ 藍（あい）Ⅰ 風土が生んだ色　竹内淳子

全国各地の〈藍の里〉を訪ねて、藍栽培から染色・加工のすべてにわたり、藍とともに生きた人々の伝承を克明に描き、風土と人間が生んだ〈日本の色〉の秘密を探る。四六判４１６頁 '91

65-Ⅱ 藍（あい）Ⅱ 暮らしが育てた色　竹内淳子

日本の風土に生まれ、伝統に育てられた藍が、今なお暮らしの中で生き生きと活躍しているさまを、手わざに生きる人々との出会いを通じて描く。藍の里紀行の続篇。四六判４０６頁 '99

66 橋　小山田了三

丸木橋・舟橋・吊橋から板橋・アーチ型石橋まで、人々に親しまれてきた各地の橋を訪ねて、その来歴と築橋の技術伝承を辿り、土木文化の伝播・交流の足跡をえがく。四六判３１２頁 '91

67 箱　宮内悊

日本の伝統的な箱（櫃）と西欧のチェストを比較文化史の視点から考察し、居住・収納・運搬・装飾の各分野における箱の重要な役割とその多彩な文化を浮彫りにする。四六判３９０頁 '91

68-Ⅰ 絹Ⅰ　伊藤智夫

養蚕の起源を神話や説話に探り、伝来の時期とルートを跡づけ、記紀・万葉の時代から近世に至るまで、それぞれの時代・社会・階層が生み出した絹の文化を描き出す。四六判３０４頁 '92

68-Ⅱ 絹Ⅱ　伊藤智夫

生糸と絹織物の生産と輸出が、わが国の近代化にはたした役割を描くと共に、養蚕の道具、信仰や庶民生活にわたる養蚕と絹の民俗、さらには蚕の種類と生態におよぶ。四六判２９４頁 '92

69 鯛（たい）　鈴木克美

古来「魚の王」とされてきた鯛をめぐって、その生態・味覚から漁法、祭り、工芸、文芸にわたる多彩な伝承文化を語りつつ、鯛と日本人とのかかわりの原点をさぐる。四六判４１８頁 '92

70 さいころ　増川宏一

古代神話の世界から近現代の博徒の動向まで、さいころの役割を各時代・社会に位置づけ、木の実や貝殻のさいころから投げ棒型や立方体のさいころへの変遷をたどる。四六判３７４頁 '92

71 木炭　樋口清之

炭の起源から炭焼、流通、経済、文化にわたる木炭の歩みを歴史・考古・民俗の知見を総合して描き出し、独自で多彩な文化を育んできた木炭の尽きせぬ魅力を語る。四六判２９６頁 '93

72 鍋・釜（なべ・かま）　朝岡康二

日本をはじめ韓国、中国、インドネシアなど東アジアの各地を歩きながら鍋・釜の製作と使用の現場に立ち会い、調理をめぐる庶民生活の変遷とその交流の足跡を探る。四六判３２６頁 '93

73 海女（あま）　田辺悟

その漁の実際と社会組織、風習、信仰、民具などを克明に描くとともに海女の起源・分布・交流を探り、わが国漁撈文化の古層としての海女の生活と文化をあとづける。四六判２９４頁 '93

74 蛸（たこ）　刀禰勇太郎

蛸をめぐる信仰や多彩な民間伝承を紹介するとともに、その生態・分布・捕獲法・繁殖と保護・調理法などを集成し、日本人と蛸との知られざるかかわりの歴史を探る。四六判３７０頁 '94

75 曲物（まげもの） 岩井宏實

桶・樽出現以前から伝承され、古来最も簡便・重宝な木製容器として愛用された曲物の加工技術と機能・利用形態の変遷をさぐり、手づくりの「木の文化」を見なおす。四六判318頁 '94

76-I 和船I 石井謙治

江戸時代の海運を担った千石船（弁才船）について、その構造と技術、帆走性能を綿密に調査し、通説の誤りを正すとともに、海難と信仰、船絵馬等の考察にもおよぶ。四六判436頁 '95

76-II 和船II 石井謙治

造船史から見た著名な船を紹介し、遣唐使船や遣欧使節船、幕末の洋式船における外国技術の導入について論じつつ、船の名称と船型を海船・川船にわたって解説する。四六判316頁 '95

77-I 反射炉I 金子功

日本初の佐賀鍋島藩の反射炉と精練方＝理化学研究所、島津藩の反射炉と集成館＝近代工場群を軸に、日本の産業革命の時代における人と技術を現地に訪ねて発掘する。四六判244頁 '95

77-II 反射炉II 金子功

伊豆韮山の反射炉をはじめ、全国各地の反射炉建設にかかわった有名無名の人々の足跡をたどり、開国か攘夷かに揺れる幕末の政治と社会の悲喜劇をも生き生きと描く。四六判226頁 '95

78-I 草木布（そうもくふ）I 竹内淳子

風土に育まれた布を求めて全国各地を歩き、木綿普及以前に山野の草木を利用して豊かな衣生活文化を築き上げてきた庶民の知られざる知恵のかずかずを実地にさぐる。四六判282頁 '95

78-II 草木布（そうもくふ）II 竹内淳子

アサ、クズ、シナ、コウゾ、カラムシ、フジなどの草木の繊維から、どのようにして糸を採り、布を織っていたのか——聞書きをもとに忘れられた技術と文化を発掘する。四六判282頁 '95

79-I すごろくI 増川宏一

古代エジプトのセネト、ヨーロッパのバクギャモン、中近東のナルド、中国の双陸などの系譜に日本の盤雙六を位置づけ、遊戯・賭博としてのその数奇なる運命を辿る。四六判312頁 '95

79-II すごろくII 増川宏一

ヨーロッパの鵞鳥のゲームから日本中世の浄土双六、近世の華麗な絵双六、さらには近現代の少年誌の附録まで、絵双六の変遷を追って時代の社会・文化を読みとる。四六判390頁 '95

80 パン 安達巖

古代オリエントに起ったパン食文化が中国・朝鮮を経て弥生時代の日本に伝えられたことを史料と伝承をもとに解明し、わが国パン食文化二〇〇〇年の足跡を描き出す。四六判260頁 '96

81 枕（まくら） 矢野憲一

神さまの枕・大嘗祭の枕から枕絵の世界まで、人生の三分の一を共に過す枕をめぐって、その材質の変遷を辿り、伝説と怪談、俗信と民俗、エピソードを興味深く語る。四六判252頁 '96

82-I 桶・樽（おけ・たる）I 石村真一

日本、中国、朝鮮、ヨーロッパにわたる厖大な資料を集成してその豊かな文化の系譜を探り、東西の木工技術史を比較しつつ世界史的視野から桶・樽の文化を描き出す。四六判388頁 '97

82-Ⅱ **桶・樽**（おけ・たる）**Ⅱ** 石村真一

多数の調査資料と絵画・民俗資料をもとにその製作技術を復元し、東西の木工技術を比較考証しつつ、技術文化史の視点から桶・樽製作の実態とその変遷を跡づける。 四六判３７２頁 '97

82-Ⅲ **桶・樽**（おけ・たる）**Ⅲ** 石村真一

樹木と人間とのかかわり、製作者と消費者とのかかわりを通じて桶樽と生活文化の変遷を考察し、木材資源の有効利用という視点から桶樽の文化史的役割を浮彫にする。 四六判３５２頁 '97

83-Ⅰ **貝Ⅰ** 白井祥平

世界各地の現地調査と文献資料を駆使して、古来至高の財宝とされてきた宝貝のルーツとその変遷を探り、貝と人間とのかかわりの歴史を「貝貨」の文化史として描く。 四六判３８６頁 '97

83-Ⅱ **貝Ⅱ** 白井祥平

サザエ、アワビ、イモガイなど古来人類とかかわりの深い貝をめぐって、その生態・分布・地方名、装身具や貝貨としての利用法などを豊富なエピソードを交えて語る。 四六判３２８頁 '97

83-Ⅲ **貝Ⅲ** 白井祥平

シンジュガイ、ハマグリ、アカガイ、シャコガイなどをめぐって世界各地の民族誌を渉猟し、それらが人類文化に残した足跡を辿る。参考文献一覧／総索引を付す。 四六判３９２頁 '97

84 **松茸**（まつたけ） 有岡利幸

秋の味覚として古来珍重されてきた松茸の由来を求めて、稲作文化と里山（松林）の生態系から説きおこし、日本人の伝統的生活文化の中に松茸流行の秘密をさぐる。 四六判２９６頁 '97

85 **野鍛冶**（のかじ） 朝岡康二

鉄製農具の製作・修理・再生を担ってきた農鍛冶の歴史的役割を探り、近代化の大波の中で変貌する職人技術の実態をアジア各地のフィールドワークを通して描き出す。 四六判２８０頁 '98

86 **稲** 品種改良の系譜 菅 洋

作物としての稲の誕生、稲の渡来と伝播の経緯から説きおこし、明治以降主として庄内地方の民間育種家の手によって飛躍的発展をとげたわが国品種改良の歩みを描く。 四六判３３２頁 '98

87 **橘**（たちばな） 吉武利文

永遠のかぐわしい果実として日本の神話・伝説に特別の位置を占めて語り継がれてきた橘をめぐって、その育まれた風土とかずかずの伝承の中に日本文化の特質を探る。 四六判２８６頁 '98

88 **杖**（つえ） 矢野憲一

神の依代としての杖や仏教の錫杖に杖と信仰とのかかわりを探り、人類が突きつつ歩んだその歴史と民俗を興味ぶかく語る。多彩な材質と用途を網羅した杖の博物誌。 四六判３１４頁 '98

89 **もち**（糯・餅） 渡部忠世／深澤小百合

モチイネの栽培・育種から食品加工、民俗、儀礼にわたってそのルーツと伝承の足跡をたどり、アジア稲作文化という広範な視野からこの特異な食文化の謎を解明する。 四六判３３０頁 '98

90 **さつまいも** 坂井健吉

その栽培の起源と伝播経路を跡づけるとともに、わが国伝来後四百年の経緯を詳細にたどり、世界に冠たる育種と栽培・利用法を築いた人々の知られざる足跡をえがく。 四六判３２８頁 '99

91 珊瑚（さんご）　鈴木克美

海岸の自然保護に重要な役割を果たす岩石サンゴから宝飾品として知られる宝石サンゴまで、人間生活と深くかかわってきたサンゴの多彩な姿を人類文化史として描く。　四六判３７０頁 '99

92-I 梅Ｉ　有岡利幸

万葉集、源氏物語、五山文学などの古典や天神信仰に表れた梅の足跡を克明に辿りつつ日本人の精神史に刻印された梅を浮彫にし、梅と日本人の二〇〇〇年史を描く。　四六判２７４頁 '99

92-II 梅II　有岡利幸

その植生と栽培、伝承、梅の名所や鑑賞法の変遷から戦前の国定教科書に表れた梅まで、梅と日本人との多彩なかかわりを探り、桜との対比において梅の文化史を描く。　四六判３３８頁 '99

93 木綿口伝（もめんくでん）第2版　福井貞子

老女たちからの聞書を経糸とし、厖大な遺品・資料を緯糸として、母から娘へと幾代にも伝えられた手づくりの木綿文化を掘り起し、近代の木綿の盛衰を描く。増補版　四六判３３６頁 '00

94 合せもの　増川宏一

「合せる」には古来、一致させるの他に、競う、闘う、比べる等の意味があった。貝合せや絵合せ等の遊戯・賭博を中心に、広範な人間の営みを「合せる」行為に辿る。　四六判３００頁 '00

95 野良着（のらぎ）　福井貞子

明治初期から昭和四〇年までの野良着を収集・分類・整理し、それらの用途と年代、形態、材質、重量、呼称などを精査して、働く庶民の創意にみちた生活史を描く。　四六判２９２頁 '00

96 食具（しょくぐ）　山内昶

東西の食文化に関する資料を渉猟し、食法の違いを人間の自然に対するかかわり方の違いとして捉えつつ、食具を人間と自然をつなぐ基本的な媒介物として位置づける。　四六判２９２頁 '00

97 鰹節（かつおぶし）　宮下章

黒潮からの贈り物・カツオの漁法から鰹節の製法や食法、商品としての流通までを歴史的に展望するとともに、沖縄やモルジブ諸島の調査をもとにそのルーツを探る。　四六判３８２頁 '00

98 丸木舟（まるきぶね）　出口晶子

先史時代から現代の高度文明社会まで、もっとも長期にわたり使われてきた刳り舟に焦点を当て、その技術伝承を辿りつつ、森や水辺の文化の広がりと動態をえがく。　四六判３２４頁 '01

99 梅干（うめぼし）　有岡利幸

日本人の食生活に不可欠の自然食品・梅干をつくりだした先人たちの知恵に学ぶとともに、健康増進に驚くべき薬効を発揮する、その知られざるパワーの秘密を探る。　四六判３００頁 '01

100 瓦（かわら）　森郁夫

仏教文化と共に中国・朝鮮から伝来し、一四〇〇年にわたり日本の建築を飾ってきた瓦をめぐって、発掘資料をもとにその製造技術、形態、文様などの変遷をたどる。　四六判３２０頁 '01

101 植物民俗　長澤武

衣食住から子供の遊びまで、幾世代にも伝承された植物をめぐる暮らしの知恵を克明に記録し、高度経済成長期以前の農山村の豊かな生活文化を愛惜をこめて描き出す。　四六判３４８頁 '01

102 **箸**（はし）　向井由紀子／橋本慶子

そのルーツを中国、朝鮮半島に探るとともに、日本人の食生活に不可欠の食具となり、日本文化のシンボルとされるまでに洗練された箸の文化の変遷を総合的に描く。　四六判３３４頁　'01

103 **採集**　ブナ林の恵み　赤羽正春

縄文時代から今日に至る採集・狩猟民の暮らしを復元し、動物の生態系と採集生活の関連を明らかにしつつ、民俗学と考古学の両面から山に生かされた人々の姿を描く。　四六判２９８頁　'01

104 **下駄**　神のはきもの　秋田裕毅

古墳や井戸等から出土する下駄に着目し、下駄が地上と地下の他界を結ぶ聖なるはきものであったという大胆な仮説を提出、日本の神々の忘れられた側面を浮彫にする。　四六判３０４頁　'02

105 **絣**（かすり）　福井貞子

膨大な絣遺品を収集・分類し、絣産地を実地に調査して絣の技法と文様の変遷を地域別・時代別に跡づけ、明治・大正・昭和の手づくりの染織文化の盛衰を描き出す。　四六判３１０頁　'02

106 **網**（あみ）　田辺悟

漁網を中心に、網に関する基本資料を網羅して網の変遷と網をめぐる民俗を体系的に描き出し、網の文化を集成する。「網に関する小事典」「網のある博物館」を付す。　四六判３１６頁　'02

107 **蜘蛛**（くも）　斎藤慎一郎

「土蜘蛛」の呼称で畏怖される一方「クモ合戦」など子供の遊びとしても親しまれてきたクモと人間との長い交渉の歴史をその深層に遡って追究した異色のクモ文化論。　四六判３２０頁　'02

108 **襖**（ふすま）　むしゃこうじ・みのる

襖の起源と変遷を建築史・絵画史の中に探りつつその用と美を浮彫にし、衝立・障子・屛風等と共に日本建築の空間構成に不可欠の建具となるまでの経緯を描き出す。　四六判２７０頁　'02

109 **漁撈伝承**（ぎょろうでんしょう）　川島秀一

漁師たちからの聞き書きをもとに、寄り物、船霊、大漁旗など、漁撈にまつわる〈もの〉の伝承を集成し、海の道によって運ばれた習俗や信仰の民俗地図を描き出す。　四六判３３４頁　'03

110 **チェス**　増川宏一

世界中に数億人の愛好者を持つチェスの起源と文化を、欧米における膨大な研究の蓄積を渉猟しつつ探り、日本への伝来の経緯から美術工芸品としてのチェスにおよぶ。　四六判２９８頁　'03

111 **海苔**（のり）　宮下章

海苔の歴史は厳しい自然とのたたかいの歴史だった——採取から養殖、加工、流通、消費に至る先人たちの苦難の歩みを史料と実地調査によって浮彫にする食物文化史。　四六判１７２頁　'03

112 **屋根**　檜皮葺と杮葺　原田多加司

屋根葺師一〇代の著者が、自らの体験と職人の本懐を語り、連綿として受け継がれてきた伝統の手わざを体系的にたどりつつ伝統技術の保存と継承の必要性を訴える。　四六判３４０頁　'03

113 **水族館**　鈴木克美

初期水族館の歩みを創始者たちの足跡を通して辿りなおし、水族館をめぐる社会の発展と風俗の変遷を描き出すとともにその未来像をさぐる初の〈日本水族館史〉の試み。　四六判２９０頁　'03

114 古着（ふるぎ） 朝岡康二
仕立てと着方、管理と保存、再生と再利用等にわたり衣生活の変容を近代の日常生活の変化として捉え直し、衣服をめぐるリサイクル文化が形成される経緯を描き出す。四六判２９２頁 '03

115 柿渋（かきしぶ） 今井敬潤
染料・塗料をはじめ生活百般の必需品であった柿渋の伝承を記録し、文献資料をもとにその製造技術と利用の実態を明らかにして、忘れられた豊かな生活技術を見直す。四六判２９４頁 '03

116-Ⅰ 道Ⅰ 武部健一
道の歴史を先史時代から説き起こし、古代律令制国家の要請によって駅路が設けられ、しだいに幹線道路として整えられてゆく経緯を技術史・社会史の両面からえがく。四六判２４８頁 '03

116-Ⅱ 道Ⅱ 武部健一
中世の鎌倉街道、近世の五街道、近代の開拓道路から現代の高速道路網までを通観し、道路を拓いた人々の手によって今日の交通ネットワークが形成された歴史を語る。四六判２８０頁 '03

117 かまど 狩野敏次
日常の煮炊きの道具であるとともに祭りと信仰に重要な位置を占めてきたカマドをめぐる忘れられた伝承を掘り起こし、民俗空間の壮大なコスモロジーを浮彫りにする。四六判２９２頁 '04

118-Ⅰ 里山Ⅰ 有岡利幸
縄文時代から近世までの里山の変遷を人々の暮らしと植生の変化の両面から跡づけ、その源流を記紀万葉に描かれた里山の景観や大和・三輪山の古記録・伝承等に探る。四六判２７６頁 '04

118-Ⅱ 里山Ⅱ 有岡利幸
明治の地租改正による山林の混乱、相次ぐ戦争による山野の荒廃、エネルギー革命、高度成長による大規模開発など、近代化の荒波に翻弄される里山の見直しを説く。四六判２７４頁 '04

119 有用植物 菅 洋
人間生活に不可欠のものとして利用されてきた身近な植物たちの来歴と栽培・育種・品種改良・伝播の経緯を平易に語り、植物と共に歩んだ文明の足跡を浮彫にする。四六判３２４頁 '04

120-Ⅰ 捕鯨Ⅰ 山下渉登
世界の海で展開された鯨と人間との格闘の歴史を振り返り、「大航海時代」の副産物として開始された捕鯨業の誕生以来四〇〇年にわたる盛衰の社会的背景をさぐる。四六判３１４頁 '04

120-Ⅱ 捕鯨Ⅱ 山下渉登
近代捕鯨の登場により鯨資源の激減を招き、捕鯨の規制・管理のための国際条約締結に至る経緯をたどり、グローバルな課題としての自然環境問題を浮き彫りにする。四六判３１２頁 '04

121 紅花（べにばな） 竹内淳子
栽培、加工、流通、利用の実際を現地に探訪して紅花とかかわってきた人々からの聞き書きを集成し、忘れられた〈紅花文化〉を復元しつつその豊かな味わいを見直す。四六判３４６頁 '04

122-Ⅰ もののけⅠ 山内昶
日本の妖怪変化、未開社会の〈マナ〉、西欧の悪魔やデーモンを比較考察し、名づけ得ぬ未知の対象を指す万能のゼロ記号〈もの〉をめぐる人類文化史を跡づける博物誌。四六判３２０頁 '04

122-Ⅱ **もののけⅡ**　山内昶

日本の鬼、古代ギリシアのダイモン、中世の異端狩り・魔女狩り等々をめぐり、自然＝カオスと文化＝コスモスの対立の中で〈野生の思考〉が果たしてきた役割をさぐる。　四六判２８０頁　'04

123 **染織**（そめおり）　福井貞子

自らの体験と厖大な残存資料をもとに、糸づくりから織り、染めにわたる手づくりの豊かな生活文化を見直す。創意にみちた手わざのかずかずを復元する庶民生活誌。　四六判２９４頁　'05

124-Ⅰ **動物民俗Ⅰ**　長澤武

神として崇められたクマやシカをはじめ、人間にとって不可欠の鳥獣や魚、さらには人間を脅かす動物など、多種多様な動物たちと交流してきた人々の暮らしの民俗誌。　四六判２６４頁　'05

124-Ⅱ **動物民俗Ⅱ**　長澤武

動物の捕獲法をめぐる各地の伝承を紹介するとともに、全国で語り継がれてきた多彩な動物民話・昔話を渉猟し、暮らしの中で培われた動物フォークロアの世界を描く。　四六判２６６頁　'05

125 **粉**（こな）　三輪茂雄

粉体の研究をライフワークとする著者が、粉食の発見からナノテクノロジーまで、人類文明の歩みを〈粉〉の視点から捉え直した壮大なスケールの〈文明の粉体史観〉　四六判３０２頁　'05

126 **亀**（かめ）　矢野憲一

浦島伝説や「兎と亀」の昔話によって親しまれてきた亀のイメージの起源を探り、古代の亀卜の方法から、亀にまつわる信仰と迷信、鼈甲細工やスッポン料理におよぶ。　四六判３３０頁　'05

127 **カツオ漁**　川島秀一

一本釣り、カツオ漁場、船上の生活、船霊信仰、祭りと禁忌など、カツオ漁にまつわる漁師たちの伝承を集成し、黒潮に沿って伝えられた漁民たちの文化を掘り起こす。　四六判３７０頁　'05

128 **裂織**（さきおり）　佐藤利夫

木綿の風合いと強靭さを生かした裂織の技と美をすぐれたリサイクル文化として見なおす。東西文化の中継地・佐渡の古老たちからの聞書をもとに歴史と民俗をえがく。　四六判３０８頁　'05

129 **イチョウ**　今野敏雄

「生きた化石」として珍重されてきたイチョウの生い立ちと人々の生活文化とのかかわりの歴史をたどり、この最古の樹木に秘められたパワーを最新の中国文献にさぐる。　四六判３１２頁〔品　切〕　'05

130 **広告**　八巻俊雄

のれん、看板、引札からインターネット広告までを通観し、いつの時代にも広告が人々の暮らしと密接にかかわって独自の文化を形成してきた経緯を描く広告の文化史。　四六判２７６頁　'06

131-Ⅰ **漆**（うるし）**Ⅰ**　四柳嘉章

全国各地で発掘された考古資料を対象に科学的解析を行ない、縄文時代から現代に至る漆の技術と文化を跡づける試み。漆が日本人の生活と精神に与えた影響を探る。　四六判２７４頁　'06

131-Ⅱ **漆**（うるし）**Ⅱ**　四柳嘉章

遺跡や寺院等に遺る漆器を分析し体系づけるとともに、絵巻物や文学作品の考証を通じて、職人や産地の形成、漆工芸の地場産業としての発展の経緯などを考察する。　四六判２１６頁　'06

132 まな板　石村眞一

日本、アジア、ヨーロッパ各地のフィールド調査と考古・文献・絵画・写真資料をもとにまな板の素材・構造・使用法を分類し、多様な食文化とのかかわりをさぐる。　四六判３７２頁 '06

133-I 鮭・鱒（さけ・ます）I　赤羽正春

鮭・鱒をめぐる民俗研究の前史から現在までを概観するとともに、原初的な漁法から商業的漁法にわたる多彩な漁法と用具、漁場と社会組織の関係などを明らかにする。　四六判２９２頁 '06

133-II 鮭・鱒（さけ・ます）II　赤羽正春

鮭漁をめぐる行事、鮭捕り衆の生活等を聞き取りによって再現し、人工孵化事業の発展とそれを担った先人たちの業績を明らかにするとともに、鮭・鱒の料理におよぶ。　四六判３５２頁 '06

134 遊戯　その歴史と研究の歩み　増川宏一

古代から現代まで、日本と世界の遊戯の歴史を概説し、内外の研究者との交流の中で得られた最新の知見をもとに、研究の出発点と目的を論じ、現状と未来を展望する。　四六判２９６頁 '06

135 石干見（いしひみ）　田和正孝編

沿岸部に石垣を築き、潮汐作用を利用して漁獲する原初的漁法を日・韓・台に残る遺構と伝承の調査・分析をもとに復元し、東アジアの伝統的漁撈文化を浮彫りにする。　四六判３３２頁 '07

136 看板　岩井宏實

江戸時代から明治・大正・昭和初期までの看板の歴史を生活文化史の視点から考察し、多種多様な生業の起源と変遷を多数の図版をもとに紹介する〈図説商売往来〉。　四六判２６６頁 '07

137-I 桜I　有岡利幸

そのルーツと生態から説きおこし、和歌や物語に描かれた古代社会の桜観から「花は桜木、人は武士」の江戸の花見の流行まで、日本人と桜のかかわりの歴史をさぐる。　四六判３８２頁 '07

137-II 桜II　有岡利幸

明治以後、軍国主義と愛国心のシンボルとして政治的に利用されてきた桜の近代史を辿るとともに、日本人の生活と共に歩んだ「咲く花、散る花」の栄枯盛衰を描く。　四六判４００頁 '07

138 麹（こうじ）　一島英治

日本の気候風土の中で稲作と共に育まれた麹菌のすぐれたはたらきの秘密を探り、醸造化学に携わった人々の足跡をたどりつつ醗酵食品と日本人の食生活文化を考える。　四六判２４４頁 '07

139 河岸（かし）　川名登

近世初頭、河川水運の隆盛と共に物流のターミナルとして賑わい、船旅や遊廓などをもたらした河岸（川の港）の盛衰を河岸に生きる人々の暮らしの変遷としてえがく。　四六判３００頁 '07

140 神饌（しんせん）　岩井宏實／日和祐樹

土地に古くから伝わる食物を神に捧げる神饌儀礼に祭りの本義を探り、近畿地方主要神社の伝統的儀礼をつぶさに調査して、豊富な写真と共にその実際を明らかにする。　四六判３７４頁 '07

141 駕籠（かご）　櫻井芳昭

その様式、利用の実態、地域ごとの特色、車の利用を抑制する交通政策との関連から駕籠かきたちの風俗までを明らかにし、日本交通史の知られざる側面に光を当てる。　四六判２９４頁 '07

142 **追込漁**（おいこみりょう）　川島秀一

沖縄の島々をはじめ、日本各地で今なお行なわれている沿岸漁撈を実地に精査し、魚の生態と自然条件を知り尽した漁師たちの知恵と技を見直しつつ漁業の原点を探る。　四六判３６８頁　'08

143 **人魚**（にんぎょ）　田辺悟

ロマンとファンタジーに彩られて世界各地に伝承される人魚の実像をもとめて東西の人魚誌を渉猟し、フィールド調査と膨大な資料をもとに集成したマーメイド百科。　四六判３５２頁　'08

144 **熊**（くま）　赤羽正春

狩人たちからの聞き書きをもとに、かつては神として崇められた熊と人間との精神史的な関係をさぐり、熊を通して人間の生存可能性にもおよぶユニークな動物文化史。　四六判３８４頁　'08

145 **秋の七草**　有岡利幸

『万葉集』で山上憶良がうたいあげて以来、千数百年にわたり秋を代表する植物として日本人にめでられてきた七種の草花の知られざる伝承を掘り起こす植物文化誌。　四六判３０６頁　'08

146 **春の七草**　有岡利幸

厳しい冬の季節に芽吹く若菜に大地の生命力を感じ、春の到来を祝い新年の息災を願う「七草粥」などとして食生活の中に巧みに取り入れてきた古人たちの知恵を探る。　四六判２７２頁　'08

147 **木綿再生**　福井貞子

自らの人生遍歴と木綿を愛する人々との出会いを織り重ねて綴り、優れた文化遺産としての木綿衣料を紹介しつつ、リサイクル文化としての木綿再生のみちを模索する。　四六判２６６頁　'09

148 **紫**（むらさき）　竹内淳子

今や絶滅危惧種となった紫草（ムラサキ）を育てる人びと、伝統の紫根染を今に伝える人びとを全国にたずね、貝紫染の始原を求めて吉野ヶ里におよぶ「むらさき紀行」。　四六判３２４頁　'09

149-I **杉Ｉ**　有岡利幸

その生態、天然分布の状況から各地における栽培・育種、利用にいたる歩みを弥生時代から今日までの人間の営みの中で捉えなおし、わが国林業史を展望しつつ描き出す。　四六判２８２頁　'10

149-II **杉II**　有岡利幸

古来神の降臨する木として崇められるとともに生活のさまざまな場面で活用され、絵画や詩歌に描かれてきた杉の文化をたどり、さらに「スギ花粉症」の原因を追究する。　四六判２７８頁　'10

150 **井戸**　秋田裕毅（大橋信弥編）

弥生中期になぜ井戸は突然出現するのか。飲料水など生活用水ではなく、祭祀用の聖なる水を得るためだったのではないか。目的や構造の変遷、宗教との関わりをたどる。　四六判２６０頁　'10

151 **楠**（くすのき）　矢野憲一／矢野高陽

語源と字源、分布と繁殖、文学や美術における楠から医薬品としての利用、キューピー人形や樟脳の船まで、楠と人間の関わりの歴史を辿りつつ自然保護の問題に及ぶ。　四六判３３４頁　'10

152 **温室**　平野恵

温室は明治時代に欧米から輸入された印象があるが、じつは江戸時代半ばから「むろ」という名の保温設備があった。絵巻や小説、遺跡などより浮かび上がる歴史。　四六判３１０頁　'10

153 檜（ひのき）　有岡利幸

建築・木彫・木材工芸に最良の材としてわが国の〈木の文化〉に重要な役割を果たしてきた檜。その生態から保護・育成・生産・流通・加工までの変遷をたどる。　四六判３２０頁　'11

154 落花生　前田和美

南米原産の落花生が大航海時代にアフリカ経由で世界各地に伝播していく歴史をたどるとともに、日本で栽培を始めた先覚者や食文化との関わりを紹介する。　四六判３１２頁　'11

155 イルカ（海豚）　田辺悟

神話・伝説の中のイルカ、イルカをめぐる信仰から、漁撈伝承、食文化の伝統と保護運動の対立までを幅広くとりあげ、ヒトと動物との関係はいかにあるべきかを問う。　四六判３３０頁　'11

156 輿（こし）　櫻井芳昭

古代から明治初期まで、千二百年以上にわたって用いられてきた輿の種類と変遷を探り、天皇の行幸や斎王群行、姫君たちの輿入れにおける使用の実態を明らかにする。　四六判２５２頁　'11

157 桃　有岡利幸

魔除けや若返りの呪力をもつ果実として神話や昔話に語り継がれ、近年古代遺跡から大量出土して祭祀との関連が注目される桃。日本人との多彩な関わりを考察する。　四六判３２８頁　'12

158 鮪（まぐろ）　田辺悟

古文献に描かれ記されたマグロを紹介し、漁法・漁具から運搬と流通・消費、漁民たちの暮らしと民俗・信仰までを探りつつ、マグロをめぐる食文化の未来にもおよぶ。　四六判３５０頁　'12

159 香料植物　吉武利文

クロモジ、ハッカ、ユズ、セキショウ、ショウノウなど、日本の風土で育った植物から香料をつくりだす人びとの営みを現地に訪ね、伝統技術の継承・発展を考える。　四六判２９０頁　'12

160 牛車（ぎっしゃ）　櫻井芳昭

牛車の盛衰を交通史や技術史との関連で探り、絵巻や日記・物語等に描かれた牛車の種類と構造、利用の実態を明らかにして、読者を平安の「雅」の世界へといざなう。　四六判２２４頁　'12

161 白鳥　赤羽正春

世界各地の白鳥処女説話を博捜し、古代以来の人々が抱いた〈鳥への想い〉を明らかにするとともに、その源流を、白鳥をトーテムとする中央シベリアの白鳥族に探る。　四六判３６０頁　'12

162 柳　有岡利幸

日本人との関わりを詩歌や文献をもとに探りつつ、容器や調度品に、治山治水対策に、火薬や薬品の原料に、さらには風景の演出用に活用されてきた歴史をたどる。　四六判３２８頁　'13